Yining Ding

EIGENSCHAFTEN

VON FASERBETON UND FASERSPRITZBETON

Yining Ding

EIGENSCHAFTEN VON FASERBETON UND FASERSPRITZBETON

ibidem-Verlag
Stuttgart

Bibliografische Information Der Deutschen Bibliothek

Die Deutsche Bibliothek verzeichnet diese Publikation in der Deutschen Nationalbibliografie; detaillierte bibliografische Daten sind im Internet über <http://dnb.ddb.de> abrufbar.

∞

Gedruckt auf alterungsbeständigem, säurefreien Papier
Printed on acid-free paper

ISBN: 3-89821-295-5

Printed in Germany

Vorwort

Der Inhalt der vorliegenden Arbeit umfasst meine Dissertation sowie die anschließenden Forschungsarbeiten an verschiedenen Universitäten in Europa. Die ursprüngliche Motivation entstand auf Anregung von Herrn Univ.-Prof. Dr. Walter Lukas und Herrn ao. Univ.-Prof. Dr. Wolfgang Kusterle am Institut für Betonbau, Baustoff und Bauphysik der Fakultät für Bauingenieurwesen und Architektur der Universität Innsbruck.

Danken möchte ich Herrn Prof. Dr. Lukas, Mitglied der Europäischen Akademie der Wissenschaft, für die Möglichkeit der Durchführung der zahlreichen Forschungen und für seine menschliche Unterstützung. Durch seine Zustimmung und finanzielle Förderung war es mir überhaupt erst möglich, diese Arbeit durchzuführen.

Herr Prof. Dr. Kusterle hat sehr großes Interesse gezeigt und mich durch wertvolle Anregungen sehr unterstützt. Durch seine fachliche Betreuung hat er sehr zum Gelingen dieser Arbeit beigetragen.

Ich danke Herrn o. Univ.-Prof. Dr. W. Schubert am Institut für Felsmechanik und Tunnelbau der Technischen Universität Graz, der die Zweitbegutachtung meiner Dissertation übernommen hat.

Allen Mitarbeitern des Institutes für Betonbau, Baustoffe und Bauphysik unter der Leitung von o. Univ.-Prof. Dr. N.V. Waubke sei für ihre vielfältige und freundliche Hilfe gedankt; bei Herrn Dr. Saxer, Herrn Dr. Testor und Herrn Klausner möchte ich mich für ihre Unterstützung bei der Anfertigung dieser Arbeit besonders bedanken.

Danken möchte ich auch meiner Vermieterin - Frau Danielle Konrad und ihrer ganzen Familie - für ihre mütterliche, familiäre und ständige Unterstützung. Durch ihr mir entgegengebrachtes Vertrauen fühlte ich mich fern der Heimat wohl und wie zu Hause.

Großer Dank gebührt meiner Frau Yulin, die stets hinter mir gestanden ist und viel zum Gelingen meiner Forschungsarbeiten beigetragen hat. Die vorliegende Arbeit widme ich daher ihr, meinem Sohn Graciano sowie meinen Eltern und meinen Schwiegereltern.

Acknowlegement

The content of this work consists of author's dissertation and of the new research work after his ph.D. at the different universities in Europe. The original motivation came form the encouragement of Univ.Prof. Dr. W. Lukas and Prof. Dr. W. Kusterle in the Institute for Concrete Structure, Building Materials and Building Physics of the University Innsbruck.

The author wishes to express his sincere gratitude to Univ. Prof. Lukas – Member of the European Academy of Science- for his kind support and valuable encourgement during all phases of this work.

The author is deeply grateful to Prof. Dr. W. Kusterle for his constant supervision, valuable suggestion, guidance and honest help.

The author also like to thank O. Univ. Prof. Dr. W. Schubert – the second supervisor of my dissertation- in the Institute for Rock Mechanics and Tunnelling of the University Graz for his helpful discussions.

Also the author would like to thank all the colleagues under the leadership of O. Univ. Prof. Dr. N. V. Waubke in the Institute for Concrete Structure, Building Materials and Building Physics of the University Innsbruck, especially Dr. Saxer, Dr. Testor and Mr. Klausner for their help throughout the duration of this research.

The author is grearly indebted to his house owner – Madam Danielle Konrad - for her motherly concern, and all her family member - for their intimate and permanent support, help and trust.

Finally, the author thanks his wife for her continuous assistance. The author would like to dedicate this work to his wife Yulin, his son Graciano,, his parents and parents in law.

Agradecimento

A compilação aqui apresentada resulta da investigação feita pelo autor no âmbito da sua dissertação de doutoramento e no posterior trabalho desenvolvido em diferentes Universidades da Europa. Este trabalho foi motivado pelos Professore Doutor W. Lukas e Professore Doutor W. Kusterle do institute “Concrete Structure, Building Materials and Building Physics” da Universidade do Innsbruck.

O autor quer expressar os seus sinceros agradecimentos ao Professor Lukas pelo seu suporte amigo e valioso encorajamento durante todas as etapas deste trabalho.

O autor está profundamento grato ao Professor Doutor W. Kusterle, pela sua constante orientação, valiosas sugestões e ajuda incondicional.

O autor pretende agradecer também ao Professor Doutor W. Schubert, o seu segundo orientador, do Institute “Rock Mechanics and Tunnelling” da Universidade de Graz pelas suas proveitosas discussões.

O autor gostaria também de agradecer aos seus colegas do Institute “Concrete Structure, Building Materials and Building Physics” da Universidade do Innsbruck, especialmente aos Doutores Saxer, Testor e Klausner pela sua ajuda durante esta investigação.

O autor está grato à Madame Danielle Konrad que o acolheu como filho e a toda a sua família que lhe deu permanente suporte, ajuda e confiança.

Finalmente, o autor agradece à sua esposa pelo seu apoio contínuo.

O autor quer dedicar este trabalho aos seus esposa Yulin, filho Graciano, pais e sogros,.

Avant-Propos

Cette thèse résulte d´une suggestion faite par deux professeurs de la Faculté universitaire pour Ingénieurs des travaux publics et d´Architecture à Innsbruck, M. Prof. Dr. Walter Lukas et M. Prof. Dr. Wolfgang Kusterle, enseignants à l´Institut de Recherches sur matériaux de construction.

J´aimerais exprimer mes remerciements à M. Dr. Lukas pour son soutien moral. C´est uniquement par son consentement et aide financière qu´il me fut possible de réaliser cet ouvrage.

Mes sincères remerciements a mon vénéré M. le Prof. Dr. Kusterle pour son aide technique continue et professionnelle. Je lui dois d´excellentes suggestions.

J´exprime aussi ma reconnaissance à M. Dr. mont. Dr. W. Schubert, enseignant `a l´Université Technique de Graz et Professeur à l´Institut de Recherches sur la technique rocheuse et constructions de tunnels, qui a approuvé cette thèse par une deuxième expertise.

Mes remerciements à tous les collaborateurs de l´Institut de Recherches de matériaux de construction pour leur aimable aide et soutien. Surtout à M. Dr. Saxer, M. Dr. Testor et M. Klausner qui m´aidèrent à terminer cette thèse.

Pour le soutien pendant mes études et la confiance qu´ils avaient toujours en moi, grand merci à Mme Konrad Danielle et sa famille chez qui je logeais pendant mon séjour. C´est dans ce cadre familial, loin de ma patrie que je pus me sentir comme chez moi.

J´aimerais spécialement remercier ma femme pour sa compréhension qui a contribué à la réussite de mes recherches. Je dédie cet ouvrage à ma femme Yulin, mon fils Graciano, mes parents et beaux parents.

Kurzfassung

Die vorliegende Arbeit beschäftigt sich mit dem Einsatz von Faserbeton sowohl beim Tunnelvortrieb nach NÖT als auch bei der möglichen konstruktiven Anwendung.

Die Beurteilung der Materialeigenschaften von Stahlfaserbeton bzw. Stahlfaserspritzbeton im jungen Alter (ab 10 Stunden) hat große Bedeutung für Tunnelschalen bezüglich deren Tragfähigkeit und deren Gebrauchsfähigkeit. Weil die Spritzbetonschale gerade nach den ersten Abschlägen, bezogen auf den aktuell vorhandenen Erhärtungsgrad, am stärksten beansprucht wird, kommen im jungen Alter die meisten Verbrüche vor.

Um die realitätsnahe Entwicklung der Druckfestigkeit, des E-Moduls, der rheologischen Eigenschaften und des Verhaltens im Biegezugversuch (sowohl für Balken als auch für Platten) zu erfassen, erfolgten zahlreiche Untersuchungen an Labor- und Baustellenbetonen im möglichst jungem Alter.

Die Untersuchung an der Verarbeitbarkeit, der Festigkeit und der Zähigkeit vom Selbst-Verdichtenden-Hochleistungsbeton (SCC-HPC) durch die Zugabe von Fasern (sowohl Stahlfasern als auch PP-Fasern) sind durchgeführt. Es wurde auch versucht, durch den Vergleich der technologischen Eigenschaften bei unterschiedlichen Faserdosierungen einen wirksamen und auch wirtschaftlichen Bereich des Fasergehaltes des Stahlfaserbetons zu ermitteln. Der Faserverlust wegen Rückprall beim Trocken- und Nassspritzverfahren wurde analysiert und ermittelt.

Neben dem bekannten Biegezugverfahren (Kraft - Durchbiegung) gemäß DBV-Merkblatt wurden Untersuchungen an Balken aus Stahlfaserbeton mit verschiedenen Fasergehalten und Fasertypen nach RILEM Recommendation (Kraft-Rissöffnung) und EFNARC durchgeführt. Der Einfluss der Faseranzahl und des Faserabstandes auf das Nachbruchverhalten wurde untersucht. Die Stahlfaserverteilung im Balkenquerschnitt wurde durch die FE Methode dargestellt. Die Relation zwischen der Balkendurchbiegung und der Rissöffnung ist nachgewiesen. Aufgrund der Untersuchungsergebnisse konnte auch ein vereinfachtes Bemessungsverfahren vorgestellt werden.

Abstract

This work deals with using Fibre Reinforced Concrete & Shotcrete both for tunnelling according to the NATM (New Austrian Tunnelling Method) and for the constructive application.

The assessment of the material properties of the steel fibre reinforced concrete or shotcrete at early age (from 10 h) has great signification for load bearing capacity and serviceability of tunnel shell, because the tunnel shell just after the first round in relation to the actual strength is loaded to the highest extent, the most failures occur at young age.

In order to evaluate the trends concerning compression strength, young's E-modulus, rheological properties and the behaviour in the bending test (both beams according to the different standards and slabs), it has followed a lot of investigations about FRC in the laboratory and on the construction site as early as possible.

The investigations of fibre influence on the workability, on the strength and on the toughness of SCC-HPC (Self-Compacting Concrete and High Performance Concrete) have been carried out. It is attempted to find out an economic and an efficient reach of fibre content for SFRC through comparing the technology properties at early age with different fibre content. The rate of the fibre loss due to the rebound has been defined according to the different spraying method.

In stead of the flexural test (load–deflection) according to the German Guideline, lots of beam tests on fibre reinforced concrete/shotcrete, with different fibre content, fibre types, were done in accordance with RILEM recommendation (load–crack mouth opening) and EFNARC. The influence of different fibre numbers and fibre distance on the post crack behaviour has been investigated. The fibre distribution on the cross section was represented by FE method. The relationship between beam deflection and crack mouth opening was pointed out. Based on a large number of flexural beam tests and corresponding statically and statistical analysis, a simplified design method is presented.

Resumo

Este trabalho está relacionado com o uso de Betão & Shotcrete reforçados com fibras de aço (SFRS) para aplicações em túneis de acordo com NATM (Novo Método de Tunelamento Austríaco) e para aplicações da construção civil.

A avaliação das propriedades deste Betão ou Shotcrete, reforçado com fibras de aço ao fim de poucas horas (10 h), mostrou que a adição destas fibras têm grande significado na capacidade de carga de rolamento e utilidade na parede do túnel, já que a parede do túnel, logo após a primeira aplicação em relação à força actual, é submetida à extensão mais elevada, e os maiores fracassos acontecem na idade jovem.

Para avaliar as tendências relativamente à forca da compressão, E-Modulo de juventude, propriedades reológicas e o comportamento em testes de dobragem (duas vigas de acordo com diferentes normas e lajes), muitas investigações sobre FRC têm vindo a ser desenvolvidas em laboratório e nos locais de construção tão cedo quanto possível.

As investigações sobre a influência das fibras na aplicabilidade e na resistência de SCC-HPC (Betões auto compactantes e betões de elevado desempenho) têm sido feitas. As investigações tentam descobrir uma percentagem de fibra eficiente e económica para os SFRC através da comparação das propriedades tecnológicas para betões com pouca idade preparados com diferentes quantidades de fibra de aço. A taxa da perda de fibra devido ao "rebound" foi definida de acordo com diferentes métodos de projecção.

Em vez de testes de flexão (load-deflection) de acordo com a norma alemã, muitas vigas de Betão & Shotcrete reforçadas com fibra de aço, com diferentes quantidades de fibra e diferentes tipos, foram feitos conforme a recomendação RILEM (loadcrack mouth opening) e EFNARC. A influência de diferente número de fibras e a distância entre elas na análise das fracturas após rotura tem sido bem estudada. A distribuição das fracturas ao longo da secção foi representada por elementos finitos EF. A relação entre a deflexão da viga e a abertura das fissuras foi registado. Com base num grande número de testes de flexão das vigas, correspondente análise estática e estatística, é apresentado um método simplificado de concepção.

Resume

La thèse suivante examine l´utilisation de béton à fibre pour tunnels ainsi que dans le bâtiment, d´après NÖT. (nouvelle méthode autrichienne)

L´examen des propriétés de béton à fibres jeunes (à partir de 10 h) est d´une grande importance pour les parois des tunnels, concernant la capacité portative et l´utilisation.

Car se rapportant sur les degrés de durcicement, la paroi du béton projeté est très endommagée après la première volée.

Pour juger de l´évolution de la résistance (compression) du module, de la propriété et du comportement pendant l´essai de la traction-flexion (pour poutres et pour plaques), de nombreuses recherches furent nécessaires en laboratoires ainsi que sur chantier (le béton le plus jeune possible).

Par comparaison des propriétés avec différentes doses de fibres il fallait trouver comment utiliser le béton à fibres efficacement et économiquement.
La perte de fibres à cause de la répercussion pendant la projection sèche et humide fut analysée.

En plus des tractions-flexions déjà connues, (force-flexion,selon DBV-feuille de renseignements) d´autres recherches avec poutres fibre d´acier, différentes doses et types de fibre (selon RILEM RECOMMENDATION et EFNARC) furent faites. L´influence de la quantité et distance des fibres sur la résistance fut analysée. Le partage de la fibre acier dans la poutre transversale fut faite d´après la méthode FE: Le rapport entre la flexion de la poutre et la fissure est prouvé. Avec le résultat des recherches il fut possible de simplifier le procédé de dimensionnement.

Inhaltsverzeichnis

Bezeichnung

Lateinische Buchstaben

AM	Ausbreitmaß (cm)
Äqu. BZ.	Äquivalente Biegezugfestigkeit (N/mm²)
B	Breite des Balkenquerschnittes
CFB	Fasercocktail (Kombination von Stahl- und Kunststofffaser)
CFB 305	Cocktail: 30 kg/m³ Stahlfasern C + 5 kg/m³ Kunststofffasern D
E	E-Modul des Betons
H	Höhe des Querschnittes
HPC	High-Performance Concrete
h_z	die Höhe des ungerissenen Faserbetons in der Zugzone
k	0,9 zur Berücksichtigung des notwendigen Vorhaltemaßes zwischen Eignungs- und Güteprüfung
KF	Kunststofffaser
KFB	Kunststofffaserbeton, z.B. KFBA: Kunststofffaserbeton mit A-Faser
KFXY	Kunststofffaser von X Typ mit einer Dosierung von Y kg/m³
LP	Luftporengehalt (%)
M_c	Inneres Moment des Betons
M_{ext}	Externes Einwirkungsmoment
M_f	Inneres Moment der Stahlfasern
M_{next}	Moment infolge N_{ext}
NB	Nullbeton, Beton ohne Faserverstärkung
N_c	axiale interne Kraft des Betons
N_{ext}	axiale externe exzentrische Druck-Normalkraft
N_f	axiale interne Kraft der Stahlfasern
NSpB	Nullspritzbeton, Spritzbeton ohne Faserverstärkung
PLF XY	Platten mit dem X kg/m³ Fasergehalt nach Y Stunden nach dem Betonieren
p	die äußere Last

R	Bruchwiderstand des Prüfkörpers
S	Einwirkung im Bauteil im rechnerischen Grenzzustand der Tragfähigkeit
SCC	Self-Compacting Concrete
SF	Stahlfaser
SFB	Stahlfaserbeton
SFBA	Stahlfaserbeton mit A-Faser
SFBB X	Stahlfaserbeton mit Faserdosierung von X kg/m³ B-Faser
SFBB XY	Stahlfaserbeton mit Faserdosierung von X kg/m³ B-Faser im Betonalter von Y Stunden oder Tagen
SFSpB	Stahlfaserspritzbeton, z.B. SFSpBA: Stahlfaserspritzbeton mit A-Faser
T	die Plattendicke
V_0	Fließgeschwindigkeit (cm/s) in der Fließrinne gerade nach dem Mischen
V_{20}	Fließgeschwindigkeit (cm/s) in der Fließrinne 20 Minuten nach dem Mischen
V_C	Variationskoeffizient
V_L	Fließgeschwindigkeit (cm/s) gerade nach dem Mischen im L-Box-Versuch
w	Rissbreite
w_f	Rissbreite bei 2 cm Höhe von der Balkenunterseite
w_m	maximale Rissbreite an der Balkenunterseite
w_{zu}	zulässige Rissbreite (mm)
z_1	der Koordinatenwert, wo die Zugspannung des Faserbetons erreicht wird
Z_r	Zunahmerate (%)

Griechische Buchstaben

$\frac{1}{\rho}$	die Krümmung der ungerissenen Zone des gerissenen Querschnittes
ω	Durchbiegung der Platte
ν	Querkontraktionszahl
γ	globaler Sicherheitsbeiwert
β_{BZ10}	10% - Quantilwert der Biegezugfestigkeit βBZ
ε_{cr}	die maximale Dehnung der Faserbetonmatrix in der Zugzone vor dem Riss
σ_{cr}	Zugspannung des Faserbetons bei ε_{cr}
σ_f :	Zugspannung von SFRC bei 2 cm Höhe von der Balkenunterseite
γ_F	Sicherheitsbeiwert für Einwirkung
γ_K	Sicherheitsbeiwert für Berechnung und Systemannahmen
γ_m	Sicherheitsbeiwert für Material
σ_{pro}	Proportionalitätsgrenze unter Biegebeanspruchung
γ_R	Sicherheitsbeiwert, abhängig von Faserlänge/Fasergehalt/Fasergeometrie
σ_{re}	rechnerisch ermittelte Spannungen unter Gebrauchslasten
γ_T	Sicherheitsbeiwert für Faserbeton bzw. Faserspritzbeton im jungen Alter
σ_{zu}	zulässige Spannung

1 Geschichtliche Entwicklung der Faserbewehrung

Bereits frühzeitig übertrug man im Betonbau speziellen Baugliedern die Aufgabe, die auftretenden Zugspannungen zu übernehmen, und versuchte dabei, die Risse zu beschränken und den Verlust der Tragfähigkeit nach erfolgter Rissbildung zu vermeiden, um mit dem spröden Beton auch die Anforderungen bei Biegebeanspruchungen zu erfüllen. Diese Bauweise blickt auf eine alte Tradition zurück.

Die Anfänge des eigentlichen Stahlfaserbetons liegen auch mehr als hundert Jahre zurück. Das erste Patent zu faserverstärktem Beton stammt aus dem Jahre 1874 und wurde in Kailifornien von A. Berard eingereicht. Er hat vorgeschlagen, Beton durch die Zugabe unregelmäßiger Stahlabfälle zu verstärken. In einem französischen Patent im Jahr 1917 von H. Alfsen wurde beschrieben, wie die Zugfestigkeit des Betons durch Einmischung länglicher Fasern aus Stahl, Holz oder anderen Materialien erhöht wird. Es folgten weitere Patente, die im wesentlichen auf unterschiedliche Fasergeometrien oder Anwendungsmöglichkeiten eingehen. Besonders erwähnenswert sind die Patentschriften von G. Constantinesco 1943 in England und 1954 in den USA, da sie schon stark an den Stahlfaserbeton erinnern, wie er heute gebräuchlich ist. Sie erhalten bereits Aussagen über den Einfluss der Fasern auf die Rissverteilung, die Bruchfestigkeit und das Energieaufnahmevermögen dieses Materials [1].

Eine erste systematische Arbeit über den Einfluss von Faserbewehrung brachten Romualdi und Batson im Jahre 1963. In ihren Versuchen an Betonbalken wird die faserartige Bewehrung noch ähnlich den herkömmlichen Verfahren parallel in die Balken eingelegt. Im Gegensatz zu Romualdi und Batson verwendet Glancy im Jahre 1964 Stahlfasern in unkontrolliert verteilter Form, wobei die Stahlfasern dem Beton beim Mischvorgang beigegeben werden. In seiner Untersuchung waren die Fasern noch nicht als Bewehrung zu wirken, sondern nur um Risse zu bremsen.

In der Erweiterung einer früher Arbeit sind Romualdi und Mandel im Jahre 1964 auf die Auswirkung von kurzen, aber gleichmäßig verteilten Fasern auf die Eigenschaften von Beton eingegangen.

Zwischen den Sechziger- und Achtzigerjahren sind auch zahlreiche Forschungsarbeiten über neue Entwicklungen des Faserbetons veröffentlicht worden. Seit Neuenzigerjahren spielt die Entwicklung von faserverstärktem

SCC (Self-Compacting Concrete) bzw. HPC (High Performance Concrete) eine bedeutende Rolle.

Sehr eingehend hat sich Maidl mit faserverstärktem Beton am Anfang der Neunzigerjahre befasst und er gelangte aus den Ergebnissen früherer Forschungsarbeiten und aus eigenen Versuchen zu fortschrittlichen Schlussfolgerungen, er hat die neuesten Einsatzmöglichkeiten für Stahlfaserbeton, die Faserarten, die Eigenschaften von Stahlfaserbeton, die Bauverfahren und die Geräte, die Qualitätssicherung im Tunnelbau, besonders die Berechnungs- und Bemessungsansätze und die konstruktiven Möglichkeiten für Stahlfaserbeton im Tunnelbau sowie die Wirtschaftlichkeit diskutiert und zusammengefasst.

Gleichzeitig wurden zahlreiche Normen und Prüfmethoden entwickelt, um eine allgemein gültige Theorie für Stahlfaserbeton zu begründen. Für die Tunnelschalen aus Stahlfaserbeton haben die Biegezugeigenschaften bezüglich deren Tragfähigkeit und insbesondere deren Gebrauchsfähigkeit große Bedeutung. Deswegen konzentrieren sich die international bekannten Prüfmethoden auf die Biegezugversuche - sowohl Biegezugversuche mit dem Balken als auch auf Platten-Biege-Versuche, als Grundlage für Bemessungsnachweise. Außerdem wurde auch das so genannte Momenten-Normalkraft Prüfkonzept für den exzentrischen Druckversuch von Jörg Dietrich in seiner Dissertation im Jahre 1992 entwickelt.

Die praktische Stahlfaserbetonanwendung setzte in den USA in den sechzigen Jahren und in Deutschland in den Siebzigerjahren langsam ein. In dieser Entwicklungsphase des Stahlfaserbetons kam es zu einer Reihe von Normen und Regeln zum Konstruieren und Bemessen der Bauteile, zur Prüfung der Eigenschaften und zur Herstellung des Faserbetons [2].

Die ersten Versuche mit Stahlfaserspritzbeton gehen auf das Jahr 1971 zurück und wurden in Battelle Memorial Institute's Columbus Laboratories durchgeführt. Ein erster Praxiseinsatz erfolgte 1972 für die Erstellung einer Hangsicherung an einem Tunnelportal in Idaho. Fasern wurden, vor allem in den skandinavischen Ländern und in Nordamerika, dem Spritzbeton zudosiert. Der Faserspritzbeton kann im Trocken- und im Nassspritzverfahren verarbeitet werden. Im Jahr 1977 wurde die Innenschale von drei U-Bahnlosen aus Stahlfaserpumpbeton in Frankfurt hergestellt. Die erste erfolgreiche Anwendung in Deutschland für Stahlfaserspritzbeton im Tunnelbau erfolgte erst im Jahr 1989 in einem hundert Meter langen Abschnitt der U-Bahn in Bielefeld [1]. Zur neuen Anwendung des Stahlfaserbetons ist es im Jahre

1995 am Potsdamer Platz für Daimler Benz Inter Services gekommen. Erstmals ist in der Größenordnung (rd. 20 000 m² und in einer Dicke von 1,2 m) ein Unterwasserbeton mit Stahlfasern hergestellt worden [3].

Der Industriebau wurde ziemlich rasch ein großes Anwendungsgebiet von Faserbeton. Als Ersatz für konstruktive Mattenbewehrung für Industriefußböden setzte man hauptsächlich Stahl- oder Kunststofffasern ein. Der faserbewehrte Beton wurde auch für die Herstellung von Tunnelinnenschalen, Tübbingen und zur Hangsicherung eingesetzt.

Heute gibt es eine Vielzahl verschiedener Faserarten, die dem Beton beigemischt werden. Neben Stahlfasern werden zum Beispiel Fasern aus Glas, Kohlenstoff, Kunststoffen, keramischen Materialien eingesetzt. Für Beton bzw. Hochleistungsbeton werden vorwiegend Stahlfasern, Fasern aus polymeren Werkstoffen und Glasfasern verwendet.

2 Aufgabenstellung

Auf Grund der positiven Ergebnisse, die durch die Verwendung von Fasern im Beton bzw. im Spritzbeton erzielt wurden, war es nahe liegend, den Einfluss von Fasern auf die Eigenschaften vom jungen Alter von Beton/Hochleistungsbeton im Labor und von Spritzbeton auf der Baustelle hergestellt, systematisch zu untersuchen.

Für die Praxis erhebt sich die Frage, welche Möglichkeiten es gibt, um ein Fortschreiten des Risses zu verhindern oder zu verlangsamen. Im Nahbereich der Mikrorisse treten im Zusammenhang mit den Spannungen auch größere Dehnungen auf, die bei dem Überschreiten der Verformbarkeit des Materials zur Vergrößerung der Risse führen müssen. Von dieser Erkenntnis bis zum Versuch, dem Problem mit einer Bewehrung im Feinbereich zu begegnen, war nur noch ein kleiner Schritt. Dies führte zur Untersuchung der Verwendungsmöglichkeiten von Fasern verschiedenster Art.

Zwar waren früher Fasern vor allem zusammen mit verschiedenen Kunststoffen eingesetzt worden, doch wurde dabei die Frage sowohl der Bruch- und Rissvorgänge als auch die Verarbeitbarkeit nicht systematisch untersucht. Die Auswirkungen der Faserbeigaben auf verschiedene Eigenschaften des jungen Betons waren aber noch nicht bekannt.

Stahlfasern und Kunststofffasern können die Eigenschaften von Faserbeton erheblich verbessern. Ihre Fähigkeit liegt darin, dem Beton auch im gerissenen Zustand ein technisch nutzbares Zugverhalten zu geben. Unter bestimmten Bedingungen können sie sogar rissverteilend wirken [4].

Faserbeton bzw. Faserspritzbeton unterscheidet sich von dem nicht mit Fasern bewehrtem Beton vor allem durch das Nachbruchverhalten - die so genannte Zähigkeit oder die Duktilität. Die Duktilität der aus Stahlfaserbeton hergestellten Bauteile hat Auswirkungen auf die Versagensart und damit auf erforderliche Sicherheiten bei der Dimensionierung.

Trotz der großen Bedeutung des Fasereinflusses auf die Beton-, Hochleistungsbeton- bzw. Spritzbetoneigenschaft gibt es zur Zeit noch kaum Untersuchungsergebnisse über die Faserbetoneigenschaft im jungen Alter ($t < 12$ Stunden). Gerade zu frühen Zeitpunkten wird jedoch der Sicherungsspritzbeton belastet, die 28 Tage Werte sind nicht so relevant. Über die Ausnutzung der durch die Faserzugabe gewonnenen zusätzliche Eigenschaften, sowohl bei der äquivalenten Biegezugfestigkeit und bei der Prüfung der Energieabsorptionskapazität vom Platten-Biege-Versuch, als auch bei der frühen Druckfestigkeit, dem E-Modul und dem Spannungs-Verformungsverhalten im jungen Alter, ist nur ein sehr eingeschränktes Wissen vorhanden.

In vorliegender Arbeit wurden Untersuchungen des Fasereinflusses auf
- die Verarbeitbarkeiten und Frischbetoneigenschaften
- die Druckfestigkeitsentwicklung, die Druckzähigkeit und die E-Modulentwicklung des Betons/Spritzbetons und des SCC-Hochleistungsbetons
- das Spannungs-Verformungsverhalten des Betons im jungen Alter
- die Faserorientierung, die Faserverteilung im Versagensquerschnitt sowie die Korrelation zwischen der Durchbiegung und der Rissöffnung des Balkens
- die äquivalente Biegezugfestigkeit des Betons vom jungen Alter bis zu 28 Tagen und die Bemessungsgrundlage
- die Energieabsorptionskapazität des Betons im jungen Alter durch Platten-Biege-Versuch

durchgeführt.

Da es sich um Vergleichsuntersuchungen zwischen Beton/Hochleistungsbeton und Spritzbeton ohne und mit Faserverstärkung bzw. um einen Vergleich der Einflüsse der unterschiedlichen Fasergehalte und Fasertypen handelt, standen verschiedene Stahlfasern und Kunststofffasern zur Verfügung.

Zwei Untersuchungsserien wurden vorgenommen:

- Die Untersuchungen an Faserbeton und an faserverstärktem Hochleistungsbeton wurden im Labor des Instituts für Betonbau, Baustoffe und Bauphysik der Universität Innsbruck durchgeführt. Die Betonproben wurden so hergestellt, dass man sie von der Rezeptur mit Faserspritzbeton vergleichen kann.
- Die Untersuchungen an Stahlfaserspritzbeton wurden im selben Labor und auf den verschiedenen Baustellen durchgeführt.

3 Übersicht der Normen über äquivalente Biegezugfestigkeitsprüfungen und Platten-Biege-Versuche

Stahlfasern werden dem Spritzbeton zugegeben, um die Eigenschaften der Energieabsorption und der Anprallresistenz zu verbessern, um eine Rissresistenz und Rissbeschränkung zu schaffen und eine erhöhte Duktilität zu bieten. Zur quantitativen Bewertung der Duktilität des Stahlfaserbetons gibt es zur Zeit verschiedene Normen zur Zähigkeitsmessung, die von mehreren Staaten erarbeitet wurden.

Zähigkeit kann in Zugzähigkeit, Druckzähigkeit und Biegezähigkeit charakterisiert werden. Die meisten Normen bemühen sich jedoch um eine Charakterisierung im Biegezähigkeitsversuch von einem Balken mit 4-Punkt Belastung. Alle Zähigkeitsversuche verlangen zur Auswertung praktisch die Messung der Fläche unter der Kraft-Verformungskurve. Es gibt folgende nationalen Normen zur Bestimmung der Biegezähigkeit:

1. ASTM C 1018-96b: Standard Test Method for Flexural Toughness and First-Crack Strength of Fibre-Reinforced Concrete [5]
2. Österreichische „Richtlinie Faserbeton" 1998 [6]
3. DBV-Merkblätter Faserbeton 1996 [7]
4. RILEM-Recommendation [8]
5. EFNARC European Specification for Sprayed Concrete 1996 [9]
6. Japan JSCE-SF4 [10]
7. Norway NBP No.7 1993 [11]

Von den oben genannten Normen sind 1), 3) und 4), mit Einschränkungen auch 6) am meisten in Europa verwendet. Es gibt Unterschiede bei den Probengrößen, der Probenform und der Spannweite zwischen den verschiedenen Normen, aber der größte Unterschied liegt bei der Festlegung und bei der Kalkulation der Zähigkeit. Die meisten Beschreibungen über die Zähigkeit basieren entweder auf einem Absolutwert oder auf einem Relativwert oder auf einem schematischen Ansatz.

3.1 Überblick über ASTM C 1018 - 96 b

ASTM C 1018 „ Standard Test for Flexural Toughness and First Crack Strength of Fibre Reinforced Concrete" ist eine der am meisten verwendeten Methoden zur Beschreibung der Zähigkeit von Faserbeton. Die erste Auflage wurde im Jahr 1984 herausgegeben, und die hier geltende Auflage ist vom Jahr 1996.

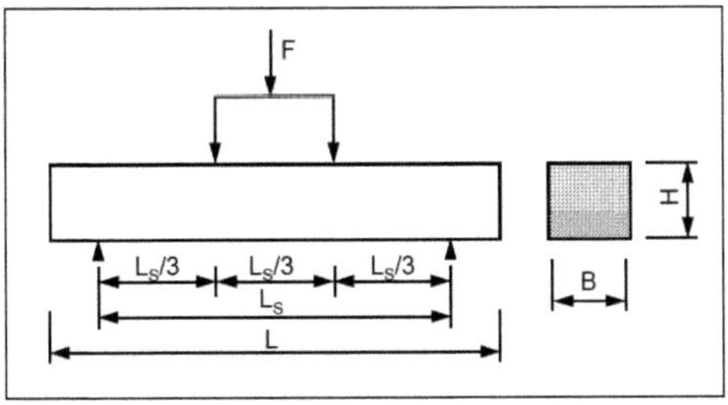

Abb. 3-1: Versuchsaufbau und Abmessungen der Balkenprobe

Die ASTM stellt drei wichtige Begriffe zur Zähigkeitsbeschreibung zur Verfügung:

1. die Durchbiegung beim ersten Riss δ und die entsprechende Kraft beim ersten Riss.
2. den Zähigkeitsindex I
3. den Restfestigkeitsfaktor R.

Die Faktoren I und R charakterisieren die Zähigkeit und das Absorptionsvermögen von Faserspritzbeton.

Der Zähigkeitsindex (I) ergibt sich aus dem Relativverhältnis der Energie, die bis zu einer gegebenen Verformung von der Probe aufgenommen wird und der Energie, die bis zum ersten Riss absorbiert wird. Man hat 3 Zähigkeitsindizes definiert: I_5, I_{10}, I_{20}. Sie entsprechen den Verformung von 3δ, $5{,}5\delta$ und $10{,}5\delta$, wobei δ die Verformung beim Auftreten des ersten Risses ist. Die Bezeichnung der Indizes mit I_5, I_{10} und I_{20} kommt davon, dass diesen Verformungen die Zähigkeitsindizes 5, 10 und 20 eines gedachten elastoplastischen Materials entsprechen.

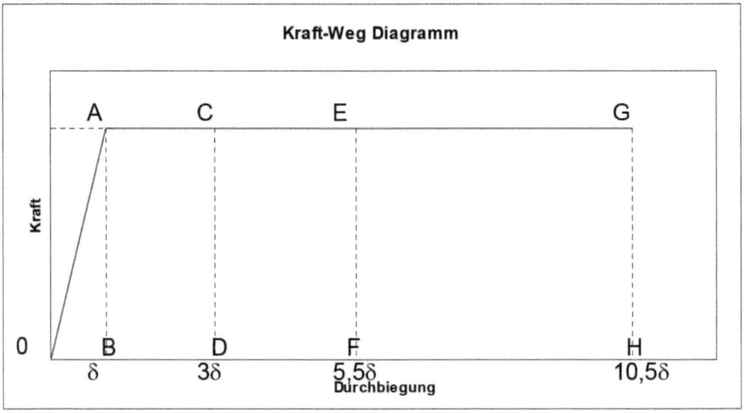

Abb. 3-2: Ermittlung des Biegezähigkeitsfaktors I

Für den Restfestigkeitsfaktor R werden $R_{5,10}$ und $R_{10,20}$ eingeführt, wobei $R_{5,10} = 20\ (I_{10} - I_5)$ und $R_{10,20} = 10(I_{20} - I_{10})$ definiert wird. R stellt den durchschnittlichen Wert der erhaltenen Belastung nach dem ersten Riss als Prozentsatz der Belastung beim ersten Riss dar. Wenn das betreffende Material perfekt elasto-plastisch wäre, würde der R-Wert 100 betragen. Niedrigere Werte bedeuten geringere plastische Eigenschaft. Der Restfestigkeitsfaktor des Nullbetons hat einen Wert von Null.

Die Schwierigkeiten und die Nachteile dieser Methode liegen in:

1) die Verformung beim ersten Riss genau festzustellen. Der in ASTM zu kalkulierende Zähigkeitsindex und der Restfestigkeitsfaktor sind abhängig von der Durchbiegung beim Auftreten des ersten Risses. Dieser sehr kleine Wert (im Bereich von 0,04 bis 0,1 mm) beeinflusst stark den Zähigkeitsindex und kann bei der Ermittlung das Ergebnis verfälschen. Es gibt immer Schwierigkeiten, um den ersten Riss zu lokalisieren, weil es im strengen Sinn keinen ersten Riss gibt. Wenn der Balken belastet ist, entsteht und entwickelt sich nur der Mikroriss fortschrittlich.

2) Die Anwendung von ASTM C1018 soll dabei auf einen effizienten und hohen Fasergehalt (>20kg/m³) beschränkt werden, der stabile Last- Verformungskurven bedingt und nicht auf die zu kalkulierenden Parameterwerte wirkt.

3) Abmessung und Form der Proben:

Veröffentlichungen haben gezeigt, dass der Zähigkeitsindex nach ASTM und der Zähigkeitsfaktor abhängig von den Querschnittsabmessungen und der Spannweite der Probe sind, wenn die Proben nicht geometrisch genau ähnlich sind. Der Zähigkeitsfaktor nimmt mit dem Spannweite-Balkentiefe Verhältnis der Probe ab. Alle Zähigkeitsfaktoren sind stark beeinflusst von der Probebreite, wenn die Tiefe und Spannweite unverändert bleiben. Die Zähigkeit nimmt mit zunehmender Breite zu. Die Anwendung von ASTM bevorzugt die Probe mit Abmessungen (B x H x L) von 100mm x 100mm x min.350mm. Wenn die Faserlänge zwischen 50 mm und 70 mm ist, sollten die Abmessungen 150 mm x 150 mm x min.(50+3 x 150) mm sein. Aus diesem Grund wird vorgeschlagen, dass alle Zähigkeitsversuche möglichst mit der Probe mit Standardabmessungen durchgeführt werden sollen. Die Probeabmessung sollten einheitlich und nicht abhängig von der Faserlänge sein.

Die Durchbiegungsgeschwindigkeit ist zwischen 0,05 bis 0,1 mm/min festgelegt, die Versuchsdauer soll mindestens 15 min. betragen.

End-Punkt der Durchbiegung soll 10% über der angenommenen Durchbiegung von I20 sein. Die Belastung des Prüfkörpers erfolgt in zwei Punkten, die beim 100 x 100 x 350 mm Körper einen Abstand von 100 mm von den Stützpunkten haben.

3.2 Überblick über JSCE-SF4 Standard

Die JSCE-SF4 besteht aus einer Zähigkeitsbeschreibung über einen Absolutwert. Die Versuchsanordnung und Versuchsdurchführung ist nahezu identisch mit dem Versuch nach ASTM. In dieser Norm werden die hohe Zähigkeit und das erhöhte Absorptionsvermögen des Faserbetons durch die äquivalente Biegezugfestigkeit definiert. Der kleine Unterschied in der Versuchsdurchführung liegt darin, dass der Prüfbalken bis zu einer Durchbiegung von mindestens L/150 der Spannweite (3mm), belastet werden muss. Diese drei mm stellen auch den oberen Grenzwert für die Ermittlung der Energie unter der Arbeitslinie dar. Die äquivalente Biegezugfestigkeit ergibt sich also als Mittelwert der Biegezugfestigkeit für den gesamten Verformungsbereich
Die Definition der äquivalenten Biegezugfestigkeit hat unter Anwendung geeigneter Sicherheitsfaktoren den großen Vorteil, dass man die wichtigsten Eigenschaften des Faserbetons in die Dimensionierung einbeziehen kann.
Auswertung des Versuches:
Biegezugfestigkeit: $\beta_{BZ} = F_{max}l/bh^2$
äquivalente Biegezugfestigkeit: $\beta_A = Al/fbh^2$
mit:

F_{max} = maximale Kraft (N)
f = Durchbiegung (3mm)
A = Flächeneinheit unter der Arbeitslinie bis zu einer Durchbiegung von f=3mm
b = Breite des Prüfkörpers (150mm)
h = Höhe des Prüfkörpers (150mm)
l = Spannweite des Prüfkörpers (450mm)

Die Belastung des Prüfkörpers erfolgt in zwei Punkten, die einen Abstand von 150 mm von den Stützpunkten haben. Im Vergleich zu ASTM gibt es Vor- und Nachteile bei der Anwendung des JSCE-SF4 Standard. Die Hauptvorteile von JSCE-SF4 im Vergleich zu ASTM sind:

- das Lokalisieren vom ersten Riss ist keine Angelegenheit von JSCE-SF4.
- für den instabilen Bereich nach der Lastspitze, welcher bei niedriger Zähigkeit der Proben vorkommt und die zu bewertenden Zähigkeitsfaktoren von ASTM merklich beeinflussen kann, gibt es wenigere Probleme als bei ASTM. Die Fläche unter dem instabilen Bereich der Last-Verformungskurve hat keinen großen Einfluss auf die ganze auszuwertende Fläche unter der Kurve bis zu einer Durchbiegung von 3 mm.

Folgende Kritik wurde geäußert:

- diese Norm stellt eine Absolutzähigkeitsmessung zur Verfügung, d.h. sie bietet eine Energiemessung mit der Einheit von kNmm. Die erhaltenden Werte sind komplett von der Probenabmessung abhängig. Diese Kritik ist gemäßigt bei der Kalkulation eines Zähigkeitsfaktors, wenn dessen Einheit MPa ist.
- das Verfahren bietet einen durchschnittlichen Ansatz, der den Unterschied zwischen dem Vorriss- und Nachrissverhalten nicht beurteilen kann.

Veröffentlichungen haben gezeigt, dass die JSCE-Methode mehr effektiver ist beim Unterscheiden zwischen Faserbetonmischungen, die mit unterschiedlichen Fasertypen und Fasergehalten hergestellt wurden, als die Beurteilung mit Zähigkeitsfaktoren nach ASTM.

3.3 Überblick über DBV - Merkblatt Faserbeton 1996

In dem Merkblatt werden die Zähigkeit, das erhöhte Absorptionsvermögen des Faserbetons durch die äquivalente Biegezugfestigkeit und das Arbeitsvermögen definiert. Dieser Versuch ist hinsichtlich der Versuchsanordnung und des Erstellens bzw. Lagerns der Probe fast identisch mit den Versuchen nach ASTM und JSCE-SF4.

Die Abmessungen sind B x H x L = 150 mm x 150 mm x 700 mm (Spannweite 600 mm). Die Durchbiegung in der Spannmitte ist bis zu 3,5 mm graphisch aufzunehmen. Die Durchbiegungsgeschwindigkeit sollte 0,2 mm/min. betragen. Die Belastung erfolgt in zwei Punkten, die jeweils einen Abstand von 200 mm von den Stützpunkten haben.

Wichtig ist, dass im DBV-Merkblatt im Vergleich zu anderen Normen zum ersten Mal die Grundlagen für die Bemessung vorgeschrieben werden. Dieses Bemessungssystem umfasst die Bemessungen für Biegung, Querkraft, Verbund zwischen Betonen unterschiedlichen Alters, Dauerhaftigkeit, Nachweis der ausreichenden Wasserundurchlässigkeit und die Sicherheitsbeiwerte.

Außerdem hat das DBV-Merkblatt eine interessante Methode „Ermittlung des Last-Verformungsverhaltens bei außermittiger Drucknormalkraft“ vorgestellt. Dieser Versuch kann Beanspruchungen im Tunnelbau mit repräsentativen geometrischen Abmessungen und Beanspruchungsverhältnissen nachbilden [7]. Die Vorteile der Bestimmungen nach DBV-Merkblatt sind ähnlich jenen der JSCE-SF4:

- Ein praktisches Bemessungssystem,
- Durch die Bestimmung von F_u (der Größtwert der Last innerhalb des 0,1 mm Intervalls) ist die Schwierigkeit der Bestimmung des ersten Risses vermieden (wie bei der EFNARC),
- Das Arbeitsvermögen charakterisiert das erhöhte Absorptionsvermögen vom Faserbeton,
- Die Gewinnung der Probe ist flexibel und nicht beschränkt.

Der Nachteil der Bestimmung nach DBV-Merkblatt :

- Die Vereinfachung der Abgrenzung zwischen Flächenanteilen des unbewehrten Betons und des Fasereinflusses ist nicht genau erklärt und bewiesen,
- Es ist nicht möglich, der Rissöffnungsprozess synchrone mit der Durchbiegung mitgemessen zu werden, um das Verformung- und Rissverhalten sowie die Beziehung zwischen Kraft und Rissöffnung beurteilen zu können.

Zusammenfassend kann gesagt werden, dass eine Kombination von dem DBV-Merkblatt, RILEM-Recommendation und von EFNRC besser wäre.

3.4 Überblick über NBP No.7

Die Norwegen Concrete Association hat ihre neue Richtlinie für Spritzbeton NBP No.7 1993 publiziert. Vor dieser Zeit haben verschiedene Behörden versucht, die ASTM für Faserspritzbeton zu verwenden. Sie hatten auch gleiche Schwierigkeiten bei der Anwendung von ASTM wie vorher erwähnt. Sie haben besonders bemerkt, dass es Schwierigkeiten bei der genauen Bestimmung des ersten Risses gibt und dass das Versuchsergebnis davon abhängig ist. Sie haben eine neue Testmethode und Zähigkeitsdefinition entwickelt. Der Maßstab zur Auswertung der Zähigkeit ist die Restbiegefestigkeit bei einer Durchbiegung von 1 mm und 3 mm und nicht mehr der Zähigkeitsindex I und der Restfestigkeitsfaktor R abhängig von der Durchbiegung beim ersten Riss.

Die Versuchsanordnung und die Methode für die Messung der Durchbiegung ist ähnlich wie bei ASTM, aber die Probeabmessungen sind B x H x L = 125 mm x 75 mm x min. 550 mm (Spannweite 450 mm). Die Durchbiegungsgeschwindigkeit beträgt 0,25 ± 0,05 mm/min. Die Belastung des Prüfkörpers erfolgt in zwei Punkten, die einen Abstand von 150 mm von den Stützpunkten haben. Der End-Punkt der Durchbiegung beträgt 5 mm.

Die Definition der Zähigkeitsklasse (Restbiegefestigkeit), die Anforderung an die Biegezugfestigkeit und den Fasergehalt der unterschiedlichen Spritzbetonklassen sind schematisch dargestellt.

Die Kriterien der Zähigkeitsklasse 2 und 3 sind besonders interessant. Sie verlangen verschiedene Mindestwerte an Biegefestigkeit (MPa), wenn die Durchbiegung 1 mm (L/450) und 3 mm (L/150) beträgt.

Die Vorteile der Zähigkeitsdefinition von NBP No.7 sind:

- sie sind unabhängig von der Bestimmung des ersten Risses.
- die Durchbiegung von 1 mm und 3 mm sind groß genug, dass sie außerhalb der instabilen Zone der Last-Verformungskurve liegen, auch wenn der Fasergehalt niedrig ist.
- die Anforderungen an die Zähigkeit werden hinsichtlich der Restfestigkeitswerte in 4 Klassen eingeteilt und in MPa dargestellt.

Die Nachteile dieser Norm sind:

- der Vergleich von Daten ist bei verschiedenen Testmethoden kompliziert (die Last-Verformungskurven sind nicht direkt vergleichbar).
- die Gewinnung der Balkenproben ist unpraktisch festgelegt.

- Ähnlich wie bei DBV ist es nicht möglich, Rissöffnungsprozess synchrone mit der Durchbiegung mitgemessen zu werden, um das Verformung- und Rissverhalten sowie die Beziehung zwischen Kraft und Rissöffnung beurteilen zu können.

Zusammenfassend - obwohl die NBP No.7 Nachteile hat - scheint sie trotzdem besser geeignet für die Anwendung zum Zweck der Konstruktionsbeschreibung als die ASTM Versuchsmethode.

3.5 Überblick über RILEM-Recommendation

Die Prüfungsmethode und die Grundlage der Auswertung sind ähnlich zu DBV-Merkblatt Faserbeton und JSCE-SF4 Standard. Das Belastung- Durchbiegung Diagramm eines Biegebalkens bei mittlerer Zunahme des Kolbenwegs von 0,2 mm/min ist bis zu einer Durchbiegung der Probe von ca. 3,0 mm grafisch aufzunehmen. Die Besonderheit bei RILEM ist, dass außer dem normalen Versuch für Kraft – Durchbiegung gemäß DBV-Merkblatt auch die Untersuchungen für Kraft – Rissöffnung des Balkens durchgeführt werden können. Das bedeutet, dass der Rissöffnungsprozess synchrone mit der Durchbiegung mitgemessen wird, um das Verformung- und Rissverhalten beurteilen zu können. Außerdem ist die Bestimmung des ersten Risses durch den vorhandenen Einschnitt möglich.

Nachteil dieser Recommendation: Wegen dem Einschnitt ist Auftreten von mehreren Rissen auch bei hohem Fasergehalt nicht möglich.

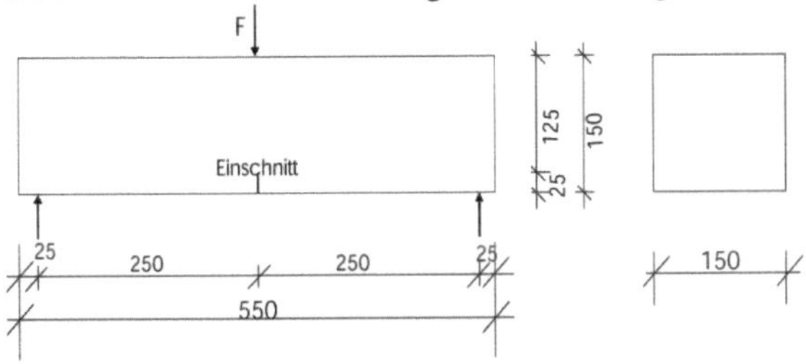

Abb. 3-3: Versuchsaufbau und Abmessungen der Balkenprobe nach RILEM

3.6 Überblick über EFNARC

Die European Federation of Producers and Applications of Specialist Products for Structures hat ihre „European Specification for Sprayed Concrete" im Jahr 1996 publiziert. Die Prüfung nach dieser Richtlinie basiert auf der NBP No.7, weist jedoch Verbesserungen auf. Die Versuchsanordnung, die Versuchsmethode, die Probeabmessungen und die Durchbiegungsgeschwindigkeit sind nahezu identisch mit NBP No.7.

Die Probeabmessungen sind B x H x L = 125mm x 75mm x min. 600mm Die Durchbiegungsgeschwindigkeit beträgt 0,25 ± 0,05 mm/min bis zu einer Durchbiegung von 0,5 mm. Danach kann die Durchbiegungsgeschwindigkeit auf 1,0 mm/min. erhöht werden. Die Belastung des Prüfkörpers erfolgt in zwei Punkten, die einen Abstand von 150 mm von den Stützpunkten haben. Der End-Punkt der Durchbiegung beträgt 4 mm. Gegenüber der Definition der Zähigkeitsklasse von NBP No. 7 ist ein neuer Begriff „Restfestigkeitsklasse" eingeführt worden.

Die Vorteile von EFNARC sind ähnlich wie jene von NBP No.7:

1. Die Anforderungen an die Zähigkeit werden hinsichtlich der Restfestigkeit in 5 Klassen eingeteilt, schematisch und in MPa dargestellt, womit die Lastverformungskurven vergleichbar sind.
2. Wie beim DBV-Merkblatt wird durch die Einführung der ersten Spitzenlast innerhalb des 0,1 mm Intervalls die Bestimmung des ersten Risses vermieden.
3. Die Durchbiegungen von 0,5 mm, 1 mm, 2 mm und 4 mm sind groß genug, dass sie außerhalb der instabile Zone der Last-Verformungskurve liegen, auch wenn der Fasergehalt sehr niedrig ist.

Warum die Durchbiegungsgeschwindigkeit nach der Durchbiegung von 0,5 mm auf 1,0 mm/min steigen soll, ist nicht angeführt.

Die anderen Kritiken des EFNARC Standard sind fast gleich wie in NBP No. 7. Zusammenfassend hat die EFNARC einen entscheidenden Vorteil. Ein einfaches Restfestigkeit-Durchbiegungsschema und die Kurven sind aufgestellt, dass man die Versuchskurven einzeichnen und vergleichen kann. Berechnungen von Zähigkeitsindex und anderen Zähigkeitsfaktoren sind nicht mehr nötig.

3.7 Überblick über Österreichische Richtlinie Spritzbeton 1998

In dieser Richtlinie erfolgt die Prüfdurchführung für die Balkenversuche in Anlehnung an ASTM C 1018-96b. Die Auswertung der Versuchsergebnisse ist sehr flexibel vorgeschlagen, sie kann sowohl durch DBV-Merkblatt (Abschn. 3.3) als auch durch ASTM C1018-96b durchgeführt werden. Die Durchführung der „Platten-Biege" Prüfung und Die Auswertung der Prüfergebnisse erfolgen in Anlehnung an EFNARC (Abschn. 3.4).

Das erhöhte Arbeitsvermögen des Stahlfaserbetons wird durch die Einordnung in Entwurfsbiegezugfestigkeit und Biegezähigkeits-
bereiche T1 bis T4, geprüft am Balken, oder in Energieaufnahmeklasse an Platten laut EFNARC, festgelegt.

Da die österreichische Richtlinie auf verschiedenen Normen und Richtlinien basiert, beinhaltet sie auch die Erfahrungen und die Vorteile von diesen Normen (von Abschn. 3.1 bis 3.6). Außerdem ist die Einführung der „Biegezähigkeitsbereiche" zur Beurteilung des Arbeitsvermögens am Biegebalken von Bedeutung. Diese „Biegezähigkeitsbereiche" sind einfach und objektiv für die Zähigkeitsbeurteilung. Das Problem der Feststellung des ersten Risses kann auch vermieden werden. Sie sind zu beliebigen Prüfzeitpunkten anwendbar.

3.8 Überblick über Platten-Biege-Versuch nach SNCF

Dieser Versuch wurde von den französischen Bundesbahnen in Zusammenarbeit mit dem Institut Alpens Essais entwickelt, um das Maß der Zähigkeit bzw. das generelle Verhalten von Faserspritzbeton zu untersuchen. Die grundsätzlichen Gedanken sind:

1. Eine Tunnelschale verhält sich mehr wie eine Platte als ein Balken gemäß ASTM Standard.
2. Die hyperstatischen Prüfungsbedingungen erlauben eine Lastverteilung
3. Der Versuch kann sowohl mit Fasern, als auch mit Baustahlgitter ausgeführt werden.

Die Probeabmessungen betragen 600 mm x 600 mm x 100 mm. Die Deformation der Probe erfolgt mit einer Geschwindigkeit von 1,5 mm/min bis zu einer Durchbiegung von 25 mm.
Als Ergebnisse erhält man: a) eine Last - Verformungskurve
b) eine „Energie - Verformungskurve"

Durch diese Methode kann in den Ausschreibungen Faserspritzbeton objektiv spezifiziert werden. Je nach Bauvorhaben bzw. je nach Lastbedingungen wird vom Planer ein Energieaufnahmevermögen festgelegt, welches durch diesen Versuch nachgewiesen werden muss. Die französische Bundesbahn fordert bei Sanierungsarbeiten ein Energieaufnahmevermögen von 500 J bei einer Durchbiegung von 25 mm.

3.9 Überblick über Platten-Biege-Versuch nach EFNARC

Dieser Standard ist hinsichtlich dem Grundgedanken, der Versuchsordnung und der Versuchsdurchführung identisch mit dem Versuch nach SNCF.
Die Probeabmessungen: 600 mm x 600 mm x 100 mm. Die Deformation der Plattenmitte mit einer Geschwindigkeit von 1,5 mm/min ist bis zu einer Durchbiegung von 25 mm graphisch aufzunehmen. Ein neues Schema für die Energieabsorptionsklassen bei der Durchbiegung von 25 mm ist eingeführt worden.

3.10 Diskussion

Die Überblicke haben gezeigt, dass jede Norm (Standard) ihre Vor- und Nachteile hat. Eine Kombination vom DBV-Merkblatt Faserbeton, RILEM-Recommendation und EFNRC und die Vereinheitlichung im Bereich der Probenabmessung wären sinnvoll. Außerdem ist noch keine Norm in der Lage, die instabile Zone nach dem Erreichen der höchsten Last zu beurteilen oder berücksichtigt zu haben, da diese instabile Zone auch wichtig für die Sicherheit ist. Es ist auch wünschenswert, eine Norm, die die Vorteile von allen Normen beinhaltet und die Nachteile vermeiden kann, zu entwickeln.

Da aus zeitlichen Gründen in dem Kapitel nur über die Übersicht der Normen der äquivalenten Biegezugfestigkeitsprüfungen und der Platten-Biege-Versuche diskutiert werden kann, können wir nicht auf andere, noch nicht genormte Prüfmethoden, eingehen.

Tabelle 3-1: Gegenüberstellung der unterschiedlichen Normen und Richtlinien über Biegezugfestigkeitsversuche und Platten-Biege-Versuch von Faserbeton

	ASTM C 1018 - 96b	Richtlinie Spritzbeton (Österreich)	DBV-Merkblatt	EFNARC	RILEM	NBP No. 7
Probenabmessungen (Balken: B mm x H mm x L mm)	100 x 100 x min.350; Wenn Faserlänge zw. 50 und 75mm: 150x150xmin.500 mm	Siehe ASTM C 1018 - 94b	150 x 150 x 700 (Spannweite: 600 mm)	1) Für Balken: 125 x 75 x min. 600 2) Für den Platten-Versuch: B x B x H = 600 mm x 600 mm x 100 mm	150 x 150 x 600 (Spannweite: 500 mm)	125 x 75 x min.550 (Spannweite: 450 mm)
Deformations-geschwindigkeit	0.05 bis 0.1 mm/min	0.1 mm/min	0.2 mm/min	1) Für Balken: 0.25 ± 0.05 bis 1 mm/min 2) Für den Platten: 1.5 mm/min.	0.2 mm/min	0.25 ± 0.05 mm/min
Max. Durchbiegung	1) Die Versuchsdauer: 15 min. 2) 10% über die Durchbiegung von I_{20}	1/150 der Spannweite	3.5 mm	1) Für Balken:4 mm 2) Für Platten: 25 mm	3 mm	5 mm
Beschreibung der Zähigkeit und des erhöhten Arbeitsvermögens	1) Zähigkeitsindex: I 2)Restfestigkeits-faktor: R	1)Biegezähig-keitsbereiche oder 2) I, R laut ASTM bzw. äquβ_{BZ} und D_{BZ} laut DBV-Merkblatt	1) die äquivalente Biegezugfestigkeit äquβ_{BZ} 2) Arbeitsvermögen: D_{BZ}	Restfestig-keitsklasse für Balken 2) Energieabsorp-tion beim Platten - Versuch.	die äquivalente Biegezugfestigkeit: $f_{eq,2}$ oder $f_{eq,3}$	Zähigkeitsklasse (Restbiegefestigkeit bei bestimmten Durchbiegungen der Spannmitte)

Tabelle 3-2: Gegenüberstellung der unterschiedlichen Normen und Richtlinien über Biegezugfestigkeits-versuche und Platten-Biege-Versuch von Faserbeton

	ASTM C 1018 - 96b	Östrr. Richtlinie	DBV-Merkblatt	EFNARC	RILEM	NBP No. 7
Vorteile	1) Zähigkeitsindex I und Restfestigkeitsfaktor R sind für Faserbeton eingeführt 2) I ist ein Relativwert zur Zähigkeits-beschreibung.	Biegezähigkeitsbereiche sind einfach und objektiv. 2) wie ASTM C 1018 - 96b, DBV-Merkblatt und EFNARC	1) Praktisches Bemessungssystem 2) Das Arbeitsver-mögen charakte-risiert die Zähigkeit vom Faserbeton. 3) Die Schwierigkeit zur Bestimmung des ersten Risses ist vermieden. Bei hohem Fasergehalt können mehrere Risse in der Zugzone auftreten.	1) Die Zähigkeit ist hinsichtlich der Restfestigkeit in 5 Klassen eingeteilt, , womit die Last-Verformungskurve vergleichbar ist. 2) Wie im DBV,3) Die Durchbiegung von 0.5 mm ist groß genug, daß sie außerhalb instabiler Zone liegen können.	1) Mögliches Lokalisieren des ersten Risses 2) Die Messung der Rißöffnung synchron mit der Durchbiegung ist möglich, 3) Mögliche Auswertung der Beziehung zwischen Kraft und Rissöffnung	1) Die Auswertung ist unabhängig von der Bestimmung des ersten Risses. 2) ähnlich wie bei EFNARC 3). 3) ähnlich wie bei EFNARC 1).
Kritiken	1) Die Schwierigkeit bei der Bestimmung des ersten Risses 2) Die Anwendung ist beschränkt auf effizienten Fasergehalt > 20 kg/m³ 3) Die Abmessung könnte einheitlich sein.	1) Übernahme der Bereiche in Bemessung noch ungeklärt 2) Fehlerhafte Definition der Nullinie in Abb. 7/6. 3) Es ist unmöglich, Rißöffnung synchron mit der Durch-biegung zu messen.	Die Messung der Rißöffnung synchron mit der Durchbiegung ist nicht möglich.	1) Die Probe hat eine ganz andere Geometrie wie die Proben von ASTM, DBV und JSCE 2) Die Gewinnung der Balkenproben ist unpraktisch festgelegt.	1) Die Auswertung des Arbeits-vermögens ist unpraktisch und kompliziert. 2) Auftreten von mehreren Rissen sind versuchsbedingt nicht möglich	1) Die Last-Verformungs-kurven sind nicht vergleichbar. 2) Die anderen Kritiken sind fast gleich wie jene an EFNARC.

4 Versuche im Labor an nachgestellten Spritzbetonrezepturen und an Rezepturen von SCC-HPC

4.1 Ausgangsmaterialien

4.1.1 Bindemittel

Es wurde ein Bindemittel nach DIN 1164 verwendet. Weil besondere Anforderungen bezüglich Frühfestigkeit im Tunnelbau gestellt werden, wurden ein PZ 375 H (TZ 2) und Cem I A-S B42.5 im Versuchsprogramm eingesetzt.

4.1.2 Betonzusatzmittel

Betonverflüssiger können den für eine bestimmte Konsistenz erforderlichen Wassergehalt verringern, indem sie die Oberflächenspannung herabsetzen. Dadurch lässt sich für einen vorgegebenen w/z Wert die Verarbeitbarkeit verbessern. Zur Regelung der Verarbeitbarkeit und der Plastizität des Betons wurde Verflüssiger verwendet: Sikament FF und Sika FM.

4.1.3 Zuschlagstoffe

Für tragende Bauteile sind die Zuschläge grundsätzlich nach ÖNORM B 3304 [13] und DIN 4226 [14] zu verwenden. Für Spritzbeton sind Zuschläge nach ÖNORM B 3304 mit Größtkorn von 12 mm empfohlen, für den Einsatz von Stahlfaserspritzbeton wird nach [7] ein Größtkorn von 8 mm vorgeschlagen.

Die Zuschläge sollen gemischtkörnig sein. Zweckmäßige Kornzusammensetzungen entsprechen der Sieblinie (B+C)/2 (Siehe Abb. 4-1 und 4-2).

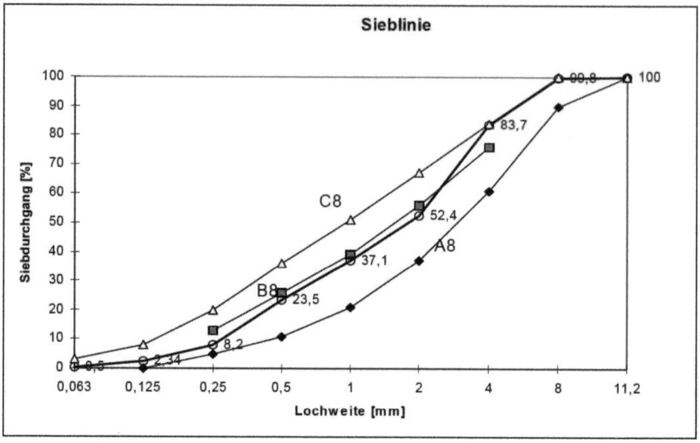

Abb. 4-1: Sieblinie für die Faserbeton- und Faserspritzbetonversuche

Um mit dem Spritzbeton vergleichen zu können, wurde das Größtkorn von 8 mm für Null- und Faserspritzbetonversuche gewählt (Abb. 4-1). Wegen der Verarbeitbarkeit und der Entmischung wurde das Größtkorn von 8 mm auch beim Betonieren für SCC-HPC (Selbstverdichtenden- und Hochleistungsbeton) verwendet (Abb. 4-2).

Als Zuschlag wurde Lech - Sand mit den Kornabstufungen 45% von 0-1 mm, 40% von 1-4 mm und 15% von 4-8 mm für verwendet. Die Sieblinie (Abb. 4-1) wäre gut für Stahlfaserspritzbeton geeignet. Der geringe Anteil an der Korngruppe 4-8 soll den Rückpralleinfluss simulieren. Für die Mischung von SCC-HPC wurde Lech - Sand mit den Kornabstufungen 55% von 0-4 mm und 45% von 4-8 mm verwendet. Die Sieblinie (Abb. 4-2) ist gut für Selbstverdichtenden- und Hochleistungsbeton geeignet.

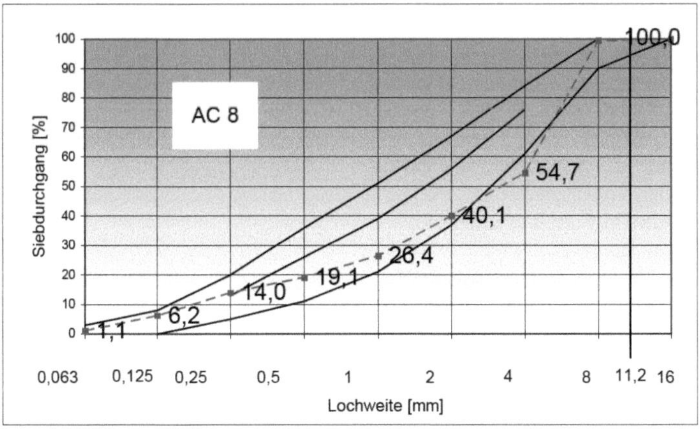

Abb. 4-2: Sieblinie für den faserverstärkten SCC-HPC

4.1.4 Bestimmung der Eigenfeuchte und Rohdichte vom Zuschlag

Bei der Betonmischung soll die Eigenfeuchte des Zuschlages aus dem Anmachwasser abgezogen werden. Beim Mischen von SCC ist die Eigenfeuchte besonders empfindlich für die Verarbeitbarkeit (Fließbarkeit und die Entmischung). Für Trockspritzverfahren ist nach [7] die Eigenfeuchte mit ca. 4% zu begrenzen, damit ein einwandfreies Mischen und Fördern bzw. ein gleichmäßiges Zumischen der Fasern möglich ist. Die Eigenfeuchten und Rohdichten der Zuschläge sind in Tabelle 4-1 aufgelistet.

Tabelle 4-1: Eigenfeuchte und Rohdichte vom Zuschlag

	Eigenfeuchte	Rohdichte (kg/dm³)
Lech Sand 0/1	0,31%	2,72
Lech Sand 1/4	0,076%	2,91
Lech Sand 4/8	0,15%	2,94
Durchschnitt (nach Sieblinie)	0,179%	2,77

4.1.5 Stahlfasern und Kunststofffasern

Als Stahlfaser wurden

- Stahlfaser Typ A (l = 30 mm, d = 0,5 mm), Endhaken-geklebt, Oberfläche glatt-rund, 21500 Stück/kg;
- Stahlfaser Typ B (l = 30 mm, d = 0,6 mm,) Endhaken-lose, Oberfläche profiliert-rund, 14850 Stück/kg;
- Stahlfaser Typ C (l = 30 mm, d = 0,6 mm,) Endhaken-lose, Oberfläche glatt-rund, 15000 Stück/kg;
- Stahlfaser Typ D (l = 60 mm, d = 0,75 mm,) Endhaken- geklebt, Oberfläche glatt –rund, 4600 Stück/kg;
- Stahlfaser Typ E (l = 60 mm, d = 0,9 mm,) Endhaken- geklebt, Oberfläche glatt –rund, 3200 Stück/kg;
- Stahlfaser Typ F (l = 6 mm, d = 0,16 mm,) gerade, Oberfläche glatt – rund, ca. 1,1 Millionen Stück/kg.

für die SCC-HPC- und Spritzbetonproben eingesetzt.

Als Kunststofffaser wurden

- PP Faser Typ A (l= 12 mm), ca. 2,5 Millionen Stück/kg;
- Kunststofffaser Typ B (fibriert, 1950, l = 19 mm, d = 0,075 mm), ca. 7,5 Millionen Stück/kg;
- Kunststofffaser Typ C (structural synthetic fibres, l = 52-55 mm, Äquivalenter Durchmesser = 0,4-0,8 mm), ca. 160,000 Stück/kg;
- Kunststofffaser Typ D (synthetic structural fibres, l = 40 mm, d = 1,1 mm,) 29000 Stück/kg;
- Kunststofffaser Typ E (Macro-structural fibres, l = 54 mm, Äquivalenter Durchmesser = 0,5 mm).

für SCC-HPC-Proben eingesetzt.

In DBV-Merkblatt [7], Stahlfaserbeton-Richtlinie SIA [12] und Österreichische Richtlinie Faserbeton [6] wird der Fasergehalt im Beton bzw. im Spritzbeton aufgrund des Dosierungsgehaltes in kg/m³ angegeben. Aber in EFNCRC [9] wird der Fasergehalt im Spritzbeton so definiert, wie hoch der Stahlfasergehalt (kg/m³) tatsächlich im Beton nach dem Spritzen ist.

Beim Spritzbeton beeinflussen der Fasergehalt und der Fasertyp stark das Rückprallverhalten. In Tab. 4-2 sind Richtwerte für den Fasergehalt angegeben.

Tabelle 4-2 : Richtwerte für den Fasergehalt

Faserart	min. Fasergehalt	max. Fasergehalt
Stahlfaser	10-15 kg/ m³ [16] 20 kg/m³ [12] 25 kg/m³ [1], [7] 30 kg/m³ 50 kg/m³ bzw. > 3 Masse-% [17] 3 Masse-% [18] 5 Gew.-% [19] 3 Gew.-% [20] 3-4 Masse-% [21] 2 Vol.-% [22]	100 kg/m³ bzw. 3-7 Gew.-% [17] 120 kg/m³ [7] 10 Gew.-% [19] 3 Vol.-% [22] - - - - -
Kunststofffasern	1%	5 Vol.-% [23]

In [24] ist ein normaler Fasergehalt von 1 Vol.-% EE-Faser vorgeschlagen. In der Praxis wird der Fasergehalt meist in kg/m³ angegeben. Es ist zu beachten, dass sich sowohl der Fasergehalt als auch der Fasertyp auf das Porenvolumen und auf die Betondichte auswirken [1].

Die Effektivität der Faserzugabe wächst mit steigendem Fasergehalt. Der Fasergehalt ist nach oben in Abhängigkeit vom Fasertyp durch die Verarbeitbarkeit beschränkt, da die zunehmenden Verarbeitungsschwierigkeiten zu Inhomogenitäten im Material mit all ihren Konsequenzen für die Festbetoneigenschaften führen. Die technische Obergrenze für allgemeine Anwendungen im Stahlbeton liegt je nach Einbauverfahren und Fasertyp zwischen 50 und 100 kg/m³ [4]. Hier wurden achte Fasergehalte ausgewählt:

- 10 kg/m³ (=0,11 Vol.-%, 0,35 Gew.-%)
- 15 kg/m³ (=0,16 Vol.-%, 0,6 Gew.-%)
- 20 kg/m³ (=0,21 Vol.-%, 0,7 Gew.-%)
- 30 kg/m³ (=0,32 Vol.-%, 1,2 Gew.-%)
- 40 kg/m³ (=0,42 Vol.-%, 1,6 Gew.-%)
- 50 kg/m³ (=0,55Vol.-%, 1,75 Gew.-%)
- 60 kg/m³ (=0,63 Vol.-%, 2,4 Gew.-%)
- 90 kg/m³ (=0,96 Vol.-%, 3,6 Gew.-%)

Kunststofffasern

Für den Einsatz der Kunststofffasern wurden folgende Faserdosierungen gewählt:

- Kunststofffaser Typ A: 5 kg/m³,
- Kunststofffaser Typ B: 1 kg/m³,
- Kunststofffaser Typ B: 2 kg/m³,
- Kunststofffaser Typ C: 7 kg/m³ ,
- Kunststofffaser Typ D: 5 kg/m³,
- Kunststofffaser Typ D: 7 kg/m³,
- Kunststofffaser Typ E: 7 kg/m³.

In den oben erwähnten Fasertypen (Stahl- und Kunststofffaser) werden Mikrofaser (Länge $\leq$ 3 cm) und Makrofaser (Länge $>$ 3 cm) unterschieden.

4.1.6 Bewehrungsstahl

Wünschenswert wäre ein Vergleich mit gering bewehrtem Beton. Entsprechend der Mindestbewehrung nach [25] wäre AQS 3 für die Kriechprobe und für die Biegebalken geeignet, aber es wurden 2 Ø 6 mm Rippenstahl, der kleinste Durchmesser am Markt eingesetzt:

Rippenstahl Ø 6, Gruppe Bst 550, Streckgrenze mind. σ_s = 550 N/mm². Bewehrungsgehalt für Kriechprobe: u= 0,379%, für Biegebalken: u= 0,25%. Für Plattenprobe wurden CQS 6 (Ø 6, Matte) eingesetzt. Der Bewehrungsgehalt u = 0,19% entspricht der Mindestbewehrung [25].

4.1.7 Rezepturen der Betonmischung

Spritzbetone weisen eine Wasser/Zementwert (W/Z) im Bereich von ca. 0,42 bis 0,55 auf. Hier wurde für die Mischung ein W/Z-Wert von 0,45 eingehalten. Der Zementgehalt betrug 450 kg/m³ Beton. Damit ist von der Mischungsrezeptur her gut ein Spritzbeton nachgestellt. Unterschiede ergeben sich nur aus der etwas andere Faserorientierung bei Spritz- und Ortbeton. Im Folgenden sind angewandte Rezepturen von Null-, Kunststoff- und Stahlfaserbeton für die Proben aufgeführt.

Tabelle 4-3: Rezeptur für Nullbeton

Zement	450 kg/m³	375 H TZ 2
Zuschlag	0-1: 747,7kg/m³ 1-4: 753,6 kg/m³ 4-8: 272,6 kg/m³	Lech-Sand
Verflüssiger	4,5 kg/m³ (1% von Zement)	Sikament FF
Wasser-Zement-Wert	0,45	

Tabelle 4-4: Rezeptur für Kunststofffaserbeton

Zement	450 kg/m³	375 H TZ 2
Zuschlag	0-1: 741,3 kg/m³ 1-4: 747,7 kg/m³ 4-8: 270,4 kg/m³	Lech-Sand
Kunststofffaser A	5 kg/m³	PP BKF spezial 12
Verflüssiger	4,5 kg/m³ (1% von Zement)	Sikament FF
Wasser-Zement-Wert	0,45	

Tabelle 4-5: Rezeptur für SFB mit 60 kg/m³ Stahlfaser

Zement	450 kg/m³	375 H TZ 2
Zuschlag	0-1: 737,9 kg/m³ 1-4: 744,7 kg/m³ 4-8: 269,3 kg/m³	Lech-Sand
Stahlfaser A	60 kg/m³	ZP 30/0,5, Typ A
Verflüssiger	4,5 kg/m³ (1% von Zement)	Sikament
Wasser- Zement-Wert	0,45	

Tabelle 4-6: Rezeptur für SCC-HPC Beton mit Fasercocktail 30 kg/m³ Stahlfasern und 5 kg/m³ Kunststofffasern

Zement Cem I B42.5	400 (kg/m³)	8 kg
Flugasche	210 (kg/m³)	4,2 kg
Zuschlag	0-4 mm: 55% - 767,6 kg 4-8 mm: 45% - 628,1 kg	14,96 kg 12,24 kg
W/Z	0,475	
Verflüssiger/FM	1,15% von Zement	0,092 kg
Stahlfaser C Kunststofffaser D	30 kg/m³ 5 kg/m³	0,6 kg 0,1 kg

Es wird darauf hingewiesen, dass zum Erhalt der angegebenen Fasergehalte in Spritzbetonen bedeutend höhere Ausgangsgehalte in dem Bereitstellungsgemisch, wegen der Rückprallverluste notwendig sind.

4.2 Versuchsprogramm

Zunächst wurde Null- und Faserbeton mit verschiedenem Fasergehalt und verschiedenen Fasertypen zu unterschiedlichen Zeitpunkten untersucht.

- Die Verarbeitbarkeit der Betonmischung mit und ohne Faserzugabe
- Die Druckfestigkeitsentwicklung von 10 Stunden bis 28 Tagen
- E-Modulentwicklung von 10 Stunden bis 28 Tagen
- Das Spannungs- und Verformungsverhalten von Null-, Stahl- und Faserbeton von 10 Stunden bis 14 Tage
- Die Wasserundurchlässigkeit von 12 und 72 Stunden
- Die äquivalente Biegezugfestigkeit von 10 Stunden bis 28 Tage
- Faserverteilung im Versagensquerschnitt
- Beziehung zwischen der Balkendurchbiegung und der Rissöffnung
- Die Energieaufnahmekapazität beim Platten-Biege-Versuch von 10 Stunden bis 48 Stunden

4.3 Herstellung der Prüfkörper

4.3.1 Allgemeines

Die Abmessungen von Prüfkörper für Würfel und Prismen sind in der Ö-NORM B 3303 und im DIN 1045 geregelt. Die Abmessungen von Prüfkörper für Biegebalken sind in der Richtlinie DBV-Merkblatt und RILEM-Recommendation geregelt. Die Abmessungen von Prüfkörper für Biegeplatten sind in der Richtlinie EFNARC geregelt.

Der Herstellungsablauf wird im Folgenden in Stichworten skizziert:

- Mischen der Mischung je nach der Rezeptur im Zwangsmischer
- Messung der Konsistenz
- Beurteilung der Verarbeitbarkeit mit Fließrinne, L-Box und J-Ring
- Einfüllen des Betons in die Schalungen ohne oder mit Verdichtung

4.3.2 Würfel für die Druckfestigkeitsprüfung

Für die Prüfung der Druckfestigkeit wurde je Serie 3 Proben nach 8, 10, 18, 24, 30, 48, 72 Stunden sowie 7 und 28 Tagen hergestellt und geprüft. Nach der DIN ist eine Umrechnungsbeziehung zwischen Würfel mit 20 cm Kantenlänge und Würfel mit einer Kantenlänge von 15 cm zu beachten:

$$\beta w_{20} = 0{,}95 \beta w_{15}$$

4.3.3 Prismen für Schwind - und Kriechprüfung

Für die Versuche zur Ermittlung des Spannungs- und Verformungsverhaltens auf dem Kriechstand und des Schwindens wurden je drei Stahlschalungen für Prismen mit Abmessungen 12cm x 12 cm x 36 cm verwendet. Für jede Prüfung wurden 3 Proben nach 10 Stunden hergestellt und in den Prüfstand eingespannt.

4.3.4 Prismen für E-Modulprüfung

Für die E-Modulprüfung wurden 9 Stahlschalungen für Prismen mit Abmessungen 12cm x 12 cm x 36 cm, die im Labor zur Verfügung stehen, verwendet.

Für je eine Mischung sind 3 Proben für 8, 10, 18, 30, 48, 72 Stunden und 28 Tagen E-Modulversuche hergestellt worden.

4.3.5 Balken für die äquivalente Biegezugfestigkeitsprüfung

Für die äquivalente Biegezugfestigkeitsprüfung wurden Stahlschalungen für Balken mit Abmessungen 15 cm x 15 cm x 70 cm nach DBV sowie 15 cm x 15 cm x 60 cm nach RILEM verwendet. Für je eine Mischung sind 3 Proben für die Prüfungstermine 10, 18, 30, 48 und 72 Stunden sowie 14 und 28 Tagen hergestellt worden.

Die Proben für die Prüfung bis 72 Stunden wurden nach dem Ausschalen in Folie verpackt und bis zum Prüftermin in der Laborluft gelagert. Für die 14 und 28 Tage - Prüfung wurden die Proben 24 Stunden in der Schalung belassen und nach dem Ausschalen im Wasser bis zum Prüftermin gelagert.

4.3.6 Platten für die Platten-Biege-Versuche

Für die Platten-Biege-Versuche wurden 3 Holzschalungen für Platten mit Abmessungen 60 cm x 60 cm x 10 cm verwendet.

Für je eine Mischung sind je 3 Proben für die Prüfungstermine 10, 18, 30 und 48 Stunden hergestellt worden. Die Proben wurden nach dem Ausschalen in Folie verpackt und bis zum Prüftermin in der Laborluft gelagert.

5 Fasereigenschaften und Faserorientierung im Beton

5.1 Einfluss des Länge/Durchmesser Verhältnisses l/d

Das l/d-Verhältnis charakterisiert den Fasertyp und beschreibt einerseits ein Maß für die Effektivität der Fasern und andererseits ein Maß für die Verarbeitbarkeit des Frischbetons. Wenn das l/d Verhältnis steigt, steigt die Effektivität der Fasern bei gleichzeitigem Sinken der Verarbeitbarkeit. Die Wahl des Fasertyps stellt einen Kompromiss dar, wobei für allgemeine Anwendungen bei Stahlfasern sich ein l/d-Verhältnis zwischen 50 und 100 bewährt hat [1]. Die hier verwendeten Fasern weisen folgendes l/d-Verhältnis auf:

- A-Faser: l_A/d_A = 30/0,5 = 60
- B-Faser: l_B/d_B = 30/0,6 = 50
- C-Faser: l_c/d_c = 30/0,6 = 50
- D-Faser: l_d/d_d = 60/0,75 = 80
- E-Faser: l_e/d_e = 60/0,9 = 65
- F-Faser: l_f/d_f = 6/0,16 = 38

Das Versagen der Fasern in der Betonmatrix wird bei ausreichender Faserzugfestigkeit durch das Ausziehen der Fasern verursacht, worauf das l/d-Verhältnis und die kritische Faserlänge Einfluss haben.

5.2 Kritischen Faserlänge l_{krit}

Die Faser in der Betonmatrix kann auf zwei grundsätzlich unterschiedliche Arten versagen:

- Versagen durch Faserauszug,
- Versagen durch Faserreißen.

Die rissüberbrückenden Fasern können im Zuge der Rissöffnung entweder reißen oder ausgezogen werden. Welcher Versagensmechanismus sich einstellen wird, ist von der Fasergeometrie, dem Verbundverhalten sowie der Festigkeit des Stahls abhängig. Die Größe der Verbundfestigkeit hingegen beruht sowohl auf der Oberflächenbeschaffenheit der Faser als auch auf der Festigkeit der umgebenden Betonmatrix. Gleiche Fasern können in unterschiedlichen Betonen durchaus unterschiedliche Versagensmechanismen aufweisen ([1], [4]).

Durch Gleichgewichtsbetrachtung kann eine kritische Faserlänge l_{krit} ermittelt werden. Sie ist so definiert, dass die über die halbe Länge eingeleiteten maximalen Verbundspannungen gerade der maximal aufnehmbaren Faserzugkraft entsprechen. Bei einer unterkritischen Faserlänge wird die Bruchspannung der Faser nicht erreicht. Bei überkritischen Faserlängen reißt die Faser, bevor die Verbundfestigkeit erreicht wird.

Für die kritische Faserlänge l_{krit} hat Maidl in [1] vorgeschlagen:

$$l_{krit} = d*ß_Z/2*\tau_m$$

Wobei: $ß_Z$ = Faserzugfestigkeit
d = Faserdurchmesser
τ_m = mittlere Verbundspannung

5.3 Verbundeigenschaften

Die aufnehmbare Verbundspannung ist von der Oberflächenbeschaffenheit der Faser abhängig. Bei einer rauen Oberfläche können theoretisch höhere Verbundspannungen zwischen Fasern und Beton übertragen werden. Fasern mit rauen Oberflächen zögern die Rissbildung länger hinaus und halten nach erfolgtem Riss die Rissufer enger zusammen. Aber die Stahlfasern mit rauen Oberflächen haben normalerweise den größeren Durchmesser (z.B. B-Faser) als die Fasern mit der unprofilierten Oberflächen (z.B. A-Faser), um die Oberfläche bearbeiten zu können, oder sie werden durch andere Verfahren hergestellt. Das hat zur Folge, dass bei der Dosierung mit gleichem Fasergehalt im Beton auch weniger Fasern mit rauen Oberflächen als Fasern mit glatten Oberflächen im Beton verteilt sind. In diesem Fall könnte die Auswirkung der rauen Oberfläche auf die Verbundeigenschaften durch wenigere Rissüberbrückende Fasern kompensiert werden.

Die Kunststofffasern mit der rauen Oberfläche können zwar die Verbundspannung positiv auswirken, haben aber deutlich negativen Einfluss auf die Verarbeitbarkeit der Betonmischung. Das beschränkt wiederum die Einsatzmöglichkeit der Fasern im Bereich von SCC-HPC.

5.4 Faserorientierung

Über die Faserorientierung im Beton gibt es zahlreiche Untersuchungen. Die aufnehmbare Spannung von Faserbeton nach dem Auftreten der Risse ist von der Faserorientierung abhängig. Die Wirkung der Fasern sollte mit Orientierungsbeiwerten (η_φ) erfasst werden. Schölin hat in seiner Veröffentlichung [26] die Faserorientierungsbeiwerte angegeben.
Es gibt generell 3 Fälle für die Faserorientierung:

- Eindimensionaler Fall: die Fasern liegen parallele zur Kraftrichtung
- Zweidimensionaler Fall: die Fasern sind in einer Ebene parallele zur Kraftrichtung gleichmäßig verteilt
- Dreidimensionaler Fall: die Fasern sind räumlich gleichmäßig verteilt

Für den eindimensionalen Fall wird der Orientierungsbeiwert $\eta_\varphi = 1$ gesetzt. Wenn die Spannungsrichtung von der Faserrichtung abweicht, wird die Wirkung der Fasern beschränkt. Allgemein gilt für 1-, 2- und 3-dimensionale Faserorientierung [26]:

$$\eta_{\varphi 1D} = 1 > \eta_{\varphi 2D} > \eta_{\varphi 3D} > 0$$

5.4.1 Dreidimensionale Faserorientierung

Eine statistisch gleichmäßige Orientierung der Fasern, wie sie bei der bisherigen Betrachtung vorausgesetzt wurde, ist nur bedingt gegeben [1]. In der Wirklichkeit ist es sehr selten, dass sich die Fasern so ideal gleichmäßig dreidimensional im Beton verteilen. Man könnte annehmen, dass eine Faser ihren Ausgangspunkt im Ursprung des dreidimensionalen Koordinatensystems hat. Der geometrische Ort aller möglichen Lagen des Faserendpunktes bildet eine Kugel, bzw. aus Symmetriegründen den achten Teil einer Kugel. Die Abb. 5-1 zeigt ein Beispiel zur Bestimmung des dreidimensionalen Richtungsbeiwertes.

Angenommen, dass die X-Achse die Kraftrichtung angebe. Die projizierte Zugspannung der Faser in X-Achse ist: $\cos\theta \cos\varphi$ ($0< \theta$ und $\varphi < \pi/2$), die Wahrscheinlichkeit, dass die Faser in dieser Position liegt, beträgt: $(d\theta/\pi/2)(d\varphi/\pi/2)$. Daraus könnte der Orientierungsbeiwert $\eta_{\varphi 3D}$ ermittelt werden:

$$\eta_{\varphi 3D} = \int_0^{\pi/2} \int_0^{\pi/2} \frac{\cos\theta \cdot \cos\varphi}{(\pi/2)^2} d\theta \cdot d\varphi = 0{,}41$$

Die Bohrkerne von den Kunststofffaser- und Stahlfaserbetonproben haben gezeigt, dass die Fasern hauptsächlich dreidimensional orientiert und gleichmäßig verteilt sind. Dies hat die Folge, dass ein Teil der Fasern nicht in der jeweiligen Belastungsrichtung orientiert ist. Die Abb. 5-2 zeigt die Kunststofffaserverteilung in der Betonprobe.

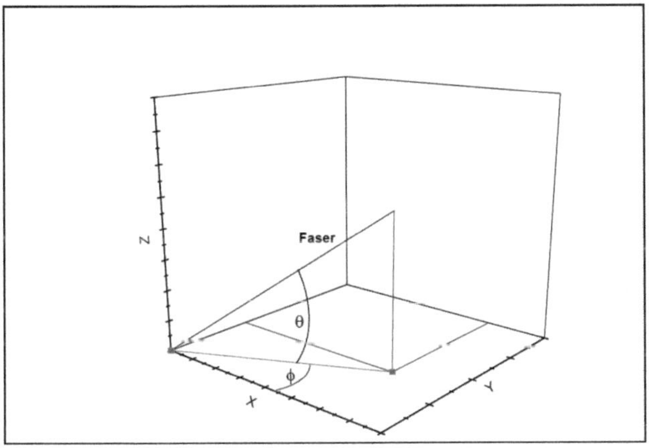

Abb. 5-1: Dreidimensionaler Richtungsbeiwert

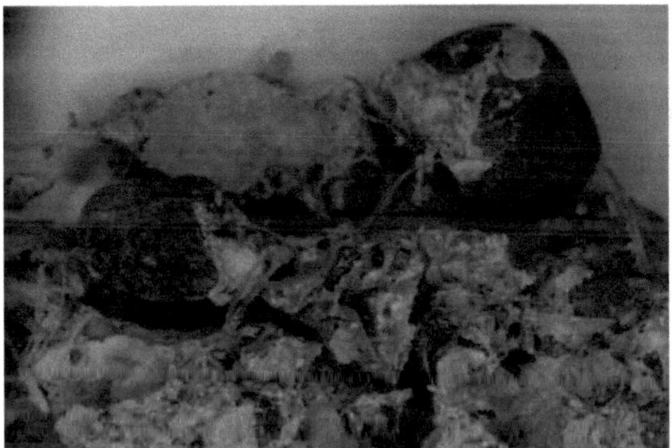

Abb. 5-2: Kunststofffaserverteilung in der Betonprobe

5.4.2 Zweidimensionale Faserorientierung

Schnütgen hat folgende Formeln [27] vorgeschlagen:

$$\eta_{\varphi 2D} = 1 - \frac{1}{8} (1 - V_f) \left(\frac{5(n-1)}{n} + v_c\right)$$

$$\eta_{\varphi 3D} = 1 - \frac{2}{15} (1 - V_f) \left(\frac{6(n-1)}{n} + v_c\right)$$

wobei : V_f = Fasergehalt in Vol-%;
$n = E_{Faser}/E_{Matrix}$
v_c = Querdehnzahl des Betons

Spritzbeton wird in der Regel flächig (zweidimensional) aufgetragen, dann ist die Beanspruchung auch vorwiegend zweidimensional. Laut Literatur sollte eine Faserorientierung beim Spritzen vom Faserbeton vorwiegend senkrecht zur Spritzrichtung (ca. 2/3 der gesamten Fasermenge) entstehen. Diese Orientierung beeinflusst die Festigkeit und das Verformungsverhalten wesentlich. Unsere Untersuchungen haben gezeigt, dass die Faserorientierung im Spritzbeton auch stark abhängig vom Unterschied der Korngröße ist. Eine vorwiegend zweidimensionale Faserverteilung gibt es nur, wenn dieser Unterschied begrenzt ist.

6 Fasereinfluss auf die Frischbetoneigenschaften und auf die Verarbeitbarkeit

6.1 Fasereinfluss auf die Mischung der Beton- und Spritzbetonproben

Das Ausbreitmaß (AM), der Luftporengehalt (LP) und die Rohdichte wurden nach der ÖNORM B 3303, B 4200 bestimmt. Die Frischbetondaten von Null- und Faserbeton sind in Tabelle 6-1 aufgelistet:

Tabelle 6-1: Konsistenz, Rohdichte und Luftporengehalt von Null- und Faserbeton

Betonart	AM	Konsistenzbereich	Rohdichte (g/cm³)	LP (%)
Nullbeton	49	K 4	2,457	1,7
KFBA 5	37	K 3	2,454	1,2
SFBA 20	41,5	K 3	2,463	1,9
SFBA 40	40,5	K 3	2,474	2,2
SFBA 60	39,5	K 3	2,47	2,3
SFBB 20	41	K 3	2,45	1,4
SFBB 40	40,5	K 3	2,47	1,5
SFBB 60	39,5	K 3	2,49	1,8

Durch die Zugabe von Stahlfaser (sowohl Faser A als auch Faser B) sind die Luftporen beim Rütteln schwerer auszutreiben als beim Nullbeton. Die Verdichtbarkeit nimmt mit zunehmendem Fasergehalt ab. Dies ist zwischen Fasergehalten von 20 kg/m³ und 40 kg/m³ noch nicht so stark zu merken. Aber beim Rütteln vom SFB mit 60 kg/m³ Stahlfasern sind die Luftporen deutlich schwerer herauszubringen als bei Mischungen mit 20 kg/m³ und 40 kg/m³ Fasergehalt.

Beim Rütteln von Kunststofffaserbeton ist es ersichtlich, dass die Kunststofffasern beim Rütteln das Austreiben der Luftporen erschweren. Der Kunststofffaserbeton ist noch schwerer verdichtbar als SFB mit 60 kg/m³ Stahlfasern.

Aus Tabelle 6-1 ist deutlich zu sehen, dass gegenüber dem Ausbreitmaß (AM) vom Nullbeton die Ausbreitmaße von Faserbeton sich stark verringern. Das AM vom Stahlfaserbeton nimmt mit zunehmendem Stahlfasergehalt allmählich ab.

Die Konsistenz vom Faserbeton liegt im plastischen Bereich (K3), während der Nullbeton im weichen Bereich (K4) liegt. Da die Fasermenge im Vergleich zu dem Beton sehr klein ist, wird die Rohdichte nur unwesentlich (unter 1%) durch die Faserzugabe beeinflusst.

Der Luftporengehalt nimmt mit steigendem Fasergehalt allmählich zu. (Außer dem Einfluss des Fasergehaltes könnte der LP auch durch die Dauer des Mischens beeinflusst werden. Diese wurde jedoch konstant gehalten).

In Tabelle 6-1 ist es ersichtlich, dass der Luftporengehalt (LP) mit A-Fasern höher als der entsprechende LP mit B-Faser bei gleichem Fasergehalt ist. Es könnte darauf zurückführen sein:

- mehr A-Fasern/kg in der Mischung als B-Fasern sind,
- die Stahlfasern von Typ A geklebt sind.

Die höhere Anzahl der A-Fasern und das Klebemittel bringen anscheinend mehr Luft in den Beton ein. Der höhere LP bedingt jeweils auch ein höheres Ausbreitmaß.

6.2 Fasereinfluss auf die Verarbeitbarkeit von SCC-HPC

Für die SCC-HPC sind im wesentlichen die vier Faktoren von großer Bedeutung:

- hohe Verarbeitbarkeit (Fliessfähigkeit und Entmischungsneigung),
- hohe Druckfestigkeit,
- hohe Zähigkeit (post-crack behaviour) und
- Dauerhaftigkeit und deren Zusammenspiel.

Folgende Untersuchungen werden im gegenständlichen Forschungsvorhaben an faserverstärktem SCC-HPC durchgeführt:

- die Verarbeitbarkeit,
- die Festigkeit
- die Biegezähigkeit.

Durch die Zugabe von Fasern (sowohl Stahlfasern als auch PP-Fasern) kann die Verarbeitbarkeit des Mörtels und des Frischbetons stark beeinflusst werden. Der frische Beton verhält sich ähnlich wie eine Bingham`sche Flüssigkeit [30]. Das Fließverhalten des frischen Mörtels/Betons steigt mit zunehmender Dosierung von Verflüssigern. Bei einer zu starken Verflüssigung steigt das Risiko von Entmischungen. Zur Bestimmung der Fließgrenze und der dynamischen Viskosität der herkömmlichen Betonen werden Viskometer (verschiedene Bauart) bzw. Rheometer eingesetzt, für die Faserbetonmischung eignen sich diese Prüfungsvorrichtungen aus technischen Gründen nicht.

Die bisherige Untersuchung bezüglich Verarbeitbarkeit konzentrierten sich in erster Linie auf das Ausbreitmaß unmittelbar nach der Mischung. Aber die wirkliche Verarbeitbarkeit des SCC-HPC-Betons sollte durch

- einen dynamischen Prozess (z.B. durch kontinuierliche Messung der Verarbeitbarkeit innerhalb bestimmtem Zeitraum oder durch die Fließrinne) analysiert und
- die praxisorientierten Versuche mit dem bewehrten Hindernis (z. B. durch J-Ring und L-Box) beschrieben werden.

Ziele des Forschungsvorhabens sollten sein:

- eine gute Verarbeitbarkeit, eine Druckfestigkeit von ca. 55-65 N/mm² und eine hohe Zähigkeit (post-crack behaviour) des Betons zu erreichen,
- die Bestimmung des Fließvermögens von SCC-HPC ohne und mit Faserverstärkung.

6.2.1 Fließvermögen von frischem Beton mit Mikrofasern

Die Mikrofasern sind hauptsächlich für den Einsatz gegen Schwindrisse von SCC-HPC. Gemäß des Norm-Entwurfs von DIN EN 13395 wird die Fließfähigkeit eines Betons unter Verwendung einer Fließrinne ermittelt [28]. Im Trichter (Abb. 6-1) wird 2 l frischer Beton gefüllt. Nach Öffnen des Verschlusszapfens am Trichter wird die Zeit, die der Beton benötigt, um 750 mm durch die Rinne zu fließen (Fließzeit), sowie die maximale Fließstrecke aufgezeichnet. Die Gegenüberstellung für die Fließbarkeit vom Beton ohne Faser innerhalb von 20 Minuten ist in Tabelle 6-2 dargestellt.

Tabelle 6-2: Fließvermögen vom Nullbeton (ohne Faser)

Fließweite (cm)	10	20	30	40	Max (43)
Fließzeit (gerade nach der Mischung)	3s	7s	16s	38s	54s
Fließgeschwindigkeit V_0 (cm/s)	3,33	2,86	1,86	0,96	0,8
Fließzeit (20Min. nach der Mischung)	5s	11s	18s	45s	-
Fließgeschwindigkeit V_{20} (cm/s)	2	1,82	1,67	1,1	-
Ausbreitmaß (cm)	65				

Die Mischung von Nullbeton hat ein gutes Fließverhalten und keine Entmischung gezeigt. Wegen der Nachwirkung des Fließmittels hat sich die Fließbarkeit nach 20 Minuten noch erhöht (Tabelle 6-2). Abb. 6-1 zeigt den Frischbeton von KFBB 1 (Kunststofffaserbeton mit Faserdosierung von 1kg/m³ B-Faser) 20 Minuten nach der Mischung.

Abb. 6-1: Fließrinne für KFBB1 20 Min. nach der Mischung

Um Aussagen zum Fließvermögen des mit Kurzfasern (sowohl PP-Faser von Typ B als auch Stahlfaser von Typ F) verstärkten SCC-HPC zu erhalten, wurde die Untersuchungen an der Mischung mit unterschiedlichem Fasergehalt durchgeführt. Der Fließrinnenversuch wurde jeweils sofort nach dem Mischen und nach 20 Minuten durchgeführt. Das Fließverhalten von dem Nullbeton und dem Faserbeton innerhalb 20 Minuten sind in Tabelle 6-3, 6-4, 6-5 und 6-6 analysiert und gegenübergestellt.

Tabelle 6-3: Gegenüberstellung des Fließvermögens von Stahlfaserbeton mit Fasergehalt von 10 kg/m³ Typ F

Fließweite (cm)	10	20	30	40	Max. 42-48
Fließzeit (gerade nach der Mischung)	3s	7s	14s	-	60s
Fließgeschwindigkeit V_0 (cm/s)	3,33	2,86	2,14	-	0,7
Fließzeit (20Min. nach der Mischung)	4s	7s	12s	44s	50s
Fließgeschwindigkeit V_{20} (cm/s)	2,5	2,86	2,5	2	0,82
Ausbreitmaß (cm)	64				

Tabelle 6-4: Gegenüberstellung des Fließvermögens von Stahlfaserbeton mit Fasergehalt von 30 kg/m³ Typ F

Fließweite (cm)	10	20	30	40	Max. 42
Fließzeit (gerade nach der Mischung)	6s	17s	31s	70s	-
Fließgeschwindigkeit V_0 (cm/s)	1,67	1,18	0,97	0,57	-
Fließzeit (20Min. nach der Mischung)	6s	20s	38s	64s	110s
Fließgeschwindigkeit V_{20} (cm/s)	1,67	1	0,79	0,63	0,37
Ausbreitmaß (cm)	58				

Tabelle 6-5: Gegenüberstellung des Fließvermögens von Kunststofffaserbeton mit Fasergehalt von 2 kg/m³ Typ B

Fließweite (cm)	10	20	30	Max 32-38
Fließzeit (gerade nach der Mischung)	7	40	110	130
Fließgeschwindigkeit V_0 (cm/s)	1,43	0,5	0,27	0,25
Fließzeit (20Min. nach der Mischung)	6	24	80	110
Fließgeschwindigkeit V_{20} (cm/s)	1,67	0,83	0,38	0,43
Ausbreitmaß (cm)	52			

Tabelle 6-6: Gegenüberstellung des Fließvermögens von Kunststofffaserbeton mit Fasergehalt von 1 kg/m³ Typ B

Fließweite (cm)	10	20	30	40	Max. 43
Fließzeit (gerade nach der Mischung)	3	7	12	26	60
Fließgeschwindigkeit V_0 (cm/s)	3,33	2,86	2,5	1,54	0,72
Fließzeit (20Min. nach der Mischung)	5	10	16	30	62
Fließgeschwindigkeit V_{20} (cm/s)	2	2	1,88	1,33	0,69
Ausbreitmaß (cm)	60				

Abb. 6-2, 6-3, 6-4 und 6-5 zeigten die Gegenüberstellung der Fließmaße und der Fließgeschwindigkeit der Mischungen ohne und mit verschiedener Faserzugabe.

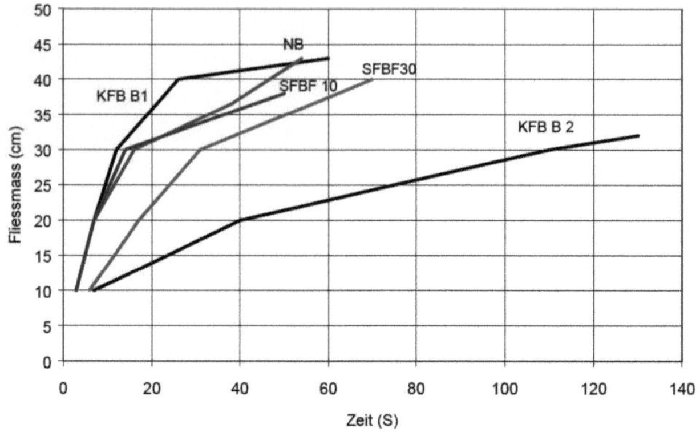

Abb. 6-2: Gegenüberstellung der Fließmaße gerade nach der Mischung

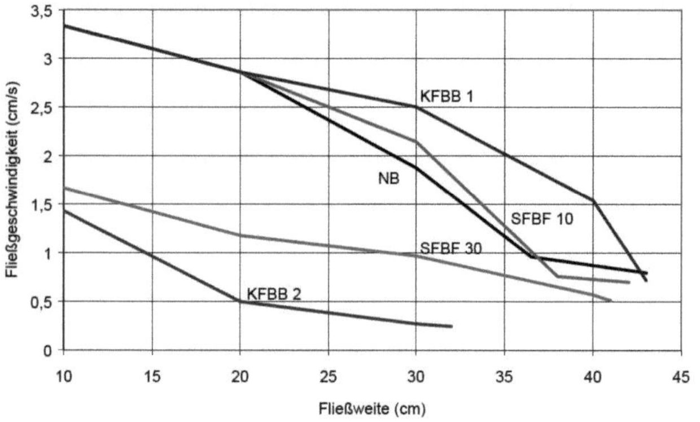

Abb. 6-3: Gegenüberstellung der Fließgeschwindigkeit gerade nach der Mischung

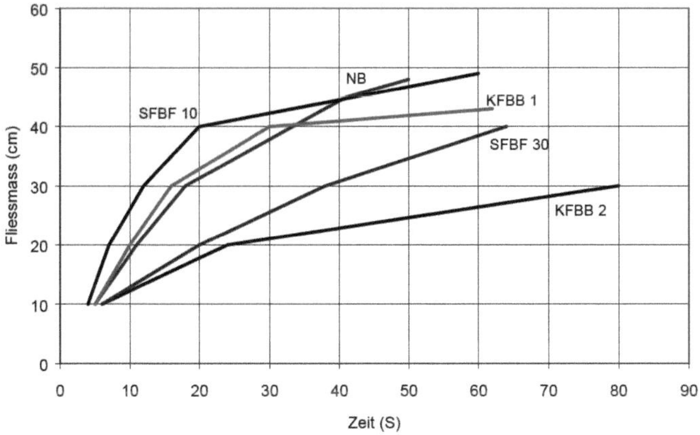

Abb. 6-4: Gegenüberstellung der Fließweite 20 Minuten nach der Mischung

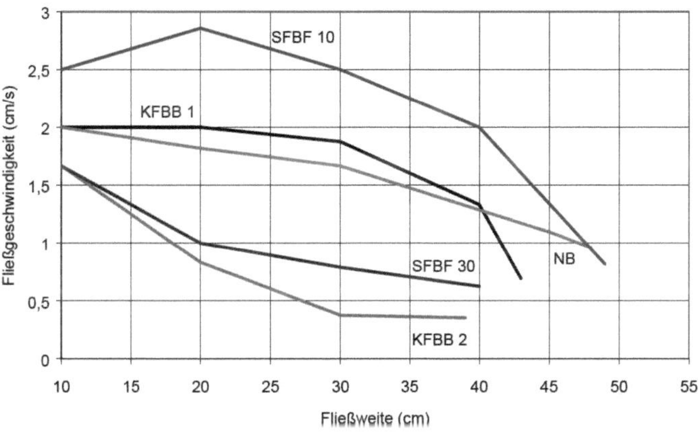

Abb. 6-5: Gegenüberstellung der Fließgeschwindigkeit 20 Minuten nach der Mischung

Gerade nach dem Mischen sind die Fließgeschwindigkeit und das Gefälle der Kurven von Nullbeton, von SFBF 10 (Stahlfaserbeton mit 10 kg/m³ F-Faser)

und von KFBB 1 (PP-Faserbeton mit 1 kg/m³ B-Faser) ähnlich. Mit dem Fasergehalt von 1 kg/m³ PP-Faser B und 10 kg/m³ Stahlfaser Typ F ist keine negative Auswirkung auf die Verarbeitbarkeit des SCC-HPC Betons feststellbar. Die Versuche mit Mischungen von SFBF 10 und KFBB 1 zeigen ebenfalls sehr gute Ergebnisse in der Fließrinne.

Das Fliessgeschwindigkeit von SFBF 30 und KFBB 2 fallen deutlich ab. Im Vergleich zu Nullbeton ist der Fließmaß von KFBB 2 (Kunststofffaserbeton mit 2 kg/m³ B-Faser) stark zurückgegangen. Wenn man den Fließverlauf der Mörtelmischung in der Fließrinne betrachtet, erkennt man die schwere Verarbeitbarkeit der Mischungen von SFBF 30 und KFBB 2. Die stark reduzierte Fließgeschwindigkeit kann aus Abb. 6-3 entnommen werden.

20 Minuten nach dem Mischen hat sich das Fließverhalten der Mischungen wegen der Nachwirkung des Fließmittels kaum geändert oder sogar leicht erhöht. Der Fließmaß und die Fließgeschwindigkeit von KFBB 2 reduzierten sich stärker im Vergleich zu der Mischung vom SFBF 30. Es könnte sowohl auf die große Faseranzahl/kg als auch auf die Oberflächenbeschaffenheit (z.B. den Reibungsbeiwert) zurückzuführen sein.

6.2.2 Fließvermögen von frischem Beton mit Makrofasern

Durch den geringen Durchmesser des Trichterausgangs konnte das Fließverhalten der Makrofasern verstärkten Betons mittels Fließrinne nicht untersucht werden. Für die Beurteilung der Verarbeitbarkeit der frischen Betonmischung mit Makrofaser ist es sinnvoll, die Versuchseinrichtungen mit eingebautem Bewehrungshindernis zu verwenden. Bei vielen Untersuchungen und vor allem bei der praxisnahen Prüfung zeigte sich, dass Bewehrung bzw. Hindernisse zu einem starken Blockieren von Faserbeton (Abb. 6-6) während des Fließvorganges führen können, was man anhand des Ausbreitmaßversuches (Abb. 6-7) nicht beobachten kann.

Abb. 6-6 und 6-7 zeigen den L-Box Versuch und den Ausbreitmaß-Versuch von Kunststofffaserbeton mit der Faserdosierung von 7 kg/m³ C-Faser. Es ist ersichtlich, dass ungefähr 65% von eingefülltem Faserbeton durch die Bewehrung verstopft wurden und daher für einen praktischen Einsatz von SCC-HPC mit dem empfohlenen nicht einsetzbar ist.

Abb. 6-6: L-Box Versuch für die Mischung von KFBC 7

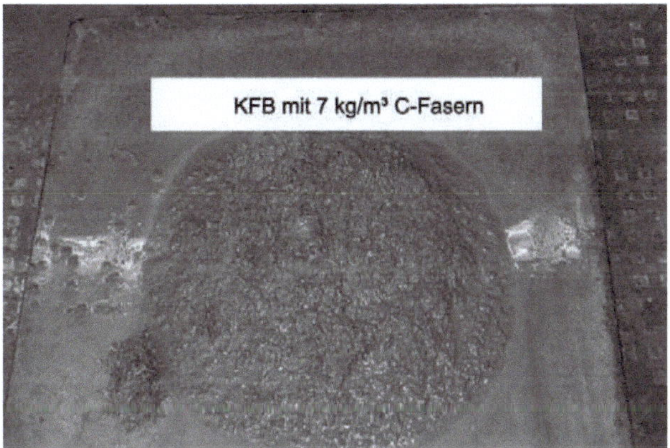

Abb. 6-7: Ausbreitmaß-Versuch für KFBC 7

Im Schacht der L-Box (Abb. 6-8) wird 10 l frischer Beton bis zu einer Höhe von 50 cm eingefüllt. Nach Öffnen Schiebers wird die Zeit (Fließzeit), die der Beton benötigt, um durch die gesamte Strecke sowie die längste Fließstrecke L_f zu fließen, aufgezeichnet. Beim L-Box Versuch ([28] und [29]) ist zusätzlich auf die Höhendifferenz L_s vor und nach den Anheben des Schiebers sowie die Auslaufhöhe L_e zu achten (Abb. 6-8). Die gesamte horizontale Fließstrecke L_f wird mit dem Ausbreitmaß verglichen. Die Fließgeschwindigkeit könnte die Viskosität der Mischung beschreiben. Die Beziehung zwischen L_s und L_e stellt die Fließvermögen und die Fähigkeit zum Niveauausgleich des SCC-Hochleistungsbetons dar.

Eine weitere Möglichkeit, die Verarbeitbarkeit von faserverstärktem SCC-HPC zu untersuchen, stellt der Versuch mittels J-Ring (Abb. 6-9) dar.

Versuchsaufbau: Der Durchmesser der Bewehrung ist 15 mm (gleich dem im L-Box), der Abstand der Bewehrung ist zwischen 4,2-4,6 cm. Der innere Durchmesser vom Ring ist 28,5 cm. Dadurch kann man den J-Ring als eine stark bewehrte Säule (Bewehrungsgrad: μ = 2,7%) betrachten. Abb. 6-9 und 6-10 zeigen die Gegenüberstellung der J-Ring-Versuche von KFBD 7 und KFBE 7.

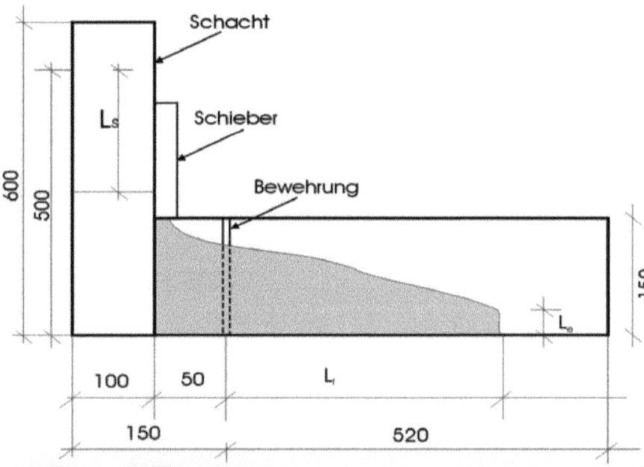

Abb. 6-8: L-Box mit Bewehrung

In Abb. 6-9 ist es zu ersehen, dass nur leichte Anhäufung der Faserbetonmischung mit Kunststoff D-Faser innerhalb vom Ring entsteht. Der Niveauunterschied beträgt lediglich zwischen 1,5 cm und 2 cm. Über 90% der Mischungen sind durch die Bewehrungen durchgelaufen.

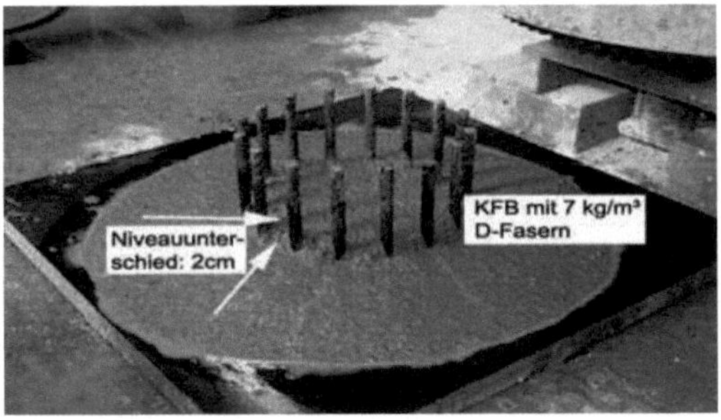

Abb. 6-9: J-Ring Versuch für KFBD 7

Der L-Box Versuch zeigte sich, dass die Mischung von KFBD 7 innerhalb von 4,5 Sekunden (Tabelle 6-8) durch gesamte horizontale Fließstrecke (52 cm) geflossen ist und die Höhendifferenz L_s 42 cm beträgt.

Abb. 6-10: J-Ring Versuch für KFBE 7

Im Vergleich zum Versuch von KFBD 7 bleiben die meisten Mischungen mit E-Fasern bei Bewehrungen hängen (Abb. 6-10). Dies bewirkt, dass das Fließen des Betons zum Stillstand kommt. Nur ca. 15% des Frischbetons mit E-Faser sind durch die Bewehrungen hindurchgeflossen. Bei dem L-Box Versuch kommt es zu einer Verstopfung durch die Fasern zwischen der Bewehrung. Zusätzlich kommt es zu einer Entmischung, die Höhendifferenz L_s betrug nur 23 cm. Die Verarbeitbarkeit von KFBE 7 ist ähnlich wie die von KFBC 7 und daher auch nicht geeignet für die Anwendungen in SCC-HPC mit Bewehrung. Tabelle 6-7 zeigt die Gegenüberstellung der Teilergebnisse von Mischungen mit verschiedenen Fasertypen.

Tabelle 6-7: Teilergebnisse der Mischungen von SCC-HPC mit unterschiedlichen Fasern

Faserbeton	AM (cm)	AM nach 45 Min.	LP (%)	J-Ring (cm)	Auslaufhöhe L_e (cm)	Höhendifferenz L_s (cm)
KFBC 7	45	42	4%	50	1	23
KFBD 7	59	66	5%	69,5	6	42
KFBE 7	46	50	4%	55	1	22
SFBC 30	65,6	64	4%	76,5	7	42
SFBC 50	60	66	4%	75	7	42
CFB 30+5	58	66	4%	72	6,5	41,5

Die Frischbetonen mit der Faserdosierung von 7 kg/m³ Typ C und E Fasern zeigten Igelbildung, Verstopfungen zwischen der Bewehrung im L-Box und von J-Ring Versuch, ein geringes Fließvermögen (Tabelle 6-8) und eine äußerst geringe Nivelierungsfähigkeit (Tabelle 6-7). Daraus lässt sich schließen, dass Betonmischungen mit den C und E-Fasern/mit Faserdosierung von 7 kg/m³ für SCC-HPC nicht anwendbar sind. Die Fließmaße und die Fließgeschwindigkeit (V_L) verschiedener Frischbetonen mit Faserverstärkung sind in Tabelle 6-8 aufgelistet und ausgewertet.

Tabelle 6-8: Gegenüberstellung der Fließmaße und Fließgeschwindigkeit im L-Box Versuch

Fließweite (cm)	10	20	30	40	Max (52cm)
Fließzeit von KFBC7	3	4	7	17	-
V_L (cm/s) von KFBC7	3,33	5	4,29	2,35	-
Fließzeit von KFBD7	1	2	-	-	4,5
V_L (cm/s) von KFBD7	10	10	-	-	11,56
Fließzeit von KFBE7	3	5	8	15	-
V_L (cm/s) von KFBE7	3,33	4	3,75	2,67	-
Fließzeit von SFBC 30	1	2	-	-	4
V_L(cm/s) von SFBC 30	10	10	-	-	13
Fließzeit von SFBC 50	1	2	-	-	5
V_L (cm/s) von SFBC 50	10	10	-	-	10,4
Fließzeit von CFB (30+5)	1	2	-	-	5
V_L (cm/s) von CFB (30+5)	10	10	-	-	10,4

Das Verhältnis zwischen der Fließgeschwindigkeit und dem Fließmaß der Faserbetonmischungen mit unterschiedlichen Fasertypen sind in Abb. 6-11 dargestellt. Im Gegenteil zu den Mischungen mit C und E-Fasern zeigten die

Frischbetonen von KFBD7 (KFB mit 7 kg/m³ D-Faser), SFBC 30, SFBC 50 (SFB mit 30 und 50 kg/m³ C-Faser) und Fasercocktail (30 kg/m³ SF von Typ C und 5 kg/m³ KF von Typ D) folgende Ergebnisse:

- Gute Fließbarkeit und kleine Viskosität (Tabelle 6-8, Abb. 6-11),
- keine Entmischung,
- Fähigkeit zum Niveauausgleich (Tabelle 6-7).

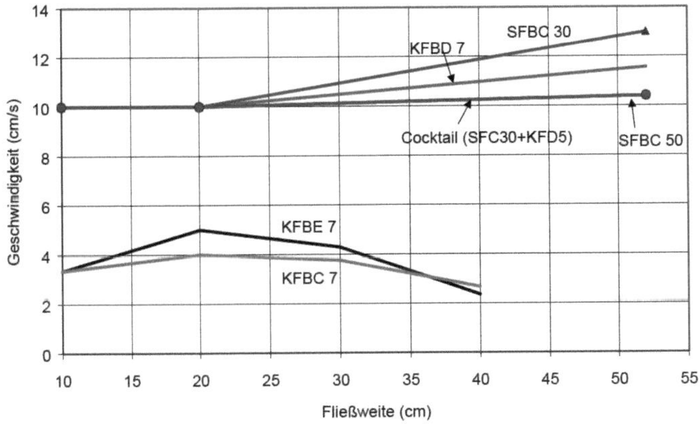

Abb. 6-11: Gegenüberstellung der Fließgeschwindigkeit im L-Box Versuch

6.3 Diskussion

Die praktischen Erfahrungen auf der Baustelle sowie diverse Voruntersuchungen haben gezeigt, dass es gewisse Probleme in Bezug auf Spritzbeton und auf Selbst-Verdichteten Hochleistungsbeton gibt. Diese sind einerseits die Verarbeitbarkeit und andererseits in einer zu niedrigen Zähigkeit zu finden.

Der Einsatz von Fasern könnte einerseits die Zähigkeit des Betons erhöhen, andererseits auch die Verarbeitbarkeit erschweren. Weiters könnte ein Teil der Bewehrung durch die Fasern teilweise ersetzt bzw. reduziert werden, was zu einer Erleichterungen im Bauablauf bzw. Baubetrieb führen würde. Eine wichtige Voraussetzung für die Verwendung des SCC HPC (Faserverstärkte Self-Compacting High Performance Concrete) ist die Verarbeitbarkeit des Betons. Diese sind vor allem durch das Fließverhalten und der Widerstand gegen Entmischung gekennzeichnet.

Die Versuche der Mischungen mit Mikrofasern in der Fließrinne zeigen:

- Die Faserdosierung von 1 kg/m³ Kunststofffaser Typ B und 10 kg/m³ Stahlfaser Typ F ist geeignet für die Verarbeitbarkeit von SCC-HPC.
- Der Fasergehalt von 2 kg/m³ Kunststofffaser Typ B und 30 kg/m³ Stahlfaser Typ F hat stark negative Auswirkung auf Verarbeitbarkeit und daher ist auch nicht einsetzbar für SCC-HPC.

Die Fließvermögen und die Fähigkeit zum Niveauausgleich vom faserverstärkten SCC-HPC können durch die L-Box und den J-Ring-Versuche besser als mit Ausbreitmaß-Versuch beurteilt werden. Die gute Verarbeitbarkeit von KFBD7, SFBC30, SFBC50 und CFB305 könnte auf folgende Ursache zurückzuführen sein:

- die Oberflächenbeschaffenheit der Fasern, besonders der kleine Reibungsbeiwert der Faseroberfläche;
- die Faserlänge kleiner als der Bewehrungsabstand.

Der kleine Reibungsbeiwert von Kunststofffasern verursacht wiederum die schwäche Verbundspannung zwischen Faser und Betonmatrix, die die Zähigkeit (post-crack behaviour) des Faserbetons reduzieren kann.

7 Druckeigenschaften und E-Modulentwicklung von Null- und Faserbeton

7.1 Druckfestigkeitsentwicklung

7.1.1 Druckfestigkeit des Stahlfaserspritzbetons

Die Prüfung der Probewürfel erfolgte in einer kraftgesteuerten Presse. Die Belastungsgeschwindigkeit betrug 1 mm/min. Zur Ermittlung der Druckfestigkeitsentwicklung wurden die Prüfwürfel zu folgenden Prüfterminen geprüft und die Versuchsergebnisse in Tabelle 7-1 aufgelistet:

Tabelle 7-1: Druckfestigkeitsentwicklung von Null- und Faserbeton

	Druckfestigkeit (N/mm²)					
Betonalter (h)	8	10	18	30	48	72
Nullbeton	1,86	4,03	13,89	25,87	32,56	36,06
SFBA 20	2,35	5,11	18,63	26,33	32,65	37,52
SFBA 40	2,5	5,08	15,5	23,5	32,44	37,13
SFBA 60	1,8	3,8	15	25	33,3	37
KFBA 5	1,5	3,4	15,5	25,3	30,4	34

Das frühste Betonalter zum Ausschalen und zum Prüfen war ca. 7 Stunden bei Normenklima. Für den erhärteten Beton nach 30 Stunden haben die Fasern keine wesentliche Auswirkung auf die Druckfestigkeit. Die Fasern vermindern zwar die Querdehnung und erhöhen dadurch die Betondruckfestigkeit, dies jedoch nur in einem Maß, dass in Bezug zu der in Beton gegebenen hohen Druckfestigkeit keine große Bedeutung hat.

Bei 8 und 10 Stunden nimmt die Druckfestigkeit zuerst mit steigendem Fasergehalt (von 20 kg/m³ bis 40 kg/m³) zu. Aber ein unerwartetes Ergebnis hat man im Versuch mit 60 kg/m³ Fasergehalt zwischen 8 und 10 Stunden bekommen, dass die Druckfestigkeit dieser Probe niedrigere Werte als mit 20 und 40 kg/m³ Stahlfasern erzielt.

In Verbindung mit dem Versuch über das Verformungsverhalten des Faserbetons könnte man zum Schluss kommen, dass der Beton mit 60 kg/m³ Fasergehalt eine besondere Eigenschaft hat: kleine Druckfestigkeit, kleiner E-Modul und großes Verformungsvermögen im Vergleich zu den anderen Betonen mit niedrigerem Fasergehalt. Zwei wichtigen Erscheinungen, die es bei den Null-, 20 kg/m³ und 40 kg/m³ Proben zu dem gleichen Zeitpunkt nicht gibt, wurden bei der 60 kg/m³ Faserbetonprobe nach 8 und 10 Stunden mitbeobachtet:

- dass im Gegensatz zu den erhärteten Proben (nach 18 Stunden) die Belastung nach dem sichtbaren Anreißen der Probeoberfläche kontinuierlich weiter gestiegen ist;
- dass danach beim Erreichen der max. Druckfestigkeit diese höchste Belastung nicht wie üblicherweise bei erhärtetem Beton rasch abfällt sondern minutenlange erhalten bleibt.

7.1.2 Druckfestigkeit von faserverstärktem SCC-HPC

Nach der Rezeptur in Tabelle 4-6 hat die Druckfestigkeit von NB (Beton ohne Faser) einen Wert von 30 N/mm² erreicht (Tabelle 7-2). Wie in Tabelle 7-1 beschrieben, konnte kein eindeutig steigender Trend mit unterschiedlichen Fasertypen festgestellt werden. Die Druckfestigkeitsentwicklung verschiedener Faserbetonen zwischen 1 und 7 Tagen ist Tabelle 7-2 aufgelistet. Nach 7 Tagen haben alle Faserbetonproben den Wert von 50 N/mm² erreicht bzw. überlegen, und nach 28 Tagen haben alle Proben den Wert von 70 N/mm² überschritten. Daher ist das Kriterium für die Hochdruckfestigkeit von HPC gut erfüllt. Abb. 7-1 zeigt die Gegenüberstellung der Druckfestigkeitsentwicklung von SCC-HPC ohne und mit unterschiedlichen Fasertypen. Obwohl KFBC 7 und KFBE 7 auch gute Druckfestigkeit zeigten, sind diese zwei Betonen nicht verarbeitbar (Tabelle 6-8, Abb. 6-11).

Tabelle 7-2: Druckfestigkeitsentwicklung von SCC-HPC mit und ohne Faserverstärkung

	Druckfestigkeit (N/mm²)						
Beton-Alter	NB	KFBE 7	KFBC 7	KFBD 7	SFBC 30	SFBC 50	CFB 305
24 Stunden	30	38,4	29,5	40	32,54	28,35	30,65
7 Tage	50	54,78	50,22	52,11	64,86	56,54	59,1
28 Tage	77	72,2	70	76	75,2	81,2	74,27

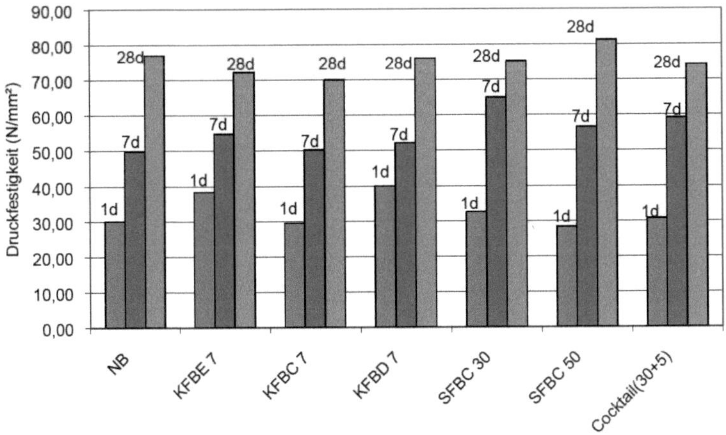

Abb. 7-1: Gegenüberstellung der Druckfestigkeit von SCC-HPC von 24 Stunden bis 28 Tagen

7.2 Druckzähigkeit von Faserbeton und Faserspritzbeton im jungen Alter

Um den Fasereinfluss auf die Eigenschaften des Betons unter der Druckbelastung und den Unterschied der Druckzähigkeit im jungem Alter und im erhärteten Zustand zu untersuchen, wurden die Proben in einer „deformation controlled“ Presse bis zu einer Druckverformung von ca. 4-7% (Abb. 7-2, 7-3) getestet.

Im jungen Alter ist der Fasereinfluss auf die Spannungs- Dehnungseigenschaft unter dem Druck deutlich zu ersehen. Stahlfaserbeton kann bei der gleichen Dehnung, sowohl vor als auch nach der Spitzenbelastung mehr Spannungen aufnehmen (Abb. 7-2). Die ähnlichen Erscheinungen waren auch bei SCC-HPC Proben mit Cocktail-Fasermischung (SF 30 kg/m³ + KF 5 kg/m³) im alter von 24 Stunden zu ersehen.

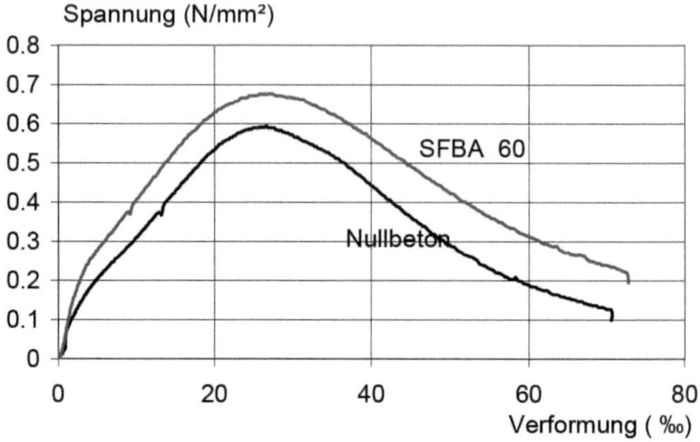

Abb. 7-2: Gegenüberstellung der Spannung-Verformungslinien von Null- und Faserbeton mit 60 kg/m³ A-Faser nach 9 Stunden

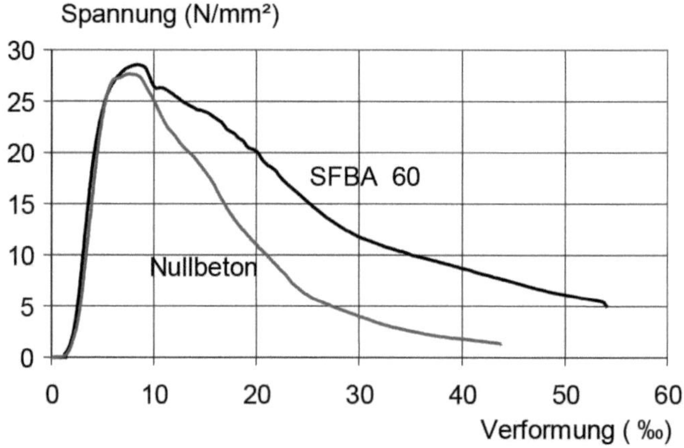

Abb. 7-3: Gegenüberstellung der Spannung-Verformungslinien von Null- und Faserbeton mit 60 kg/m³ A-Faser nach 81 Stunden

Abb. 7-3 zeigt die Gegenüberstellung des σ - ε Verhaltens von Null und Faserbeton mit 60 kg /m³ A-Faser im Alter von 81 Stunden. Die beiden Kurven vor der Spitzenspannung verlaufen fast gleich.

Das bedeutet, dass die Fasern keinen merkbaren Einfluss vor der Spitzenspannung auf den erhärteten Beton nach 81 Stunden haben. Erst nach der Spitzenspannung hat SFB eine deutlich bessere Druckzähigkeit gezeigt ([32], [33] und [34]). Die oben genannten Versuche zeigen einen deutlichen Unterschied des Fasereinflusses zwischen dem jungen Alter und dem erhärteten Zustand:

- Stahlfasern erhöhen die Zähigkeit des Betons unter dem Druck nicht nur in der plastischen Phase (nach der Spitzenbelastung), sondern auch in der elastischen Phase (vor der Spitzenlast) im jungen Alter.
- Stahlfasern erhöhen die Druckzähigkeit des Betons unter der Druckbelastung nur in der plastischen Phase (nach der Spitzenbelastung) im erhärteten Zustand.

7.3 E-Modulentwicklung

Die E-Modulprüfung ist in der ÖNORM B 3303 [13] geregelt. Die Prüfung erfolgte in der Kraftgesteuerten Prüfmaschine.

Für die Prüfung nach 8 Stunden und nach 10 Stunden waren die Proben noch zu weich. Um das Eindringen der Wegaufnehmerspitze in den jungen Beton zu verhindern, ist für jede Wegaufnehmerspitze ein Stück geprägtes Plexiglas (4 x 4 cm) mit dem Schnellkleber auf der Probenseitenfläche geklebt worden. Durch Vorversuche mit erhärteten Proben wurde bewiesen, dass das Last-Verformungsdiagramm mit und ohne Plexiglas gleich ist. Die Messlänge betrug 210 mm. Mit Hilfe eines X-Y-Schreibers wurde ein Last-Verformungsdiagramm aufgezeichnet. Die Berechnung lautet:

$$E = \Delta\sigma/\Delta\varepsilon = (\sigma_a - \sigma_b) / (\varepsilon_a - \varepsilon_b)$$

mit:

$\sigma_a = \beta_D / 3$

$\sigma_b = \beta_D / 30$

ε_a = Mittlere Dehnung unter σ_a

ε_b = Mittlere Dehnung unter σ_b

β_D = Druckfestigkeit

Die Versuchsergebnisse und der Verlauf der Kurven sind in Tabelle 7-3 und Abb. 7-4 zusammengetragen. Tabelle 7-4 zeigt die E-Modulwerte von faserverstärktem SCC-HPC und von Nullbeton (SCC-HPC-Probe ohne Faserverstärkung) im Alter von 28 Tagen.

Tabelle 7-3: E-Modulentwicklung von Null- und Faserbeton im jungen Alter

	E-Modul (N/mm²)					
Betonalter (h)	7	10	17	30	47	72
NB	7077	7773	15773	20490	27955	29334
SFBA 20	11494	11601	21169	29554	32703	32446
SFBA 40	9931	10252	26769	32039	35097	36457
SFBA 60	10447	10550	20757	26367	29469	29926
KFBA 5	6400	7967	17110	23763	25006	27227

Der E-Modul des erhärteten Festbetons wird durch die Zugabe von Stahlfasern im Allgemeinen nur geringfügig beeinflusst [35]. Aber im jungen Alter des Betons widerspricht das Versuchsergebnis dieser Theorie. Zusammenfassend kann gesagt werden, dass durch die Beigabe der Stahlfasern sich der E-Modul des Betons im jungen Alter erhöht.

Auch hier zeigt sich eine ähnliche Tendenz wie bei der Druckfestigkeitsprüfung und der Prüfung des Verformungsverhaltens. Der E-Modul ist nicht kontinuierlich mit dem zunehmenden Fasergehalt angestiegen, sondern bei 60 kg/m³ Fasergehalt wieder gesunken und zwar niedriger als die Werte der 20 und 40 kg/m³ Stahlfaserbetonproben. Ab 18 Stunden, als der Beton immer mehr erhärtete, haben die Versuche gezeigt, dass der SFB mit 60 kg/m³ Typ A wesentlich schwächer auf die Faserzugabe reagierte als SFB mit 40 kg/m³ Typ A (Abb. 7-4).

Tabelle 7-4: Gegenüberstellung der E-Modulwerte vom faserverstärkten SCC-HPC und NB nach 28 Tagen

Betontyp	NB	KFBE 7	KFBC 7	KFBD 7	SFBC 30	SFBC 50	CFB 305
E-Modul (N/mm²)	38420	36705	37338	41647	40104	41646	39020

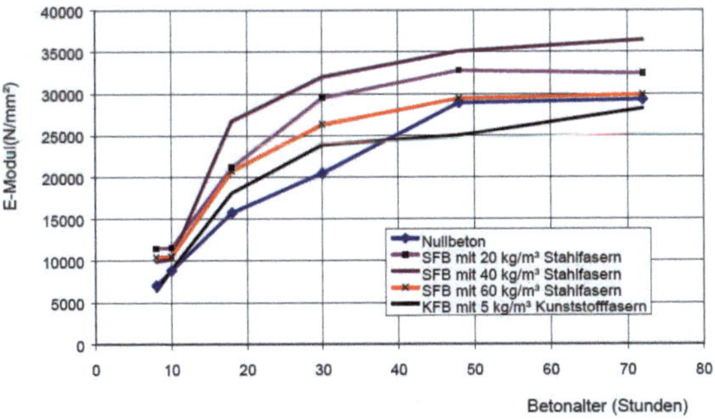

Abb. 7-4: E-Modulentwicklung von Null- und Faserbeton

Es darf nicht übersehen werden, dass es auch Schwankungen bei den 8 und 10 Stunden Werten des 20 kg/m³ SFB gibt, aber sie bewegen sich im normalen Streubereich beim Versuch. Schon im Kurzzeitversuch vom erhärteten Beton zeigt sich nach der Entlastung eine plastische Verformung. Dies kann die E-Modulbestimmung, insbesondere wenn der Beton noch weich ist, beeinträchtigen. Die Ursache darin liegt zum einen in der inneren Dämpfung und zum anderen im Kriechen, das schon bei sehr niedrigem Lastniveau (0,5-1 N/mm²) auftritt [36].

Der E-Modul ist nicht nur für die elastische Verformung, sondern auch für die Kriechverformung maßgebend, weil die Kriechwerte über das Verhältnis der Kriechverformung zur elastische Verformung $\varphi = \varepsilon_K / \varepsilon_{el}$ berechnet werden, wobei φ: Kriechzahl, ε_K: Kriechverformung und ε_{el}: die elastische Verformung bedeuten.

Generell kann gesagt werden, dass die Übereinstimmung der beiden Versuchsserien von E-Modul und Spannungs-Verformungsverhalten (Abschn. 8) verhältnismäßig gut ist:

- Entsprechend den größeren E-Modulwerten von SFBA mit 20 und 40 kg/m³ Fasergehalt bis 72 Stunden haben sich die relativ kleineren Verformungen unter der gleichen Spannung gezeigt.
- Die Betonproben mit 60 kg/m³ A-Stahlfasern und 5 kg/m³ von A-Kunststofffasern verfügen über niedrigere E-Modulwerte und haben dagegen die höheren Verformungen gezeigt, obwohl das Hook'sche Gesetz für jungen Beton sehr grob und ungenau zu verwenden ist.

7.4 Diskussion

Wenn man die Versuche über die Druckfestigkeit und den E-Modul unter Berücksichtigung auch des Verformungsverhaltens (Abschn. 8) betrachtet, könnte man zu folgenden Schlussfolgerungen kommen:

- Die Fasern haben nicht unwesentliche Auswirkungen auf die Betoneigenschaften (Druckfestigkeit, E-Modul und Verformungsverhalten) im jungen Alter und auch auf das Frischbetonverhalten. Der Erhärtungsgrad des Betons spielt eine wichtige Rolle auf den Fasereinfluss.

- Der Fasereinfluss auf druckbeanspruchten Beton im jungen Alter könnte besser in Hinsicht auf eine Energieaufnahme diskutiert werden; Stahlfasern erhöhen die Zähigkeit des Betons unter dem Druck nicht nur in der plastischen Phase (nach der Spitzenbelastung), sondern auch in der elastischen Phase (vor der Spitzenbelastung) im jungen Alter.

- Der Fasergehalt von 40 kg/m³ hat öfter größeren Einfluss auf die Betoneigenschaft als jener von 60 kg/m³, wenn die Stahlfasern im Beton dreidimensional verteilt sind.

Die drei Erscheinungen sind für den Einsatz von Faserbeton im Tunnelbau vorteilhaft. Bei der Beurteilung der Druckfestigkeit und E-Modul von SCC-HPC mit Faserverstärkung ist es sinnvoll, die Verarbeitbarkeit vorher zu untersuchen. Der von uns entwickelte faserverstärkte SCC-HPC hat nicht nur gute Verarbeitbarkeit sondern auch hohe Druckfestigkeit sowie Biegezähigkeit gezeigt.

8 Fasereinfluss auf das Verformungsverhalten des Betons im jungen Alter

8.1 Dehnungsmessung

Für Dehnungsmessung an Betonproben gibt es mehrere Möglichkeiten. Im Einzelnen sind die Messungen an den Betonproben

- mit Setzdehnungsmesser für Kriechen
- mit mechanischen Messuhren für Schwinden

durchgeführt worden.

Alle Messungen wurden im Klimaraum des Instituts für Betonbau bei Temperaturen zwischen 22°C und 25°C und einer relativen Luftfeuchtigkeit zwischen 55% und 65% durchgeführt. Parallel zu den Kriechversuchen wurde das Schwindverhalten mitbeobachtet.

8.1.1 Messungen der Kriechverformung mit Setzdehnungsmesser

Die Messungen der Probeverformung erfolgten mit einem Setzdehnungsmesser, bei dem Werte auf tausendstel Millimeter abgelesen werden können. Der Messwert ergab sich als Mittelwert aus den vier Längenmessungen am Prisma.

Als die Proben zwischen 7 Stunden bis 7.5 Stunden alt waren, wurden sie sorgfältig ausgeschalt und abgewogen. Auf die gewonnenen Proben wurden dann an alle 4 Seiten Messmarken aus Messing mit Schnellkleber in einem Abstand von 250 mm aufgeklebt. Mit dieser Einrichtung und Vorgangsweise wurde ein Einbau in den Kriechstand 3 bis 4 Stunden später ermöglicht. Damit wurden Kriechproben mit einem Einbaualter zwischen 11 und 12 Stunden verwendet.

Nach der Nullmessung wurden die Proben im Kriechstand mit der ersten Last, die ca. der halben Druckfestigkeit zu diesem Zeitpunkt entsprechen sollte, belastet. Wegen der Streuung der Druckfestigkeit und wegen Bedienungsschwierigkeiten schwankte die Belastung zwischen 31% und 60% der Druckfestigkeit (siehe Tab. 0-1). Die Zeitintervalle der Messungen lagen am Anfang im Stundenabstand, dann im 2 bis Sechsstundenabstand. Die entsprechende Verformungsbeziehung lautet:

$$\varepsilon = \Delta L / L_0$$

wobei

$\Delta L = L_0 - L_x = (L_{Nullmessung} - L_{Eichmaß}) - (L_x - L_{xEichmaß})$

L_0: Differenz zwischen Nullmessung und Eichmaß zum Nullmessungszeitpunkt

L_x: Differenz zwischen Messwert und Eichmaß zum Zeitpunkt X

Der Vorteil dieser Meßmethode ist, dass sie einfach, praktisch und preiswert durchzuführen ist. Von Nachteil ist, dass der Messablauf nicht automatisiert werden kann und die Messwerte nicht kontinuierlich auf einem Schreiber aufgezeichnet werden können. Die Teilmessungsergebnisse und die Datenauswertungen sind in Tabelle 8-1 und Tabelle 8-2 aufgelistet.

8.1.2 Messungen der Schwindverformungen mit mechanischen Messuhren

Eine Kunststofffolie wurde zuerst mit Hilfe von Schnellkleber auf die Probenstirnflächen geklebt. Dann wurden die Proben in den Rahmen eingebaut (Siehe Abb. 8-1). Die Füller der Messuhren stehen, durch eine Kunststofffolie getrennt, auf der Oberfläche der Prismenkopffläche. Der Vorteil dieser Methode ist die Genauigkeit. Die kleinsten Längenänderungen können auch erfasst werden (1/1000 mm ablesbar). Außerdem werden die menschlich- subjektiven Komponenten vermieden. Nachteilig ist es, dass die Messwerterfassung nicht automatisiert werden kann.

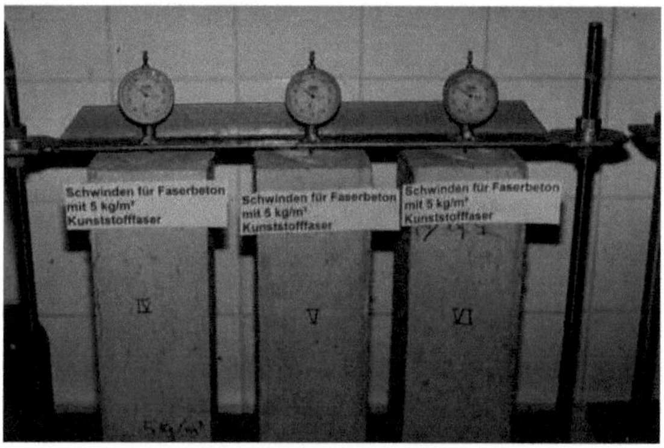

Abb. 8-1: Messstand für Schwinden

8.2 Verformungseigenschaft und Auslastungsgrad

Das Verformungsverhalten des jungen Spritzbetons wirkt sich zum Abbau von Belastungsspitzen und zur Aufnahme der nach dem Abschlag auftretenden größten Deformationen günstig aus [37]. Werden jedoch die Verformungen zu groß, kann es zur Entfestigung kommen.

Die Verformungseigenschaft des jungen Betons ist abhängig von mehreren Faktoren. In diesem Abschnitt wird über den Fasereinfluss auf das Verformungsverhalten des früh belasteten Betons durch die Berücksichtigung des Kriechens und Schwindens im Hinblick auf die Vergleichbarkeit mit dem jungen Faserspritzbeton diskutiert.

8.2.1 Verformungskomponenten

Die Verformung einer Betonprobe unter Druckspannungen enthält im Wesentlichen vier Komponenten:

- eine elastische Sofortverformung - proportional der aufgebrachten Spannungen entsprechend dem zeitabhängigen E-Modul. Die Größe der sofort elastischen Verformung verringert sich mit dem Alter.
- eine verzögert elastische Verformung. Die Geschwindigkeit, mit der dieser Grenzwert erreicht wird, ist groß für jungen Beton und nimmt mit dem Alter ab.
- eine bleibende Kriechverformung (Fließdehnung). Dieser Anteil ist stark alterabhängig. Die Größe wird üblicherweise proportional zur aufgebrachten Spannung angesetzt.
- Schwind- und Temperaturverformung

Die Gesamtverformung: $\Sigma V = a)+b)+c)+d)$ (Abb. 8-2)

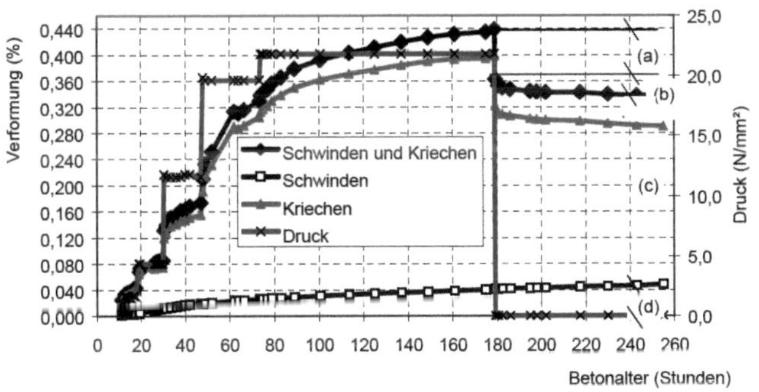

Abb. 8-2: Verformung (Kriechen und Schwinden)-Zeit Kurve von NB unter dem Druck

Die Trennung der einzelnen Verformungen ist sehr schwierig und nur durch Untersuchungen an Proben ohne Belastung, bei Belastung und bei Entlastung möglich. Reine elastische Sofortverformung wird bei plötzlicher Be- und Entlastung mit einem sehr niedrigen Lastniveau auftreten. Schon im Kurzversuch zeigt sich nach der Entlastung eine bleibende plastische Verformung. Es kann die E-Modulbestimmung insbesondere im jungen Alter beeinträchtigen bzw. verfälschen. Die Ursache darin liegt zum einen in der inneren Dämpfung und zum anderen im Kriechen, das schon bei sehr niedrigen Lastniveau (0,5-1 N/mm²) auftritt ([38], [39]).

8.2.2 Kriecheigenschaften und Kriechverlauf

Man unterscheidet nach den Einflüssen noch das Grundkriechen und das Trocknungskriechen ([36], [40]). Das Grundkriechen ist dabei abhängig von

- der Erhärtung des Zements,
- der Zementstein- bzw. der Betonfestigkeit bei Belastungsbeginn,
- dem E-Modul des Zuschlags,
- der Zusammensetzung des Zuschlags und
- der wirkenden Spannung.

Das Trocknungskriechen ist abhängig von

- dem Feuchtigkeitsgehalt des Betons bei Belastungsbeginn,
- dem Feuchtigkeitsverlust nach Belastungsbeginn,
- der Umgebungstemperatur,
- der Abmessung des Bauteils.

In den oben genannten Komponenten könnte nur die Betonfestigkeit bei dem Belastungsbeginn durch Faserzugabe beeinflusst werden, weil die Lufttemperatur, die Luftfeuchtigkeit, die Sieblinie und das Mischverhältnis im Labor konstant bleibt. Die Versuchsbedingungen wurden für alle Versuchskörper gleich gewählt.

Die Kriechverformungen nehmen bei Belastungsbeginn stark zu, mit der Fortdauer der Belastung werden sie aber immer geringer und erreichen erst nach sehr langer Zeit ein bestimmtes Endkriechmaß. In dieser Arbeit wird nur über die kurzzeitigen Versuche diskutiert (Be- und Entlastung innerhalb ca. 2 Wochen).

8.2.3 Auslastungsgrad

Der Auslastungsgrad ist der Quotient aus der Beanspruchung und der Festigkeit zu einem bestimmten Betonalter [41].

Auslastungsgrad: α= Beanspruchungsgrad/Festigkeit

Obwohl α ein auf Spannungsbasis definierter Wert ist, beinhaltet er auf Grund seiner Zeitabhängigkeit und der Spannungs-, Dehnungsbeziehung des Werkstoffes auch implizit die Verformungsgröße [42].

Wenn der Belastungsbereich unterhalb von 40% der Druckfestigkeit liegt, ist das Kriechen proportional der Spannung anzunehmen. Bei einem höheren Auslastungsgrad $40\%<\alpha<80\%$ steigen die Kriechverformungen überproportional zu den Spannungen an. Mikrorisse bilden sich im Gefüge aus. Sie können im jungen Beton zu einer Gefügestörung der Mikrostruktur des Betons führen. Bei Auslastungsgraden zwischen 80% und 100% bilden sich neben den Mikrorissen auch Makrorisse aus.

Die vorliegenden Versuche wurden mit jungen Betonproben (t<12 Stunden) angefangen, weil die Spritzbetonschale gerade nach dem ersten Abschlägen, bezogen auf den aktuell vorhandenen Erhärtungsgrad, am stärksten beansprucht wird. Bei den Versuchen standen folgende Fragestellungen im Vordergrund:

- Ermittlung des Spannungs-Verformungsverhaltens vom Nullbeton bei einaxialer Druckspannung von 10 Stunden bis zu 14 Tagen (Abb. 8-2).
- Ermittlung des Einflusses von Stahlfasern auf das Kriechverhalten des Betons ab 10 Stunden.
- Ermittlung des Einflusses von Stahlfasern auf das Schwindverhalten des Betons ab 10 Stunden.

Um Vergleichswerte zwischen Nullbeton und SFB erlangen zu können, wurden die Spannungen der Nullbeton- und Stahlfaserbetonproben im Kriechstand (Abb. 8-3) zu einem bestimmten gleichen Betonalter und entsprechend dem Auslastungsgrad von Nullbeton aufgebracht (Tabelle 8-1).

Tabelle 8-1: Aufgebrachte Spannungen und Auslastungsgrad für Nullbetonprobe

Betonalter (h)	11	18	30	48	72
Aufgebrachte Spannungen (N/mm²)	1,64	4,37	10,92	19,62	21,83
Druckfestigkeit (N/mm²)	4,03	13,89	25,87	32,56	36,06
Auslastungsgrad	41%	31%	42%	60%	60%

8.3 Versuchsdurchführung

Die Proben wurden im Betonalter von 7 Stunden ausgeschalt. Nach dem Aufkleben der Messmarken und dem Einbauen in den Kriechstand ist das Aufbringen der Spannung erst bei dem Betonalter von 11 Stunden möglich.

Der hydraulische Druck wurde mittels Ölleitung durch eine Gummidruckblase, die in der Form eines Rundstahlfasses unter der Stahlplatte liegt (Abb. 8-3), aufgebracht. Gasflaschen lieferten den Luftdruck zum Erhalten der aufgebrachten Belastung und zum Kompensieren des Druckabfalls, der aus der Probeverformung entsteht. Um einen unvermeidlichen Druckabfall während der langen Versuchsdauer sofort korrigieren zu können, ist dem System eine Ölpumpe angeschlossen, die Druck bis zu 250 bar bringt.

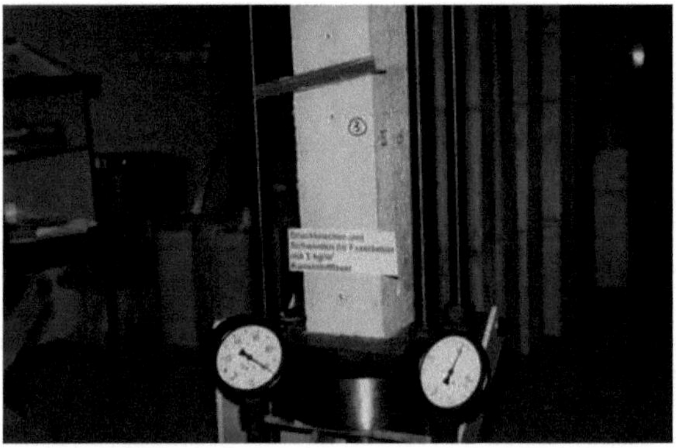

Abb. 8-3: Kunststofffaserbetonprobe im Kriechstand

Der Verlauf der aufgebrachten Spannungen ist in der Abb. 8-4 ersichtlich. Die Belastungen wurden stufenweise erhöht und unterschiedlich lange auf einem bestimmten Niveau gehalten.

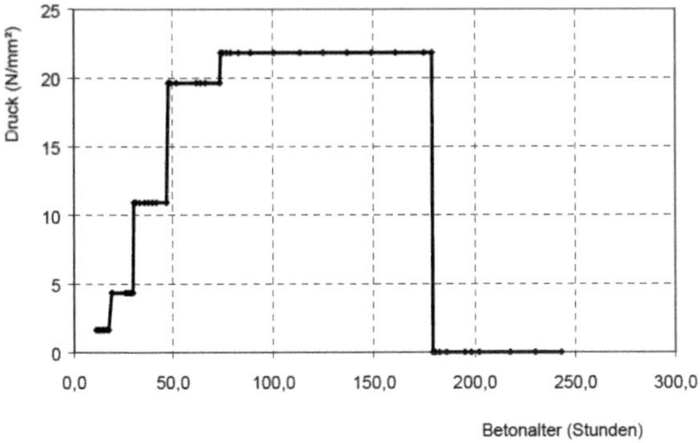

Abb. 8-4: Stufenförmige Belastungen für Null- und Faserbeton

Die Proben wurden nach verschiedenen Belastungsstufen bei ca. 180 Stunden entlastet. Der Relaxationsanteil wurde nach der Entlastung gemessen.

8.4 Versuchsergebnisse

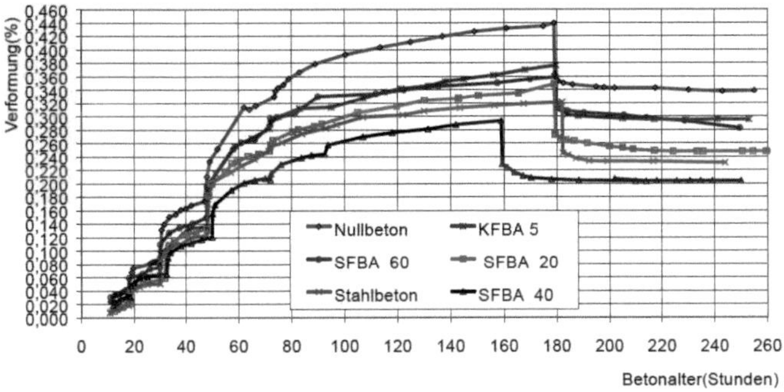

Abb. 8-5: Gegenüberstellung des Verformungsverhaltens (Schwinden + Kriechen) von Null- und Faserbeton

Die Abb.8-5, Abb.8-6 und Abb.8-7 zeigen die Gegenüberstellung des Verformungsverhaltens (Kriechen +Schwinden), des Kriechverhaltens und des Schwindverhaltens von Null- und Faserbeton.

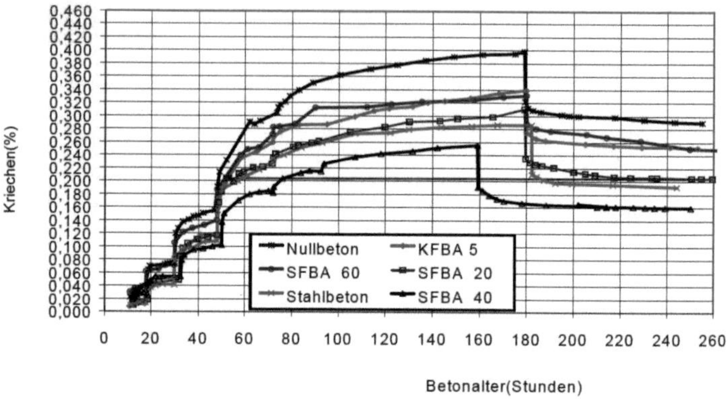

Abb. 8-6: Gegenüberstellung des Kriechverhaltens von Null- und Faserbeton

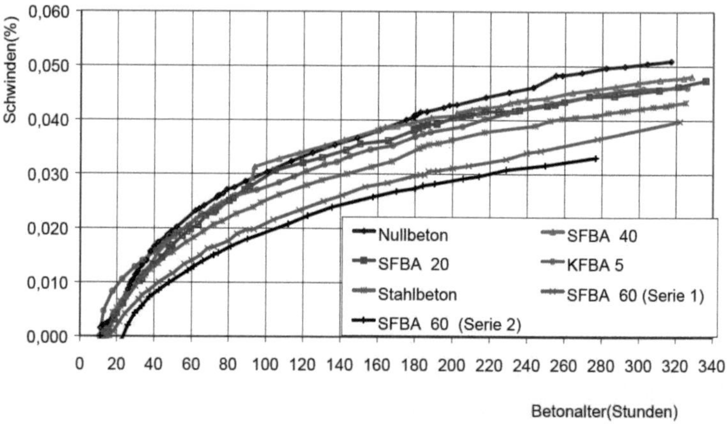

Abb. 8-7: Gegenüberstellung des Schwindverhaltens von Null- und Faserbeton

Die Verformungskomponenten von Null-, Stahl- und Faserbeton und ihre Verhältnisse zu der Gesamtverformung sind in Tabelle 8-2 aufgelistet.

Tabelle 8-2: Einfluss vom Fasergehalt auf die Verformungskomponenten bis 240 Stunden

Einheit(%)	NB	SB	SFBA 20	SFBA 40	SFBA60	SFBA60 II	KFB 5
a)**	0,076	0,071	0,072	0,063	0,064	0,044	0,063
a)/ΣV	17,27	22,19	20,69	21,5	16,49	12,22	16,76
b)**	0,026	0,019	0,024	0,022	0,028	0,028	0,017
b)/ ΣV	5,91	5,94	6,9	7,51	7,22	7,78	4,52
c)**	0,292	0,191	0,21	0,165	0,262	0,257	0,254
c)/ ΣV	66,36	59,69	60,34	56,31	67,53	71,39	67,55
d)**	0,046	0,039	0,042	0,043	0,034	0,031	0,042
d)/ ΣV	10,45	12,22	12,07	14,68	8,76	8,61	11,17
ΣV	0,44	0,32	0,348	0,293	0,388	0,36	0,376

**a), b), c) und d) siehe Abb. 8-2.

8.4.1 Schwindverformung

In Tabelle 8-2 ist es ersichtlich, dass die Schwindverformung d) einen Anteil von ca. 8 bis 15% von der Gesamtverformung besitzt. Da das Schwinden des Betons durch das Schwinden des Zementsteins entsteht, hängt das Schwindmaß maßgeblich vom Zementsteingehalt ab. Normalzuschlag, Stahlfaser und Stahlbewehrung schwinden im Allgemeinen nicht und behindert dadurch das Schwinden des Zementsteins [41].

Die Messungen des Schwindens (Abb. 8-7) haben gezeigt, dass die Schwindverformung mit zunehmendem Fasergehalt reduziert wird. Z. B. ist im Vergleich mit dem Nullbeton die Schwindverformung bei 320 Stunden um ca. 30% zurückgegangen.

Fasereinfluss innerhalb von 24 Stunden:
Der Unterschied der Schwindverformung innerhalb der ersten 24 Stunden zwischen Null-, Stahl- und Stahlfaserbeton mit 20 kg/m³ und 40kg/m³ A-Faser (Abb. 8-7) ist kaum zu erkennen. Das bedeutet, dass der Fasergehalt bis 40 kg/m³ wenig Einfluss auf das Schwindverhalten im jungen Alter hat. Aber das Schwinden von SFB 60 kg/m³ ist deutlich reduziert, im Vergleich zum Nullbeton um ca. 60% zurückgegangen. Dies wird auch durch eine Serie II bestätigt. Das Schwindmaß von dem Kunststofffaserbeton ist noch größer als je-

nes des Nullbetons. Es könnte auf den erhöhten Luftporengehalt, der bei der Mischung von Kunststofffaser in die Matrix miteinbezogen wird, zurückzuführen sein.

Fasereinfluss bei 320 Stunden:
Nullbeton weist die größte Schwindverformung bei 320 Stunden auf. Die Schwindverformungen von 20 kg/m³, 40 kg/m³ Stahlfaserbeton und 5 kg/m³ Kunststofffaserbeton auf die Schwindverformung unterscheiden sich um ca. 11%.

8.4.2 Kriechverformung

Im Gegensatz zu Schwindverhalten zeigen die Ergebnisse in den Abb. 8-5 und 8-6, dass die Verformung mit 60 kg/m³ sowohl vor 24 Stunden als auch zwischen 24 Stunden und 240 Stunden größer ist als die Verformungen von 20 kg/m³, 40 kg/m³ Stahlfasern.

Fasereinfluss innerhalb von 24 Stunden:
Im Vergleich zu den Nullbetonproben zeigt die Kriechverformung von SFB mit 20 kg/m³, 40 kg/m³ und Stahlbetonproben einen deutlichen Rückgang der Kriechverformung vor 24 Stunden. Ungewöhnlich ist, dass die Kriechverformung von SFB mit 60 kg/m³ wieder größer ist als die Verformungen von SFB mit 20 und 40 kg/m³ und fast so groß wie die Verformung der Nullbetonproben ist.

Fasereinfluss bei 240 Stunden:
Mit zunehmendem Alter ist der Fasereinfluss deutlicher geworden. Im Vergleich zum Nullbeton zeigt das Kriechmaß von dem Faser- und Stahlbeton einen klaren Rückgang. Und die Kriechverformung von SFB mit 40 kg/m³ ist am kleinsten und weist eine Reduzierung zum Nullbeton von ca. 45% auf. Aber die Verformung von 60 kg/m³ Stahlfaserbetonproben ist immer noch größer als die Verformung von anderen Faserbetonproben, trotzdem zeigt sie einen sichtbaren Rückgang von ca. 12% gegenüber dem Nullbeton im erhärteten Zustand (240 Stunden).

In Tabelle 2 ist zu ersehen, dass die bleibende Kriechverformung (C) von SFB mit 60 kg/m³ eine wichtige Rolle spielt. Dieser Teil ist weniger durch Stahlfaser als die anderen Faserproben beeinflusst. Ein Grund für die größere Kriechverformung der 60 kg/m³ Stahlfaserproben wäre es, dass der Luftporengehalt mit zunehmendem Fasergehalt ansteigt.
Das größere Kriechen von 60 kg/m³ Stahlfaserproben im jungen Alter könnte auch auf eine größere Reibung zwischen den Aggregatteilchen und den dün-

nen Fasern zurück, die infolge ihrer größeren Oberfläche von einem dünneren Zementfilm umgeben sind, dadurch wird mehr Energie als 20 und 40 kg/m³ SFBA verbraucht.

8.5 Diskussion

Der Einfluss der Fasern auf das Kriechen des Betons ist somit noch weitergehend ungeklärt. Ob die Stahlfasern wirklich ein Einflussfaktor sind und warum die Kriechverformung des Stahlfaserbetons mit steigendem Fasergehalt sich unregelmäßig verhält, lässt sich an Hand weniger Versuche noch nicht zielsicher nachweisen, so dass ihr Einfluss auf das Kriechen und Schwinden nicht mit genügender Genauigkeit und Aussagekraft angegeben werden kann.

Eine große Zahl weiterer Versuche ist notwendig. Es soll weiter untersucht werden, inwieweit eine Auswertung der vorliegenden Versuchsergebnisse vorgenommen werden kann, die es ermöglicht, für einen bestimmten Stahlfaserbeton oder Kunststofffaserbeton die zu erwarteten Verformungen vorauszubestimmen.

9 Fasereinfluss auf die Wasserundurchlässigkeit des Betons im jungen Alter

Die Prüfung der Wasserundurchlässigkeit erfolgte bei Null- und Stahlfaserbeton nach DIN 1048 [1]. Als Prüfkörper wurden plattenförmige Proben mit 200 mm x 200 mm x 120 mm verwendet.

Die Prüfung der Proben war im jungen Alter zwischen 12 und 72 Stunden durchzuführen. Für die Stahlfaserbetonproben hat man den Fasergehalt von 40 und 60 kg/m³ A-Fasern gewählt. Dabei wurde der Druck auf die aufgeraute Prüffläche 5 bar 3 Tage lange aufgebracht. Nach Beendigung der Prüfung wurden die Proben gespalten, um nach einer kurzen Trocknungszeit die max. Wassereindringtiefe t zu ermitteln. Die mittlere Eindringtiefe aus drei Proben darf 5 cm nicht überschreiten.

Die 12 stündlichen Proben wurden nach dem Ausschalen sofort in den Prüfstand eingebaut. Die Proben für die Prüfung nach 72 Stunden wurden nach einem Tag ausgeschalt und bis zum Einbau in den Prüfstand 2 Tage unter Wasser gelagert.

9.1 Versuchsergebnisse

Die eingedrungenen Wassermengen und die max. Eindringtiefe nach 12 und 72 Stunden sind in Tabelle 9-1 und 9-2 zusammengefasst.

Tabelle 9-1: Eindringmengen und max. Eindringtiefe nach 12 Stunden bei unterschiedlichen Fasergehalten

Fasergehalt (kg/m³)	0	40	60
Eindringmengen (ml)	190	70	130
Max. Eindringtiefe (cm)	2,83	3,63	2,7

Tabelle 9-2: Eindringmengen und max. Eindringtiefe nach 72 Stunden bei unterschiedlichen Fasergehalten

Fasergehalt (kg/m³)	0	40	60
Eindringmengen (ml)	98	14	30
Max Eindringtiefe (cm)	2,5	2,27	2,83

Abb. 9-1 und 9-2 zeigen eine Gegenüberstellung der Wassereindringmengen und der max. Wassereindringtiefe nach 12 und 72 Stunden bei unterschiedlichen Fasergehalten.

Im Vergleich zum Nullbeton sind die Wassereindringmengen und die max. Eindringtiefe von SFBA 40 sowohl im Alter von 12 Stunden als auch nach 72 Stunden deutlich reduziert.

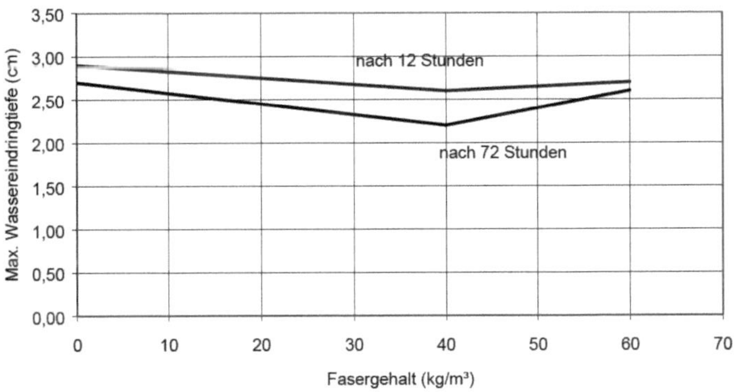

Abb. 9-1: Gegenüberstellung der Wassereindringmengen (ml) nach 12 und 72 Stunden bei unterschiedlichem Fasergehalt

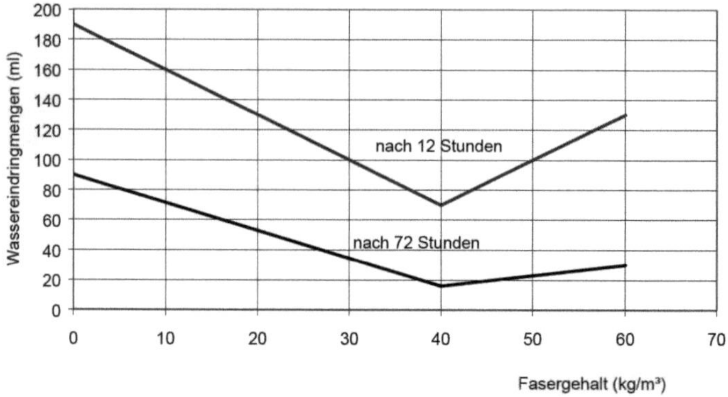

Abb. 9-2: Gegenüberstellung der Wassereindringtiefe (cm) nach 12 und 72 Stunden bei unterschiedlichen Faserdosierungen

9.2 Diskussion

Die Stahlfasern können die innere Rissbildung im Beton wirksam behindern. Aufgrund der homogen über den Querschnitt verteilten Fasern bildet sich im Stahlfaserbeton eine Vielzahl feinster, voneinander unabhängiger Mikrorisse, anstelle weniger, durchgängiger Risse mit größeren Abmessungen. Da die Mikrorisse nicht miteinander verbunden sind, kann dort kein Flüssigkeitstransport stattfinden [42].

Die Durchlässigkeit gegenüber Flüssigkeiten kann daher durch die Zugabe von Stahlfasern eingeschränkt werden.

Bei der Betrachtung der Wasserundurchlässigkeit muss grundsätzlich ungerissener vom gerissenem Beton unterschieden werden. Das Kriterium der maximalen Wassereindringtiefe nach DIN 1045 kann mit den im Tunnelbau gängigen Betonrezepturen problemlos erreicht werden [4].

Die Gebrauchstauglichkeit wasserundurchlässiger Betonkörper kann durch Risse beeinträchtigt werden. Die Beurteilung von Rissen und Rissbreiten im Hinblick auf die Wasserundurchlässigkeit ist auch mit Unsicherheiten befasst.

Der Reißverhalten ist für die Erstellung einer wasserundurchlässigen Schale von großer Bedeutung. Risse entstehen, wenn die auftretende Zugspannung die Zugfestigkeit überschreitet. Risse können sowohl durch Last- als auch durch Zwangsbeanspruchung entstehen und führen je nach Rissbreite und Risstiefe zu einem Wasserdurchtritt. Bei unbewehrtem Beton besteht die Gefahr, dass sich weite aufklaffende Einzelrisse ausbilden, die die Wasserundurchlässigkeit auch gefährden.

Wenn eine Stabbewehrung durch Stahlfasern ersetzt wird, dürfen die wichtigen Eigenschaften des Stahlfaserbetons nicht schlechter als die eines bewehrten WU-Betons ausfallen. Dies gilt sowohl für jungen als auch für erhärteten Beton.

10 Die äquivalenten Biegezugversuche an Faser- und Stahlbetonproben

10.1 Arbeitsvermögen

Ein Nachteil von nicht faserbewehrten Beton ist seine geringe Duktilität (Verformbarkeit). Durch die Faserzugabe kann diese günstig beeinflusst werden. Die erreichbare Duktilität des Betons hängt hauptsächlich von 1) dem Fasergehalt, von 2) der Faserorientierung und der Faserverteilung und von 3) den übertragbaren Verbundspannungen zwischen Faser und Matrix ab.

An stahlfaserbewehrten Beton wird im Biegeversuch das Arbeitsvermögen nach dem DBV-Merkblatt Bemessungsgrundlagen für Stahlfaserbeton im Tunnelbau 1996 (Abb.1) ermittelt. Die daraus resultierende „äquivalente Biegezugfestigkeit" kann bei der Bemessung nach Zustand II (gerissener Beton) berücksichtigt werden.

Nach dem Erreichen der Höchstlast bleibt im Gegensatz zu Beton ohne Fasern ein Resttragvermögen erhalten, das vom Widerstand der den Riss überbrückenden Fasern gegen das Herausziehen herrührt. Das verbleibende Tragvermögen nach dem Überschreiten der Höchstlast kann bei überwiegend verformungsbeanspruchten Bauteilen bei der Sicherheitsbetrachtung über die äquivalente Biegezugfestigkeit berücksichtigt werden.

10.2 Festigkeitseigenschften

Die Fasergehalte, welche bei üblichen Verarbeitungsmethoden im Normal- und Spritzbeton verwendet werden, sind unterkritisch. So verändert sich die Druckfestigkeit im erhärteten Zustand durch Faserzugabe nur unwesentlich. Die Zug-, Biegezug- und Spaltzugfestigkeit liegen hingegen üblicherweise höher als bei Beton ohne Fasern. Dies ist auf die im Beton fein verteilten Fasern zurückzuführen. Diese überbrücken Schwachstellen und Mikrorisse des Betons. Gleichmäßigere Spannungsverteilungen sind die Folge.

Die Zugfestigkeit der Stahlfasern kann die Eigenschaften des erhärteten Stahlfaserbetons nach dem Auftreten von Rissen beeinflussen. Aber die Zugfestigkeit der Stahlfasern wird in der Regel nicht erreicht. Die Fasern werden herausgezogen, im jungen Alter sogar deutlicher. Der Versagensmechanismus hat gezeigt, dass nach dem Überschreiten der zulässigen Zugspannung im Beton (σ_{bz}) die Zugkräfte von den Fasern aufgenommen wurden.

10.3 Durchführung der Versuche

Für die Versuche im jungen Alter wurden die Proben nach dem Ausschalen direkt geprüft. Für die Versuche nach 14 und 28 Tagen lagen die Proben nach der Herstellung einen Tag in der Schalung. Dann wurden die Proben ausgeschalt und unter Wasser gelagert. Einen Tag vor der Prüfung wurden die Proben aus dem Wasser herausgeholt und für die Prüfung vorbereitet.

Insgesamt wurde je Serie 3 Stahlfaserbetonproben mit unterschiedlichem Fasergehalt hergestellt und nach 10, 18, 30, 48, 72 Stunden sowie 14 und nach 28 Tagen die äquivalente Biegezugfestigkeit geprüft.

Die Prüfung wurde nach dem im DBV-Merkblatt „Bemessungsgrundlagen für Stahlfaserbeton im Tunnelbau“ 1996 beschriebenen Verfahren und nach RILEM durchgeführt (Abschn. 3.3 und 3.5). Bei der Durchführung sollte die mittlere Zunahme des Kolbenwegs 0,2 mm/min betragen.

Nach DBV-Merkblatt und RILEM ist das Belastungs-Durchbiegungs-Diagramme bis zu der Durchbiegung der Probe von 3,5 mm oder 3,0 mm grafisch aufzunehmen. Nach ASTM soll der Versuch mindestens 15 min dauern.

Die Abmessungen betragen:

- B x H x L = 150 mm x 150 mm x 700 mm (Spannweite 600 mm) nach DBV-Merkblatt,
- B x H x L = 150 mm x 150 mm x 550 mm (Spannweite 500 mm) nach RILEM.

Die von ASTM vorgeschlagenen Abmessungen sind (Tabelle 3-1):

- B x H x L = 100 mm x 100 mm x min.(50+3x100) mm
- B x H x L = 150 mm x 150 mm x (50+3x150) mm, wenn die Faserlänge zwischen 50 und 75 mm ist.

10.4 Vergleich von Faserbeton und Stahlbeton im jungen Alter (von 10 Std. bis 72 Std.)

10.4.1 Auswertung nach ASTM C 1018 - 96b

Der ASTM C 1018 „ Standard Test for Flexural Toughness and First Crack Strength of Fibre-Reinforced Concrete“ ist eine der meisten verwendeten Methode zur Beschreibung der Zähigkeit von Faserbeton (Abschn. 3.1). Auswertung des Versuches (Abb. 3-2):

Biegezähigkeitsfaktor:

$$I_5 = OACD/OAB \quad (10\text{-}1)$$

$$I_{10} = OAEF/OAB \quad (10\text{-}2)$$

$$I_{20} = OAGH/OAB \quad (10\text{-}3)$$

Restfestigkeitsfaktor:

$$R_{5,10} = 20\,(I_{10} - I_5) \quad (10\text{-}4)$$

$$R_{10,20} = 10\,(I_{20} - I_{10}) \quad (10\text{-}5)$$

Verwendete Abkürzungen:

SFBA XY: Stahlfaserbeton mit X kg/m³ A-Faser, im Alter von Y Stunden; z.B.: SFBA 2010: Stahlfaserbeton mit 20 kg/m³ A-Faser im Alter von 10 Stunden.

SFBB XY: Stahlfaserbeton mit X kg/m³ B-Faser, im Alter von Y Stunden,

SB Y: Stahlbeton im Alter von Y Stunden; z.B.: SB 72: Stahlbetonprobe im Alter von 72 Stunden

Tabelle 10-1: Beispiele für Zähigkeitsindices als Vielfaches der Durchbiegung beim 1. Riss (I_5, I_{10} und I_{20} nach ASTM C 1018-96b; I_{30} und I_{60} nach ASTM C 1018-84)

Werte der Zähigkeitsindices			
	Nullbeton	Elasto-plastisches Material	Beobachteter Bereich für Faserbeton
I_5	1	5	1 bis 6
I_{10}	1	10	1 bis 12
I_{20}	1	20	1 bis 25
I_{30}	1	30	1 bis 32
I_{60}	1	60	1 bis 50

10.4.1.1 Prüfungen im Alter von 10 Stunden

Die Stahlfaserbetonproben mit 20 kg/m³ A-Fasern 10 Stunden nach dem Betonieren haben ein relativ schlechtes Nachbruchverhalten gezeigt (Abb. 10-1). Der erste Riss ist ca. bei einer Durchbiegung von 0,04 mm aufgetreten. Die Werte von 3δ und 5,5δ liegen in der instabilen Zone. Nach dem ersten Auftreten eines Risses sind die Proben nicht mehr weiter beanspruchbar und haben eine so große instabile Zone gezeigt, dass die Bewertung von I_5 und I_{10} unmöglich war.

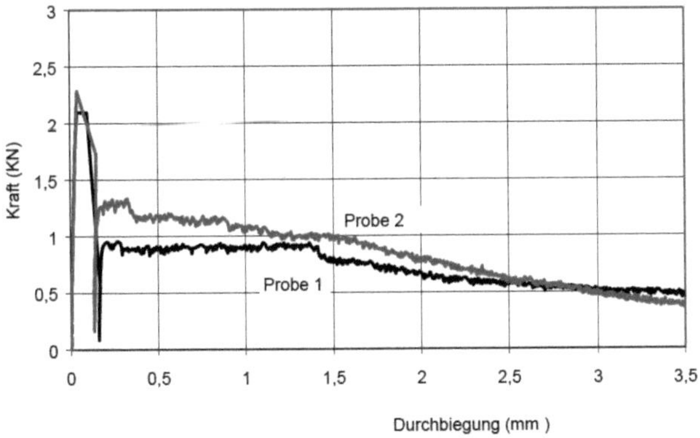

Abb. 10-1: Äqu. BZ. für SFBA 20 nach 10 Stunden

Die Stahlfaserbetonproben mit 40 kg/m³ Faser A im Alter von 10 Stunden haben eine deutlich höhere Zähigkeit und ein stark zugenommenes Arbeitsvermögen gegenüber dem SFB mit 20 kg/m³ Faser nach dem Auftreten des ersten Risses gezeigt (Abb. 10-2).

Der erste Riss ist ca. bei einer Durchbiegung von 0,05 bis 0,06 mm aufgetreten. Die instabilen Bereiche nach dem Auftreten des ersten Risses sind gegenüber den Proben mit 20kg/m³ Fasern viel kleiner. Die Auswirkung der instabilen Zone auf die Auswertung der Zähigkeitsindices I_5 und I_{10} ist auch nicht mehr gegeben.

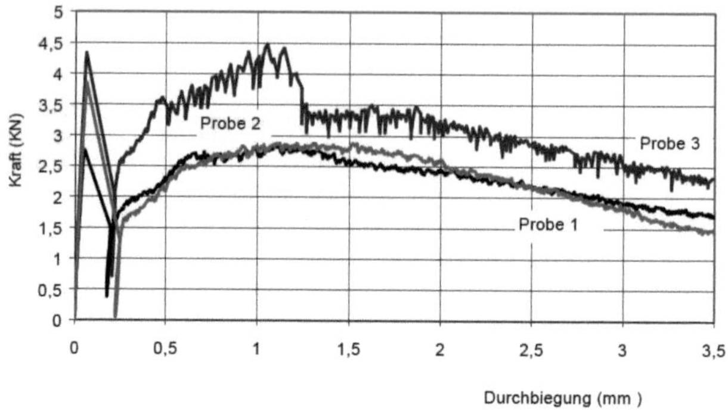

Abb. 10-2: Äqu. BZ. für SFBA 40 nach 10 Stunden

Die Stahlfaserbetonproben mit 60 kg/m³ Faser A nach 10 Stunden haben ein besseres „Post-Crack-Verhalten gezeigt (Abb. 10-3). Der erste Riss ist auch bei einer Durchbiegung von 0,05 bis 0,06 mm aufgetreten. Die instabilen Bereiche nach dem Auftreten des ersten Risses sind gegenüber den Proben mit 40 kg/m³ Faser noch kleiner.

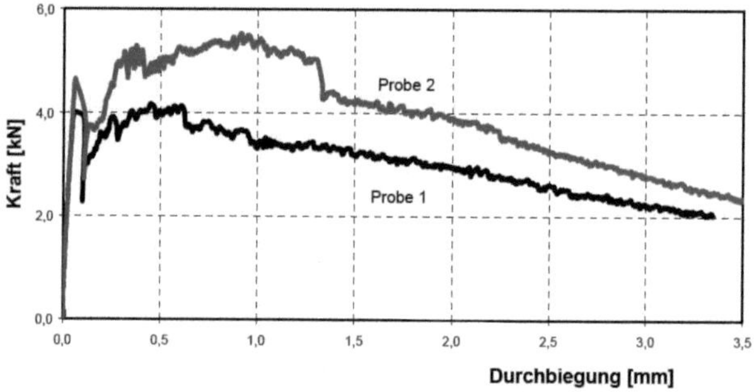

Abb. 10-3: Äqu. BZ. für SFBA 60 nach 10 Stunden

Die Stahlbetonproben (Bewehrungsgrad μ = 0,25%) nach 10 Stunden haben auch ein gutes „Post-Crack-Verhalten nach dem Auftreten des ersten Risses gezeigt. Der erste Riss tritt etwa bei gleicher Dehnung auf wie bei den Proben mit 40 und 60 kg/m³ Fasern, nämlich bei einer Durchbiegung von 0,05 bis 0,06 mm.

Die Abb. 10-4 zeigt die Gegenüberstellung der Mittelwerte des Arbeitsvermögens von Stahlfaserbetonproben mit unterschiedlichem Fasergehalten und von Stahlbetonproben (μ = 0,25%) im Alter von 10 Stunden.

Gegenüber von SFB 60 ist die Belastungsfähigkeit der Stahlbetonprobe nach dem ersten Riss bis zu einer Durchbiegung von ca. 1 mm weiter angestiegen, und danach auch schneller abgesunken. Für baupraktischen Einsatz sind die 2 Varianten, mittige Stabbewehrung mit gewähltem Querschnitt und 60 kg/m³ Fasergehalt bezüglich des Biegeverhaltens im Alter von 10 Stunden aber etwa gleichwertig.

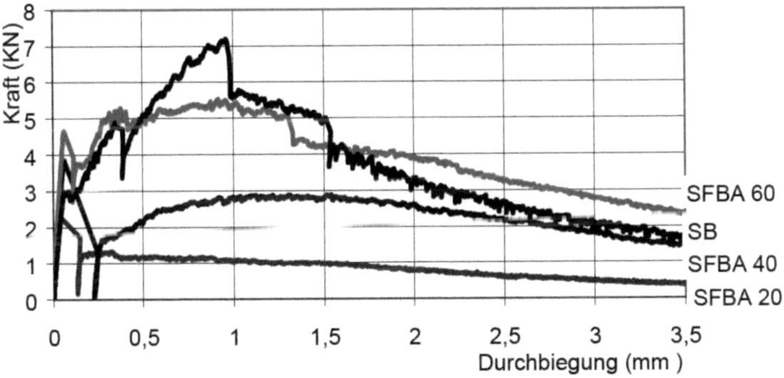

Abb. 10-4: Gegenüberstellung der Äqu. BZ. für SFBA und SB nach 10 Stunden

In Abb. 10-4 ist es ersichtlich, dass die größte Last beim ersten Riss nicht nur von dem Betonalter abhängig ist sondern mit dem Fasergehalt steigt. Für dieses Phänomen könnte man zwei Erklärungen geben:

1. Es wäre die normale Streuung beim Betonversuch: Der Unterschied der größten Last zwischen Stahlbetonproben und Stahlfaserbetonproben mit 20 kg/m³ A-Fasern kann eine normale Streuung beim Betonversuch sein.
2. Die Stahlfasern können die innere Rissbildung im Beton wirksam behindern. Aufgrund der homogen über den Querschnitt verteilten Fasern bildet sich im Stahlfaserbeton eine Vielzahl feinster, voneinander unabhängiger Mikrorisse, anstelle weniger, durchgängiger Risse mit größeren Abmessungen.

Es gibt im strengen Sinn keinen ersten Riss. Wenn der Balken belastet wird, entstehen die Mikrorisse. Die Mikrorisse entwickeln sich mit der Belastung fortschreitend zum Makroriss, weil die Mikrorisse durch die Faserverteilung nicht miteinander verbunden sind, wird die größte Last bei dem so genannten ersten Riss erhöht. Wie im Abschn. 7.3 beschrieben wurde, haben die Faser Auswirkung auf die Betoneigenschaft (Druckfestigkeit, E-Modul und Verformungsverhalten) im jungen Alter.

10.4.1.2 Prüfungen im Alter von 18 Stunden

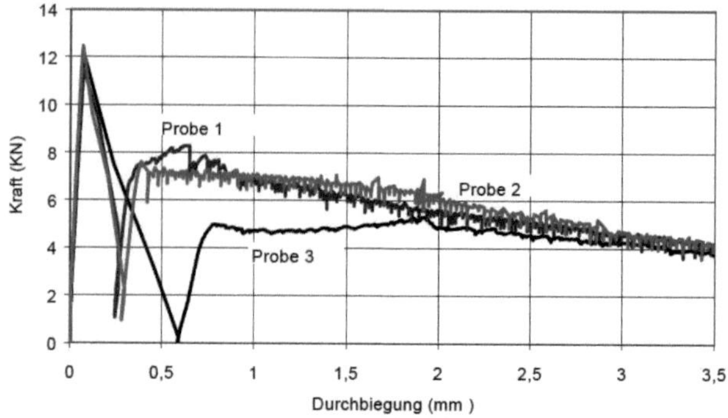

Abb. 10-5: Äqu. BZ. für SFBA 20 nach 18 Stunden

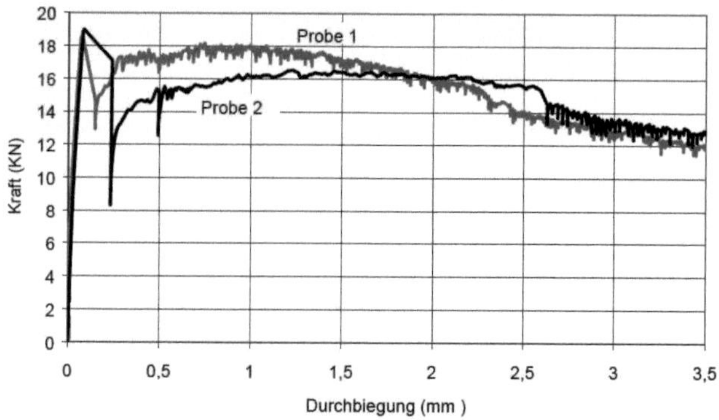

Abb. 10-6: Äqu. BZ. für SFBA 40 nach 18 Stunden

Die Versuche mit Stahlfaserbetonproben und Stahlbetonproben im Alter von 18 Stunden mit 20 kg/m³ A-Fasern haben ähnliche Eigenschaften wie nach 10 Stunden gezeigt (Abb.10-5). Mit der Erhärtung ist der Verbund zwischen

Fasern und der Betonmatrix besser geworden. Der erste Riss ist gegenüber der Proben nach 10 Stunden bei einer Durchbiegung von ca. 0,07 mm aufgetreten. Nachdem der Riss gekommen ist, weist die Last-Verformungskurve eine starke instabile Zone auf.

Die Versuche mit Stahlfaserbetonproben mit 40 kg/m³ A-Fasern im Alter von 18 Stunden haben auch ähnliche Eigenschaften wie SFBA 40 nach 10 Stunden gezeigt. Der erste Riss ist bei einer Durchbiegung von ca. 0,08 mm aufgetreten.

Die Abb. 10-7 und 10-8 zeigen den Verlauf des Arbeitsvermögens von SFBA 60 und von SB nach 18 Stunden vor und nach dem Auftreten des ersten Risses. Der erste Riss für SFBA 60 ist bei einer Durchbiegung von ca. 0,08 mm und für SB bei ca. 0,07 mm aufgetreten.

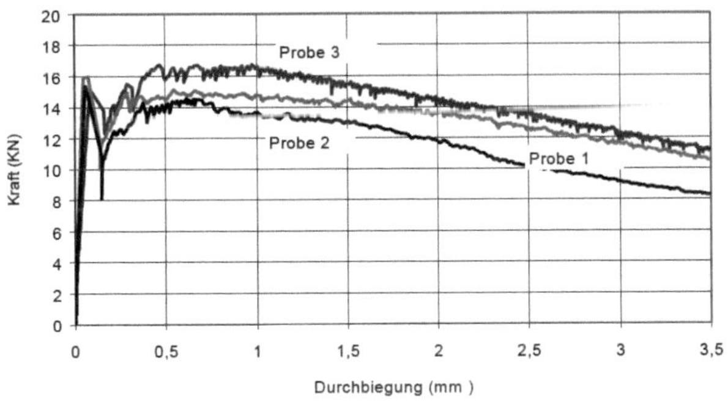

Abb. 10-7: Äqu. BZ. für SFBA 60 nach 18 Stunden

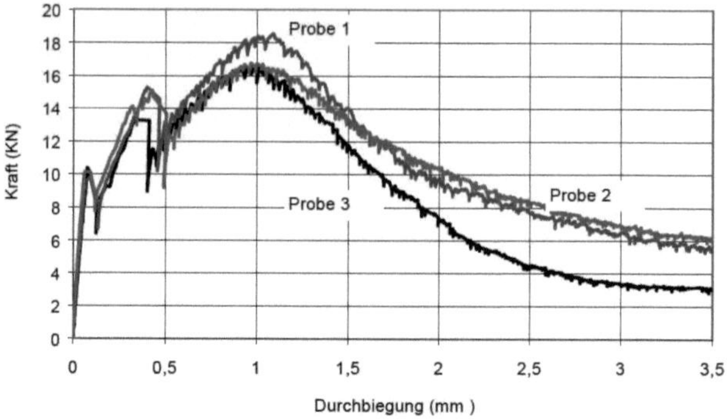

Abb. 10-8: Äqu. BZ. für SB nach 18 Stunden

Die Abb. 10-9 zeigt die Gegenüberstellung der Mittelwerte des Arbeitsvermögens von SFB-Proben mit unterschiedlichem Fasergehalt und von SB-Proben im Alter von 18 Stunden. Gegenüber von SFBA 40 und SFBA 60 hat die Stahlbetonprobe ähnlich wie in Abb. 10-4 noch einen weiteren kleineren instabilen Bereich nach dem ersten Riss gezeigt. Die Belastungsfähigkeit der Stahlbetonprobe ist bis einer Durchbiegung von ca. 1 mm weiter angestiegen, und danach auch steiler als SFBA 40 und SFBA 60 abgesunken.

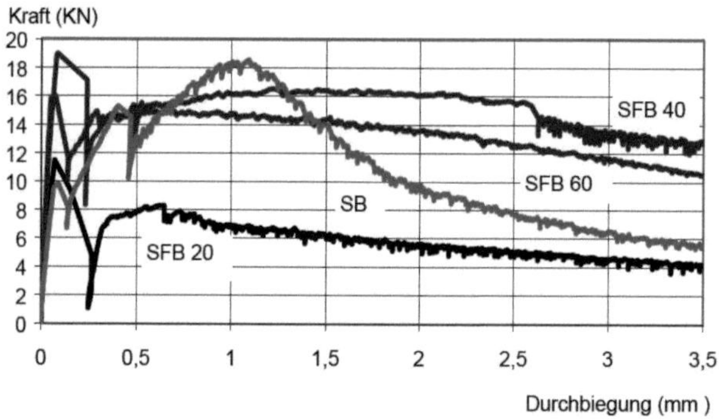

Abb. 10-9: Gegenüberstellung der Äqu. BZ. für SFBA und SB nach 18 Stunden

Ähnlich wie bei den Versuchen nach 10 Stunden (Abb. 10-4) ist aus Abb. 10-9 ersichtlich, dass die Last beim ersten Riss auch mit dem Fasergehalt steigt. Diese Erscheinung kommt nur im jungen Alter (vor 18 Stunden) vor, weil zu dieser Zeit für Stahlbeton die Verbundwirkung und die Reibungswirkung zwischen Stahlbewehrung und der Betonmatrix noch relativ schwächer als die im erhärteten Beton sind. Stahlbetonproben sind nach einer gewissen Durchbiegung nicht mehr weiter belastbar. Gerade in diesem frühen Betonalter können sich die Stahlfasern in der Betonmatrix besser

- gegen die Ausbreitung von Mikrorissen
- bei der Überbrückung der Makrorisse

auswirken (Abb. 10-5 und 10-10).

Warum bei 18 Stunden SFBA 40 ungewöhnlich ein generell besseres Arbeitsvermögen als SFBA 60 (Abb. 10-6, 10-7 und 10-9) gezeigt hat, ist noch nicht erklärbar.

10.4.1.3 Prüfungen im Alter von 30 Stunden

Die Abb. 10-10, 10-11, 10-12 und 10-13 zeigen den Verlauf des Arbeitsvermögens von SFBA mit unterschiedlichem Fasergehalt und von SB im Alter von 30 Stunden.

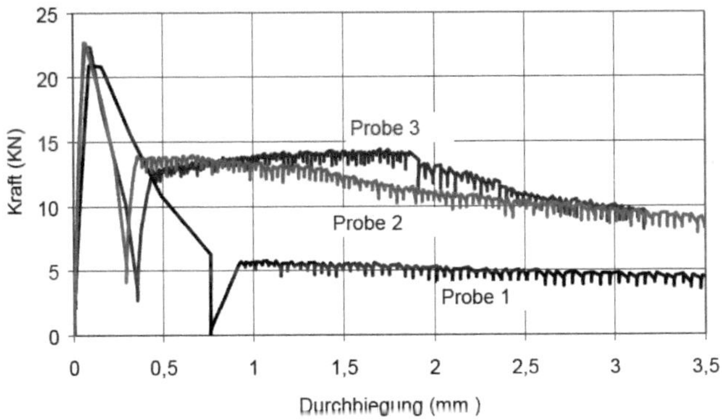

Abb. 10-10: Äqu. BZ. für SFBA 20 nach 30 Stunden

Der erste Riss ist bei einer Durchbiegung von ca. 0,08 mm für SFBA 20, von ca.0,09 mm für SFBA 40, ca. 0,11 mm für SFBA 60 und für bei einer Durchbiegung von ca. 0,1 mm SB aufgetreten.

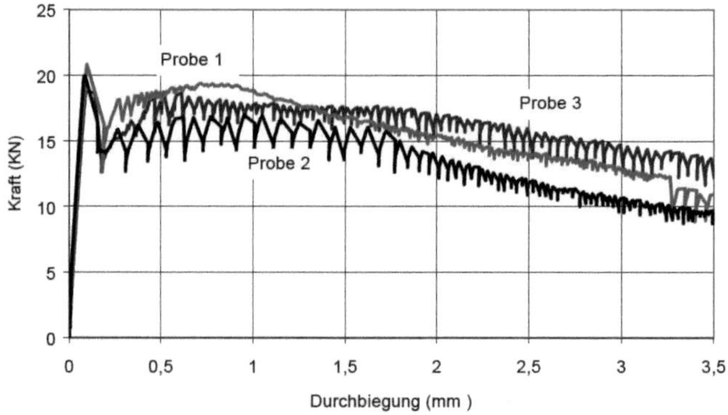

Abb. 10-11: Äqu. BZ. für SFBA 40 nach 30 Stunden

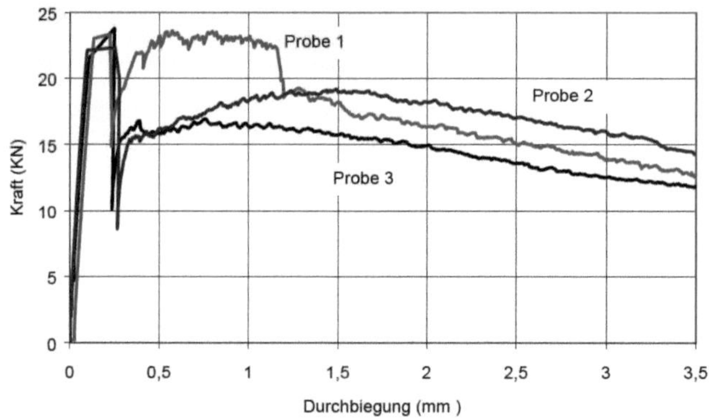

Abb. 10-12: Äqu. BZ. für SFBA 60 nach 30 Stunden

Im Vergleich zu den Versuchen im Alter von 10 und 18 Stunden (Abb. 10-4 und 10-9) haben die Stahlbetonproben im Alter von 30 Stunden (Abb.10-13) eine ganz andere und stabilere Tendenz, besonders bei Durchbiegung über 1mm. Dies könnte auf ein besseres Verbundverhalten mit zunehmendem Alter zwischen Stahlbewehrung und Betonmatrix zurückzuführen sein.

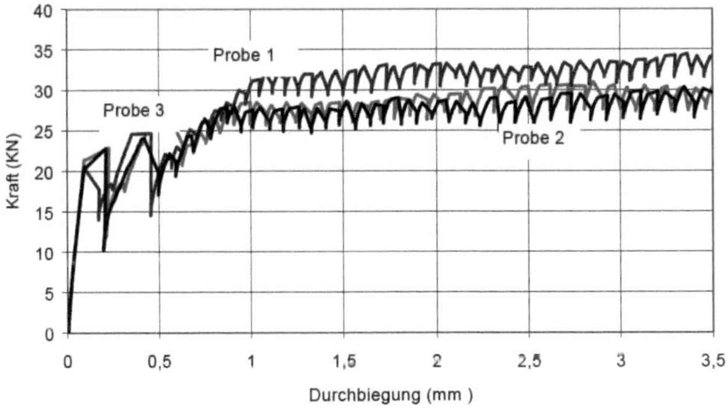

Abb. 10-13: Äqu. BZ. für SB nach 30 Stunden

Die Abb. 10-14 zeigt die Gegenüberstellung der Mittelwerte des Arbeitsvermögens von SFB-Proben mit unterschiedlichem Fasergehalt und von Stahlbetonproben im Alter von 30 Stunden. Im Vergleich zu Abb. 10-4 und 10-9 gibt es folgende Unterschiede:

1. Mit zunehmender Erhärtung des Betons wird die größte Last vor dem ersten Riss nicht mehr durch den Fasergehalt beeinflusst.
2. Das „post-crack“ Verhalten bis einer Durchbiegung von 3,5 mm von den SB-Proben ist dem entsprechenden SFBA 40 und 60 deutlich überlegen, weil die Verbundkräfte zwischen Bewehrung und Beton im Alter von 30 Stunden wesentlich wirksamer geworden sind.
3. Der Unterschied zwischen SFBA 40 und dem SFBA 60 ist sehr klein.

Die Ursache für den 2. Punkt liegt darin, dass im Spannungszustand I (ungerissen) die Verbundkräfte daraus abgeleitet werden, dass Stahl und Beton gleiche Längenänderungen erleiden. Sie sind dann in der Regel so gering, dass sie nicht nachgewiesen zu werden brauchen.

Im Spannungszustand II (gerissen) muss der Verbund die Änderungen der Zugkräfte im Stahl zwischen benachbarten Rissen auf den Beton übertragen.

Da der Beton mit der Zeit immer fester wird, werden auch immer stärkere Verbundkräfte zur Verfügung gestellt. Dadurch steigt das Arbeitsvermögen des Stahlbetons schneller als jenes von SFB an.

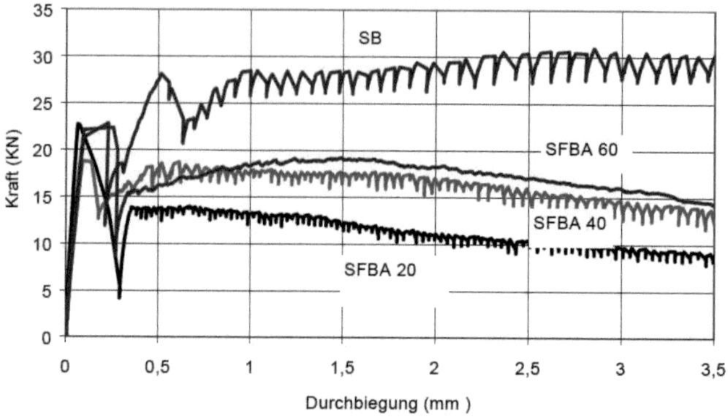

Abb. 10-14: Gegenüberstellung der Äqu. BZ. für SFBA und SB nach 30 Stunden

10.4.1.4 Prüfungen im Alter von 48 Stunden

Die Abb. 10-15, 10-16, 10-17 und 10-18 zeigen den Verlauf des Arbeitsvermögens von SFBA mit unterschiedlichem Fasergehalt und von SB im Alter von 48 Stunden gezeigt. Der erste Riss ist bei einer Durchbiegung von ca. 0,1 mm für SFBA 20, von ca.0,09 mm für SFBA 40, ca. 0,1 mm für SFBA 60 und bei einer Durchbiegung von ca. 0,1 mm für SB aufgetreten.

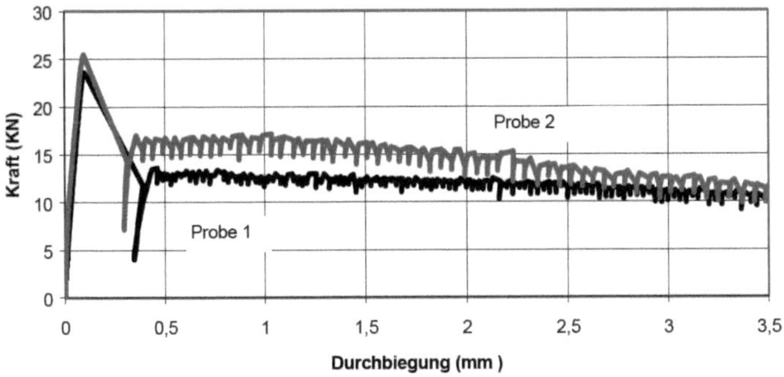

Abb. 10-15: Äqu. BZ. für SFBA 20 nach 48 Stunden

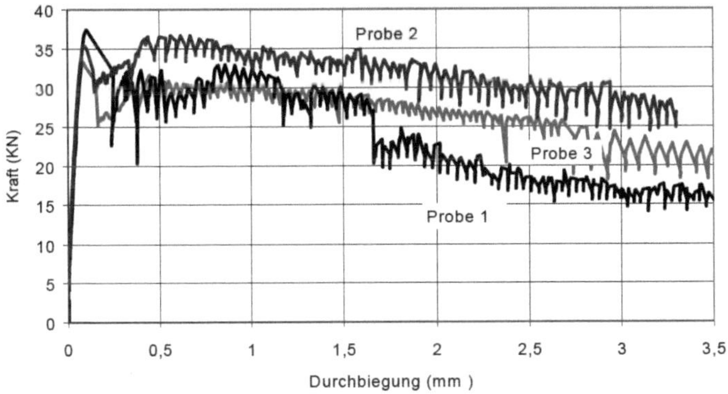

Abb. 10-16: Äqu. BZ. für SFBA 40 nach 48 Stunden

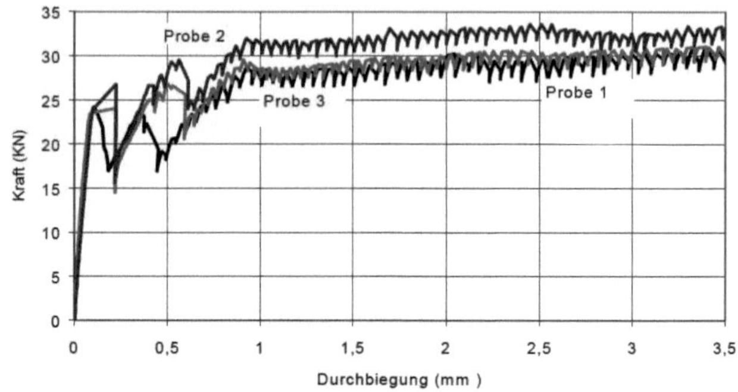

Abb. 10-17: Äqu. BZ. für SFBA 60 nach 48 Stunden

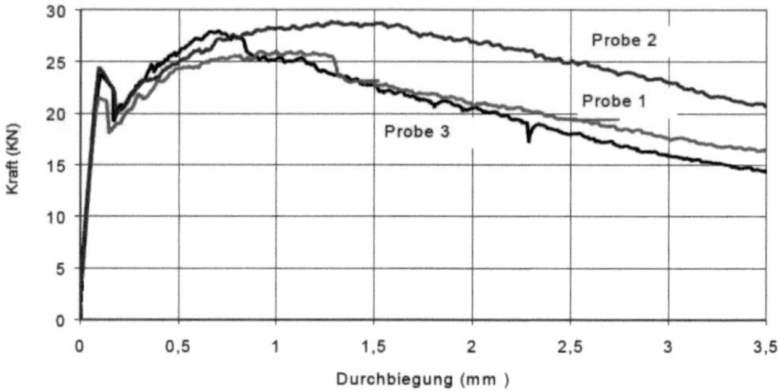

Abb. 10-18: Äqu. BZ. für SB nach 48 Stunden

Die Abb. 10-19 zeigt eine Gegenüberstellung der Mittelwerte des Arbeitsvermögens von SFB-Proben mit unterschiedlichem Fasergehalt und von Stahlbetonproben im Alter von 48 Stunden. Es ist ersichtlich:

1. dass von dem ersten Riss bis zur Durchbiegung von ca. 1,4 mm das Arbeitsvermögen von dem SFBA 40 dem entsprechenden Wert vom SB überlegen ist. Danach, mit dem Ausziehen der Fasern in der Zugzone, sinkt das Arbeitsvermögen des Stahlfaserbetons ab. Dagegen verläuft das Arbeitsvermögen vom SB kontinuierlich.
2. ähnlich wie bei den Versuchen nach 18 Stunden (Abb. 10-10) hat SFBA 40 wieder ein besseres Arbeitsvermögen als SFBA 60 (Abb. 10-17, 10-18 und 10-20) gezeigt.

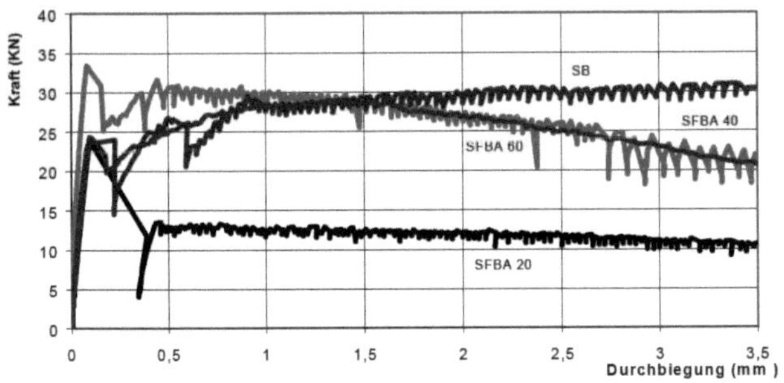

Abb. 10-19: Gegenüberstellung der Äqu. BZ. für SFBA und SB nach 48 Stunden

10.4.1.5 Prüfungen im Alter von 72 Stunden

In Abb. 10-20 wird eine Gegenüberstellung der Mittelwerte des Arbeitsvermögens von SFB mit unterschiedlichem Fasergehalt und von SB im Alter von 72 Stunden gezeigt. Der erste Riss tritt bei einer Durchbiegung von ca. 0,11 mm für SFBA 20, von ca.0,08 mm für SFBA 40, ca. 0,05 mm für SFBA 60 und ca. 0,1 mm für SB auf.

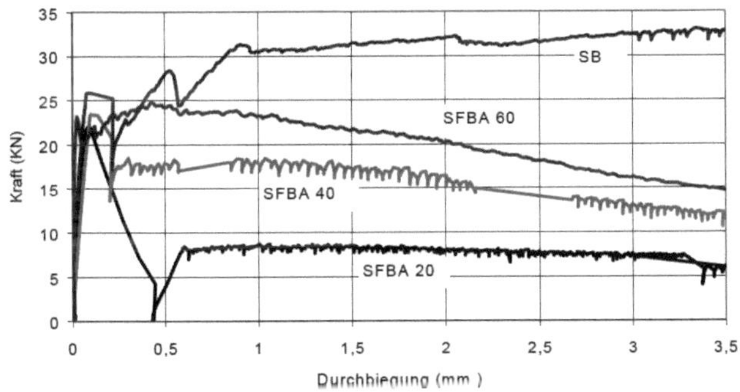

Abb. 10-20: Gegenüberstellung der Äqu.BZ. für SFBA und SB nach 72 Stunden

Wenn man die Versuche von SFBA 20 von 10 Stunden bis 72 Stunden vergleicht (Abb. 10-1, 10-4, 10-9 und 10-20), wird erkannt, dass die Kraft nach dem ersten Riss in der instabilen Zone rasant auf Null zurückgeht. Das bedeutet, dass die Proben fast durchgebrochen sind. Dies darf in der Praxis natürlich nicht passieren.

Wie schon vorher beobachtet, hat SFBA 60 eine deutlich bessere stabile Zone als SFBA 40 nach dem Auftreten des ersten Risses gezeigt. Im Vergleich mit dem Diagramm von 48 Stunden ist es ersichtlich, dass die durchschnittlichen Werte nach 72 Stunden wieder schlechter als die Werte im Alter von 48 Stunden sind.

Es ist zu ersehen:

1. Ähnlich wie im Versuch nach 30 und 48 Stunden (Abb. 10-14 und 10-19) hat die Stahlbetonprobe eine generelle kontinuierlichere und steigende Tendenz und ein besseres Arbeitsvermögen gegenüber dem Stahlfaserbeton gezeigt.

2. Im Vergleich zu Stahlbetonproben und Stahlfaserbetonproben mit 20 und 40 kg/m³ A-Fasern hat SFBA 60 die kleinste instabile Zone nach dem Auftreten des ersten Risses gezeigt.

3. Anders als bei den Versuchen nach 18, 30 und 48 Stunden ist das Arbeitsvermögen von SFBA 60 dem entsprechenden Wert von SFBA 40 überlegen.

4. Der Effekt mit 20 kg/m³ A-Faser ist gegenüber den frühen Prüfzeiten zu den höheren Fasergehalten deutlich schlechter.

10.4.1.6 Bewertung über Zähigkeitsindices und Restfestigkeitsfaktoren

Die Zähigkeitsindices I_5, I_{10} und I_{20} sowie I_{30} von SFBA mit dem unterschiedlichen Fasergehalt und zu dem unterschiedlichen Zeitpunkt sind in Tabelle 10-2 aufgelistet.

Tabelle 10-2: Gegenüberstellung der Zähigkeitsindices (I) bei Auswertung nach ASTM von Stahlfaserbetonproben mit unterschiedlichen Fasergehalten und Stahlbetonproben im Alter von 10 bis 72 Stunden

Zeit	I_5	I_{10}	I_{20}	I_{30}	δ_1=1.Riss(mm)
SFBA 2010	*	6,05	10,75	14,76	0,04
SFBA 2018	*	5,63	10,01	14,47	0,07
SFBA 2030	*	6,08	10,81	15	0,08
SFBA 2048	*	6,05	11,02	15,85	0,10
SFBA 2072	*	4,81	7,8	10,84	0,11
SFBA 4010	4,35	6,54	12	20,57	0,06
SFBA 4018	3,75	6,94	13,71	20,73	0,08
SFBA 4030	3,88	7,67	15,29	23,22	0,09
SFBA 4048	3,65	6,9	13,65	20,28	0,09
SFBA 4072	3,085	7,13	13,87	20,9	0,08
SFBA 6010	3,85	7,89	16,67	25,55	0,06
SFBA 6018	3,69	7,39	15,18	22,9	0,08
SFBA 6030	4,59	8,56	16,63	24,08	0,11
SFBA 6048	3,99	8,11	17,51	26,49	0,10
SFBA 6072	3,79	7,02	14,8	22,55	0,06
SB 10	4,26	9,95	23,9	40,97	0,06
SB 18	4,28	9,81	21,98	36,45	0,07
SB 30	4,41	9,24	20,04	31,55	0,1
SB 48	3,97	7,85	16,44	27,33	0,1
SB 72	3,81	7,99	16,47	26,17	0,1

Im Vergleich mit Tabelle 10-1 kann man sehen, dass I_5 von SFBA 4010, SB10 und SB18 knapp unter der elasto-plastischen Grenze liegen und den entsprechenden Werten von SFBA 6010 und 6018 überlegen sind.

Die Werte von I_{10} für SB vor 30 Stunden liegen auch knapp unter der elasto-plastischen Grenze (Siehe Abb.10-22). Aber die Werte von I_{20} und I_{30} für SB vor 30 Stunden sind über der elasto-plastischen Grenze. Die Abb. 10-21 zeigt die Entwicklung der Zähigkeitsindices (I_5) von SFBA mit unterschiedlichen Fasergehalten und von SB. Es ist ersichtlich:

1. Der Vergleich der Ergebnisse zwischen Tabelle 10-1, 10-2 und Abb.10-26 zeigt, dass I_5 von SFBA 40 im Alter von 10 Stunden 85% der elasto plastischen Grenze erreicht und den entsprechenden Werten von SFBA 60

und SB überlegen ist, also SFBA 40 hat den besten Wert von I_5 bei 10 Stunden gezeigt.
2. Ab 18 Stunden sind die Werte von SFB 60 und SB dem entsprechenden Wert vom SFB 40 überlegen.
3. Der Unterschied vor 48 Stunden ist zwischen SFBA 60 und SB sehr klein und ab 48 Stunden besteht kaum ein Unterschied.

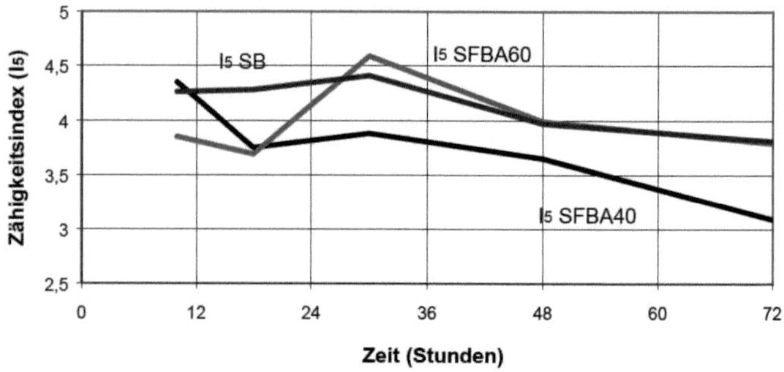

Abb. 10-21: Entwicklung der Zähigkeitsindices (I_5) von SFB und von SB nach ASTM

Die Abb. 10-22 und 10-23 zeigen eine ähnliche Entwicklungstendenz für die Zähigkeitsindices (I_{10} und I_{20}) von SFBA mit unterschiedlichen Fasergehalten und von SB. Es ist ersichtlich, dass die Zähigkeitsindices sich mit steigendem Fasergehalt erhöhen, besonders vor 72 Stunden.

I_{10} von SB zeigt nach 10 Stunden den größten Wert von allen Proben, und zwar knapp unter der elasto-plastischen Grenze. SFBA 60 hat im Alter von 30 Stunden den besten Wert aller Faserbetonproben gezeigt.

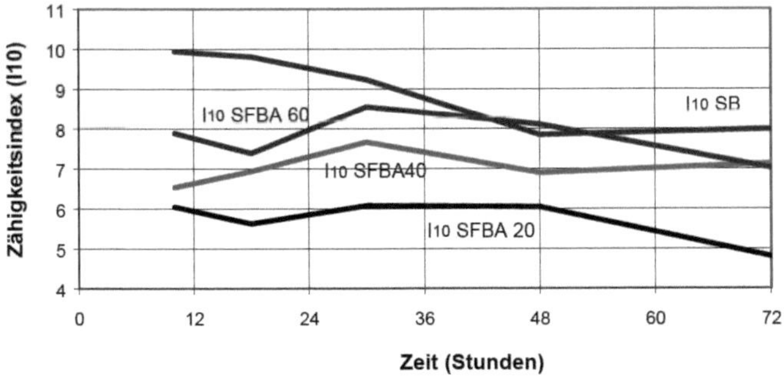

Abb. 10-22: Entwicklung der Zähigkeitsindices (I_{10}) von SFB und von SB nach ASTM

Bei größerer Durchbiegung und der Aufweitung der Risse ist der Unterschied bei I_{20} und I_{30} zwischen SFBA 40 und 60 deutlicher geworden, I_{20} und I_{30} von SB sind bis 30 Stunden über der elasto-plastischen Grenze, I_{20} und I_{30} von SFBA 60 zeigen die besten Werte von allen Faserbetonen.

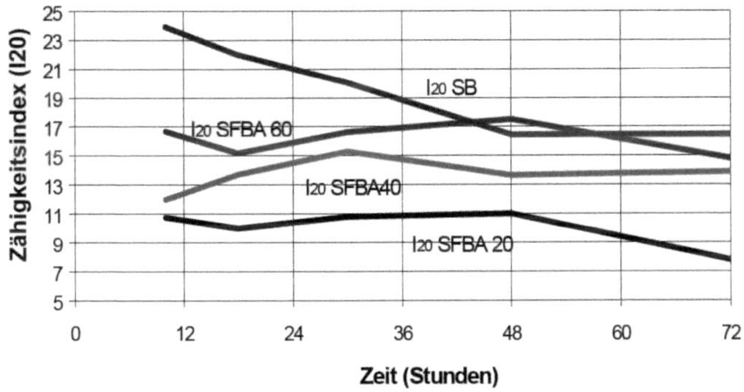

Abb. 10-23: Entwicklung der Zähigkeitsindices (I_{20}) von SFB und von SB nach ASTM

Die Restfestigkeitsfaktoren $R_{5,10}$, $R_{10,20}$ und $R_{10,30}$ von SFBA mit unterschiedlichen Fasergehalten und zu unterschiedlichen Zeitpunkten sind in Tabelle 10-3 aufgelistet.

Tabelle 10-3: Gegenüberstellung der Restfestigkeitsfaktoren (R) nach ASTM von Stahlfaserbeton mit unterschiedlichen Fasergehalten und Stahlbetonproben von 10 bis 72 Stunden

Zeit	$R_{5,10}$	$R_{10,20}$	$R_{10,30}$
SFBA 2010	*	42,06	41,07
SFBA 2018	*	53,67	51,55
SFBA 2030	*	51,09	50,93
SFBA 2048	*	49,75	49,1
SFBA 2072	*	29,89	30,14
SFBA 4010	36,91	59,16	65,94
SFBA 4018	63,87	67,63	68,94
SFBA 4030	75,71	76,21	77,78
SFBA 4048	65,2	67,41	66,87
SFBA 4072	75,93	77,29	68,85
SFBA 6010	80,8	87,79	88,3
SFBA 6018	74,19	77,89	77,53
SFBA 6030	79,2	80,74	77,65
SFBA 6048	82,51	93,96	91,92
SFBA 6072	64,55	77,77	77,66
SB 10	113,79	139,56	155,13
SB 18	110,55	121,71	133,2
SB 30	96,58	108,11	118,23
SB 48	77,6	94,96	75,61
SB 72	83,58	84,78	90,89

Abb. 10-30, 10-31 und 10-32 zeigen die Gegenüberstellung und die Entwicklung der Restfestigkeitsfaktoren (R) zwischen SB und SFBA mit unterschiedlichen Fasergehalten.

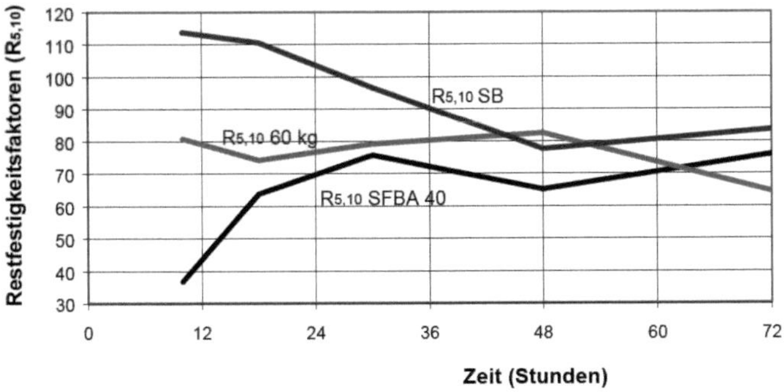

Abb.10-24: Entwicklung der Restfestigkeitsfaktoren ($R_{5,10}$) von SFB und von SB nach ASTM

Die Werte von $R_{5,10}$ für SFBA 60 sind den entsprechenden Werten von SFBA 40 vor 48 Stunden überlegen. Aber im Alter von 72 Stunden hat SFBA 40 einen besseren Wert als SFBA 60 gezeigt (Abb,10-24). Ähnlichen Eigenschaften werden auch in Abb.10-25 gezeigt. Es ist ersichtlich, dass sich die $R_{10,20}$ bis 48 Stunden mit steigendem Fasergehalt erhöhen, und zwar je jünger der Beton ist, umso deutlicher und regelmäßiger zeigt sich diese Erhöhung.

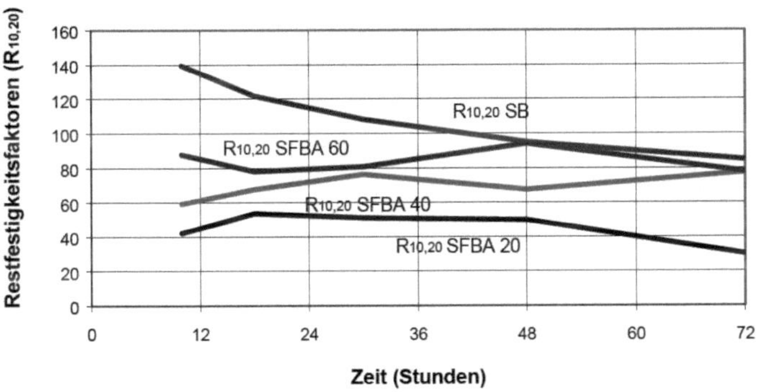

Abb.10-25: Entwicklung der Restfestigkeitsfaktoren ($R_{10,20}$) von SFB und von SB nach ASTM

10.4.2 Auswertung nach DBV-Merkblatt

Die Ermittlungen des Arbeitsvermögens D_{BZ} und der Biegezugfestigkeit β_{BZ} erfolgen folgendermaßen:

Arbeitsvermögen: $D_{BZ} = \int_0^{\delta} F(x)dx$ (10-6)

Biegezugfestigkeit: $\beta_{BZ} = M_w / W = F_u * l / b * d^2$ (N/mm²) (10-7)

mit:

F_u = Maximalwert der Kraft im Intervall von 0,1 mm (KN)
b = Breite des Prüfkörpers (150 mm)
d = Höhe des Prüfkörpers (150 mm)
l = Auflagerabstand des Prüfkörpers (600 mm)
δ_1 = der zu F gehörige Durchbiegungswert (mm)
D^b_{BZ} = Arbeitsvermögen des unbewehrten Betons (kNmm)
D^f_{BZ2} = $D_{BZ2} - D^b_{BZ}$ (kNmm) bei $\delta_2 = \delta_1 + 0{,}65$ (mm)
D^f_{BZ3} = $D_{BZ3} - D^b_{BZ}$ (kNmm) bei $\delta_3 = \delta_1 + 3{,}15$ (mm)
D^f_{BZ} = D^f_{BZ3} (kNmm)
D_{BZ} = Arbeitsvermögen des Faserbetons (kNmm) = $D^b_{BZ} + D^f_{BZ}$
äqu β_{BZ2} = äquivalente Biegezugfestigkeit (N/mm²) bei δ_2
äqu β_{BZ3} = äquivalente Biegezugfestigkeit (N/mm²) bei δ_3

folgende Energiekoeffizienten werden eingeführt :

$K_b = D^b_{BZ} / D_{BZ}$ (10-8a)

$K_f = D^f_{BZ3} / D_{BZ}$ (10-8b)

- K_b: Prozentanteil der aufgenommenen Energie des Betons,
- K_f: Prozentanteil der aufgenommenen Energie der Stahlfaser

Es wird ermittelt:
zur Durchbiegung δ_2 gehörig:

äqu. β_{BZ2} = äqu. $F_2 \times l / bd^2$ (10-9)

zur Durchbiegung δ_3 gehörig:

äqu. β_{BZ3} = äqu. $F_3 \times l / bd^2$ (10-10)

Die Versuchsergebnisse sind in Tabelle 10-4 zusammengefasst. Im Vergleich zu Tabelle 10-2 und 10-3 ist der Vorteil bei der Auswertung nach DBV-Merkblatt beim Faserbeton mit dem niedrigen Fasergehalt (20 kg/m³) ersichtlich. Dies fällt günstiger aus als bei ASTM, weil in den meisten Fällen die Werte von $\delta_2=\delta_1+0{,}65$ schon wieder in der stabilen Zone liegen, während die Werte von I_5 und I_{10} in der instabilen Zone liegen.

Tabelle 10-4: Gegenüberstellung der Versuchsergebnisse von SFBA mit unterschiedlichem Fasergehalt und SB

	F kN	δ_1 mm	D^b_{BZ} KNmm	β_{BZ} N/mm²	D^f_{BZ2} kNmm	äqu β_{BZ2} N/mm²	D^f_{BZ3} kNmm	äqu β_{BZ3} N/mm²	D_{BZ} kNmm	K_b	K_f
äqbz2010	2,19	0,04	0,38	0,39	0,45	0,16	2,33	0,14	2,71	0,14	0,86
äqbz2018	11,99	0,07	2,63	2,13	2,54	0,90	16,14	0,95	18,77	0,14	0,86
äqbz2030	22,04	0,07	4,22	3,92	5,54	1,97	29,32	1,74	33,54	0,13	0,87
äqbz2048	24,54	0,10	5,10	4,36	6,74	2,40	39,83	2,36	44,93	0,11	0,89
äqbz2072	23,60	0,10	5,17	4,20	4,19	1,49	27,72	1,65	32,89	0,16	0,84
äqbz4010	3,64	0,06	0,67	0,65	1,11	0,40	7,80	0,46	8,47	0,08	0,92
äqbz4018	18,82	0,08	3,79	3,35	7,35	2,52	46,50	2.76	50,29	0,08	0,92
äqbz4030	19,78	0,09	4	3,52	8,04	2,86	45,69	2,71	49,69	0,08	0,92
äqbz4048	35,43	0,09	7,48	6,30	14,75	5,25	82,43	4,88	89,91	0,08	0,92
äqbz4072	24,55	0,08	4,97	4,37	11,36	4,04	63,81	3,78	68,78	0,07	0,93
äqbz6010	4,33	0,06	0,80	0,77	2,12	0,75	10,73	0,64	11,53	0,07	0,93
äqbz6018	15,45	0,08	3,07	2,75	6,97	2,48	39,81	2,43	42,88	0,07	0,93
äqbz6030	22,25	0,10	4,63	3,96	9,03	3,21	50,14	2,97	54,77	0,08	0,92
äqbz6048	23,20	0,10	4,90	4,12	12,06	4,29	68,59	4,08	73,59	0,07	0,93
äqbz6072	22,97	0,05	4,20	4,08	11,53	4,10	62,10	3,68	66,30	0,06	0,94
äqbzsb10	3,01	0,06	0,56	0,54	2,50	0,89	14,23	0,84	14,79	0,04	0,96
äqbzsb18	10,04	0,07	1,90	1,79	6,45	2,29	32,38	1,92	34,28	0,06	0,94
äqbzsb30	20,69	0,10	4,26	3,68	10,89	3,87	85,71	5,08	89,97	0,05	0,95
äqbzsb48	23,97	0,10	5,10	4,26	11,49	4,08	86,28	5,11	91,38	0,06	0,94
äqbzsb72	24,26	0,10	5,25	4,31	12,37	4,40	87,87	5,20	93,12	0,06	0,94

Die Maximalkraft F im Intervall von 0,1 mm verursacht in vielen Fällen auch den ersten Riss, dieser Fall entspricht besonders dem Nullbeton bzw. Nullspritzbeton und dem Stahlfaserbeton bzw. Stahlfaserspritzbeton, der mit niedrigem Fasergehalt bewehrt ist. Die Abb. 10-26 zeigt die Gegenüberstellung der Maximalkraftentwicklung (F_u) von SFBA mit unterschiedlichen Fasergehalten und von SB zwischen 10 Stunden und 72 Stunden.

Im Vergleich mit Abb. 10-4 und 10-9 ist es in Abb. 10-26 auch ersichtlich, dass die größte Last beim ersten Riss im Alter von 10 und 18 Stunden mit dem Fasergehalt steigt. Diese Erscheinung kommt nur im jungen Alter (vor 18 Stunden) vor. Mit der Erhärtung des Betons wird die größte Last vor dem ersten Riss nicht mehr durch den Fasergehalt beeinflusst.

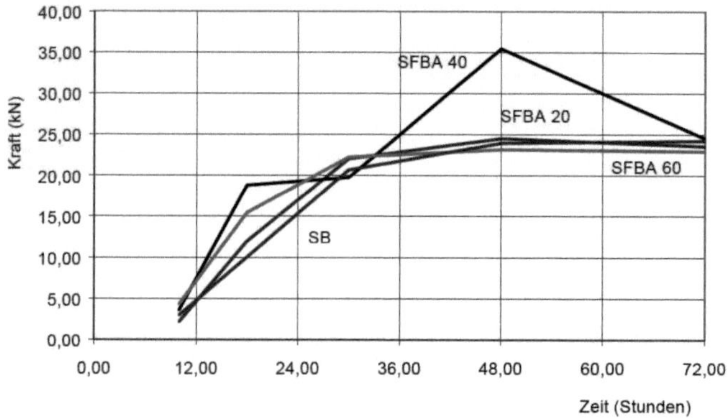

Abb. 10-26: Gegenüberstellung der Maximalkraft (F_u) im Intervall von 0,1 mm

Die Abb. 10-27 zeigt die Gegenüberstellung der Arbeitsvermögensentwicklung (D^b_{BZ}) des Betons mit unterschiedlichen Fasergehalten und mit Stahlbewehrung vor dem Riss.

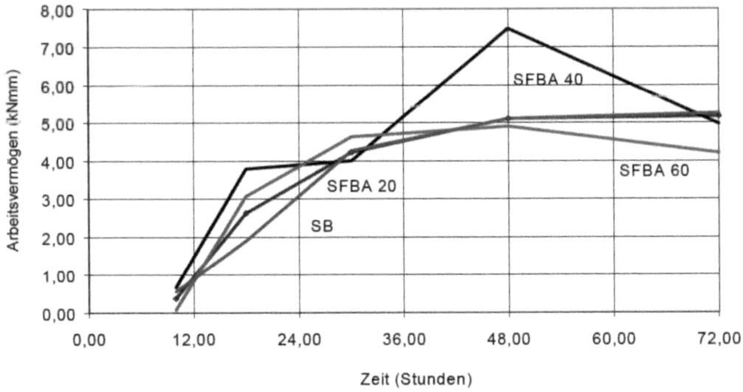

Abb. 10-27: Entwicklung des Arbeitsvermögens von SFBA und SB vor dem Riss

Die Abb. 10-28 zeigt die Gegenüberstellung der Biegezugfestigkeitsentwicklung (β_{BZ}) des Betons mit unterschiedlichen Fasergehalten und mit Stahlbewehrung vor dem Riss. Im Vergleich zu Abb. 10-26 und 10-27 haben alle Kurven außer SFBA 40 eine ähnliche Tendenz gezeigt.

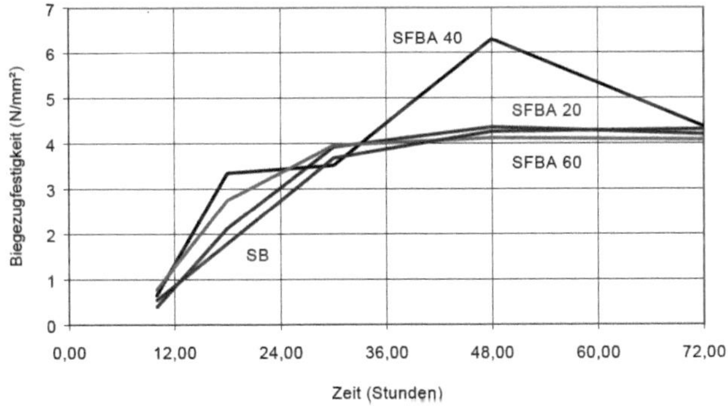

Abb. 10-28: Entwicklung der Biegezugfestigkeit von SFBA und SB vor dem Riss

Aus Abb. 10-27 und 10-28 ist ersichtlich, dass das Arbeitsvermögen (D^{b}_{BZ}) und die Biegezugfestigkeit (β_{BZ}) vor dem ersten Riss im jungen Alter (besonders bei 10 Stunden) leicht mit steigendem Fasergehalt zunehmen. Dies könnte darauf zurückzuführen sein, dass der Durchbiegungswert bis zum ersten Riss und die größte Last sich im Intervall von 0,1 mm im jungen Alter, besonders bei 10 Stunden, mit steigendem Fasergehalt erhöhen.

Die Abb. 10-29 zeigt die Gegenüberstellung der Arbeitsvermögensentwicklung bei δ_2 (D^{f}_{BZ2}) zwischen unterschiedlichen Fasergehalten und Stahlbewehrung nach dem Riss. SFBA 40, SFBA 60 und SB haben ein deutlich höheres Arbeitsvermögen als SFBA 20 gezeigt. Von 10 bis 18 Stunden sind die Kurven von SB, SFBA 40 und 60 ähnlich gelaufen. SB und SFBA 60 haben das beste Arbeitsvermögen nach 10 Stunden erreicht. SFBA 40 hat das beste Arbeitsvermögen nach 18 Stunden gezeigt.

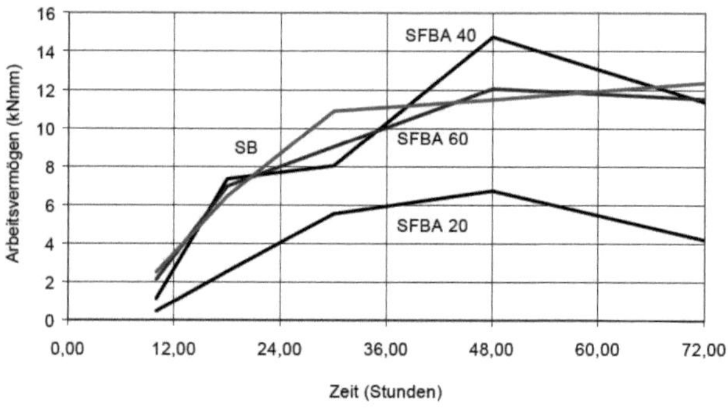

Abb. 10-29: Entwicklung des Arbeitsvermögens (D^{f}_{BZ2}) mit von SFBA mit unterschiedlichem Fasergehalt und SB

Die Abb. 10-30 zeigt die Gegenüberstellung der äquivalenten Biegezugfestigkeitsentwicklung (äqu. β_{BZ2}) bei δ_2 von SB und SFBA mit unterschiedlichen Fasergehalten nach dem Riss. Ähnlich wie bei Abb. 10-36 haben SB und SFBA 60 die beste äquivalente Biegezugfestigkeit nach 10 Stunden gezeigt. SFBA 40 hat die beste äquivalente Biegezugfestigkeit nach 18 Stunden erreicht.

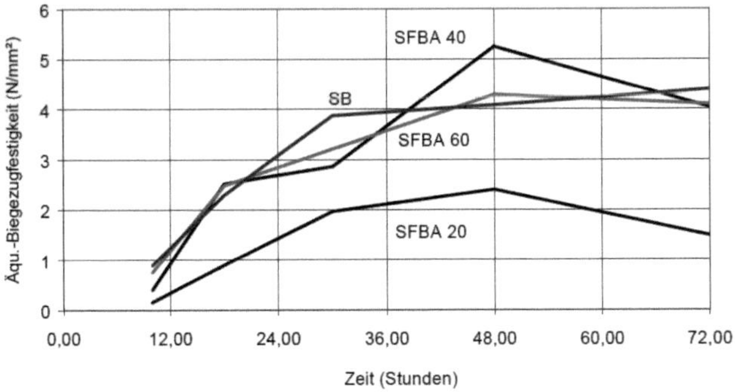

Abb. 10-30: Entwicklung der Äqu.-BZ. (äqu.β_{BZ2}) von SFBA und SB

Die Abb.10-31 zeigt eine Gegenüberstellung der Arbeitsvermögensentwicklung bei δ_3 (D^f_{BZ3}) zwischen SB und SFBA mit unterschiedlichen Fasergehalten nach dem Riss. Anders als bei δ_2 hat SB das beste Arbeitsvermögen im Alter von 10 Stunden und nach 24 Stunden bei δ_3 erreicht. SFBA 40 hat das bessere Arbeitsvermögen als SFBA 60 und SB im Alter von 18 Stunden gezeigt.

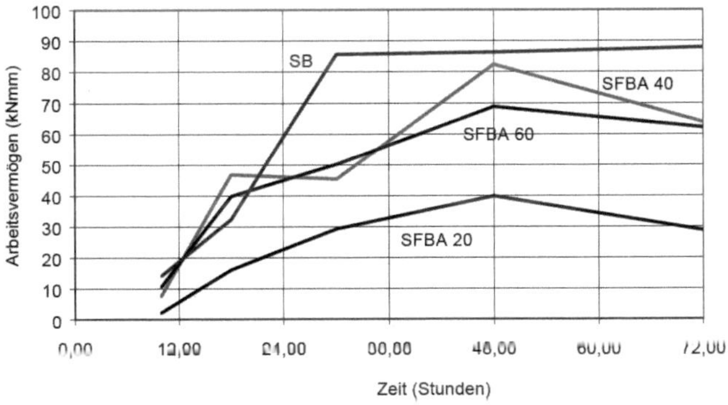

Abb. 10-31: Entwicklung des Arbeitsvermögens (D^f_{BZ3}) mit von SFBA mit unterschiedlichem Fasergehalt und SB

Die Abb. 10-32 zeigt die Gegenüberstellung der Energiekoeffizienten in Bezug auf unter-schiedliche Stahlfasergehalte und Stahlbewehrung. Im Vergleich zu Tabelle 10-4 ist es ersichtlich:

1. außer SFBA 20 sind alle Werte von K_f zwischen 10 bis 72 Stunden gleichmäßig zwischen 0,92 bis 0,96 verteilt;

2. davon ist der K_f-Wert von SB 10 den entsprechenden Werten von SFBA überlegen;

3. die aufgenommenen Energieanteile von Stahlfasern zwischen SFBA 40 und SFBA 60 sind kaum zu unterscheiden. Das könnte bedeuten, dass SFBA 40 im Sinne der Energieaufnahme der Stahlfasern sich einer Grenze nähert.

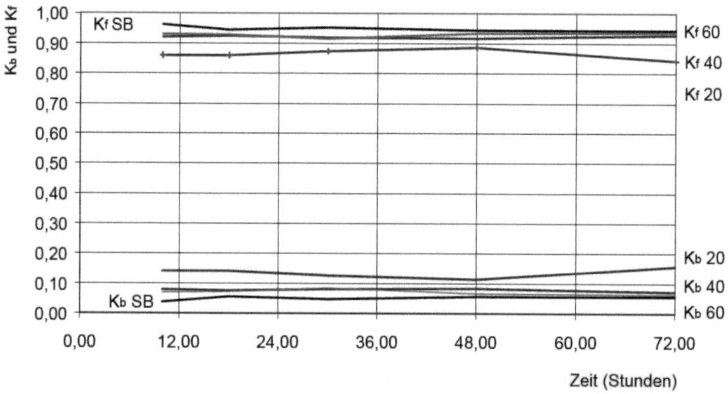

Abb. 10-32: Gegenüberstellung der Energiekoeffizienten in Bezug auf unterschiedliche Fasergehalte und Stahlbewehrung

10.4.3 Auswertung nach Österreichischer Richtlinie Spritzbeton

Als Beispiel zur Verwendung der neuen Österreichischen „Richtlinie Spritzbeton" zeigt Tabelle 10-5 die Biegezähigkeitsbereiche des jungen Stahlfaserbetons (ab 10 Stunden bis 72 Stunden).

Tabelle 10-5: Gegenüberstellung der Biegezähigkeitsbereiche von SFBA mit unterschiedlichem Fasergehalt nach Österreichischer Richtlinie Spritzbeton

	Restbiegezugfestigkeit bei angegebener Durchbiegung (%)		Biegezähigkeitsbereiche
	1/600 (1 mm)	1/150 (4 mm)	
SFBA2010	50	10	T1
SFBA2018	55	30	T3
SFBA2030	58	34	T3
SFBA2048	67	39	T3
SFBA2072	44	25	T2
SFBA4010	73	30	T3
SFBA4018	85	64	T4
SFBA4030	81	40	T3
SFBA4048	84	54	T4
SFBA4072	86	61	T4
SFBA6010	110	41	T3
SFBA6018	90	58	T4
SFBA6030	81	59	T4
SFBA6048	120	57	T4
SFBA6072	100	53	T4

Aus Tabelle 10-5 ist ersichtlich, dass die Biegezähigkeitsbereiche von T1 bis T4 die fallende Tendenz der Restbelastbarkeit nach der instabilen Zone gut beurteilen und beschreiben können. Z.B. die Werte von SFBA 20 schwanken zwischen T1, T2 und T3, die Werte von SFBA 40 und 60 liegen zwischen T3 und T4.

Aber zur genauen Festlegung und Unterscheidung des Arbeitsvermögens von unterschiedlichen Faserbetonen mit der Balkenabmessung von 150 mm x150 mm x 700 mm (Spannweite 600 mm) nach der instabilen Zone ist es nicht deutlich genug. So wurden z.B. SFBA 2018 und SFBA 4030 im gleichen Bereich T3 eingegliedert, obwohl das Arbeitsvermögen von SFBA 4030 nach dem Riss fast drei Mal so hoch wie das von SFBA 2018 (Tabelle 10-4) ist. Deshalb muss immer auch die Bemessungsbiegezugfestigkeit zusätzlich angegeben werden.

10.5 Biegezähigkeit von faserverstärktem SCC-HPC mit unterschiedlichen Fasertypen im Alter von 28 Tagen

Nach Untersuchung der Verarbeitbarkeit (Abschnitt 6.2) des faserverstärkten SCC-HPC wird die entsprechende Biegezähigkeit verschiedener Faserbetonen gemäß DBV-Merkblatt geprüft. Die Abb. 10-33 zeigt die Gegenüberstellung der Mittelwerte des Arbeitsvermögens von Kunststofffaserbeton mit 7 kg/m³ C-, D- und E-Fasern und Stahlfaserbeton mit 30 kg/m³ der C-Faser.

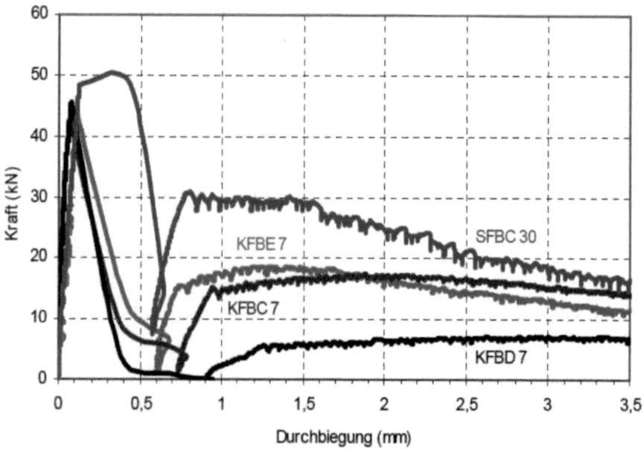

Abb. 10-33: Gegenüberstellung der Arbeitslinien von KFB und SFBC 30

Gegenüber des Kunststofffaserbetons zeigte Stahlfaserbeton mit 30 kg/m³ der C-Faser eine überlegende Energieabsorptionskapazität nach dem 1. Riss, jedoch eine ausgeprägt fallende Tendenz, da immer mehr kürzere Fasern (3 cm) mit der Rissöffnung aus der Betonmatrix ausgezogen werden.

KFBC 7 und KFBE 7 zeigten gegenüber KFBD 7 ein besseres Nachbruchverhalten, was auf den hohen Reibungsbeiwert der Faseroberfläche dieser Fasertypen zurückzuführen ist. Die Verarbeitbarkeit (Abb. 6-11) ist jedoch bei den Kunststofffasertypen C und E mit der Dosierung von 7 kg/m³ für SCC-HPC nicht gegeben.

KFBD 7 zeigte eine relativ niedrige Biegezugzähigkeit, obwohl sich KFBD 7 durch eine gute Verarbeitbarkeit auszeichnete. Daher wurde ein zu erwartender Vorteil von Stahlfaser C und Kunststofffaser D als Faserkombination, die sowohl über gute Verarbeitbarkeit als auch hohe Biegezähigkeit verfügt, untersucht.

Die Abb. 10-34 zeigt die Gegenüberstellung der Mittelwerte des Arbeitsvermögens von Stahlfaserbeton mit 30 und 50 kg/m³ C-Faser und Fasercocktailbeton (30 kg/m³ SF + 5 kg/m³ KF). Die Versuchsergebnisse sind in Tabelle 10-6 zusammengefasst.

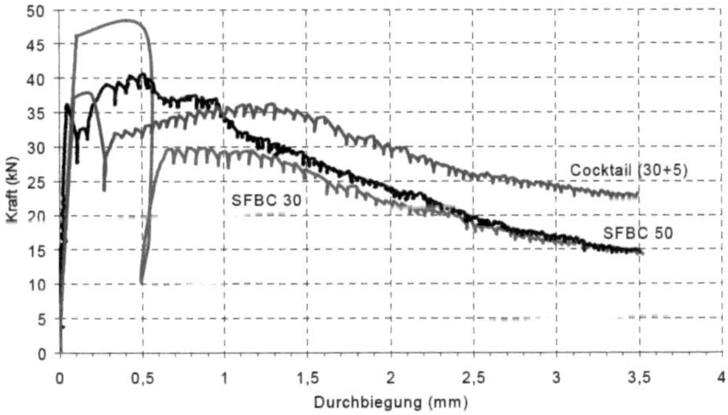

Abb. 10-34: Gegenüberstellung der Arbeitslinien von SFBC 30, SFBC 50 und Cocktail (30+5)

Tabelle 10-6: Gegenüberstellung der äquivalenten Biegezugfestigkeitsversuche von unterschiedlichen Fasertypen und Fasergehalten nach DBV-Merkblatt im Alter von 28 Tagen

	F_u	δ_1	β_{BZ}	D^b_{BZ}	D^f_{BZ2}	äqu. β_{BZ2}	D^f_{BZ3}	äqu. β_{BZ3}	D_{BZ}
kg/m³	kN	mm	N/mm²	kNmm	kNmm	N/mm²	kNmm	N/mm²	kNmm
KFBC 7	42,25	0,094	7,53	8,63	-	-	56,02	3,32	68,25
KFBD 7	45,67	0,079	8,12	9,13	-	-	34,84	2,06	45,8
KFBE 7	44,33	0,11	7,88	9,38	-	-	56,97	3,4	69,65
SFBC 30	47,4	0,12	8,43	10,79	20,27	7,21	83,66	4,96	92,65
SFBC 50	39,15	0,083	6,96	7,82	22,59	8,26	110,24	6,53	120
Cocktail	30,59	0,093	6,5	7,5	21,97	7,81	99,22	5,88	112

Ähnlich wie SFBA 20 (Abschnitt 10.4.1) haben die Kunststofffaserbeton mit 7 kg/m³ C, D und E-Fasern ein relativ schlechtes Nachbruchverhalten gezeigt (Abb. 10-33). Der erste Riss ist ca. bei einer Durchbiegung zwischen 0,08 und 0,11 mm aufgetreten. Die Werte von δ_2 liegen in der instabilen Zone. Nach dem ersten Auftreten eines Risses sind die Proben von KFBD 7 nicht mehr weiter beanspruchbar, und alle Kunststofffaserbetonproben haben so große instabile Zone gezeigt, dass die Bewertung von D^f_{BZ2} und äqu. β_{BZ2} unmöglich war. Das Auftreten der groß instabilen Zone könnte auf folgende Gründe zurückzuführen sein:

- Materialienbedingt: wegen der hohen Druckfestigkeit zeigte der Hochleistungsbeton eine hohe Sprödigkeit und beim Auftreten des ersten Risses wird starke elastische Energie freigesetzt;
- Versuchsbedingt: die Bedingung [44], dass die Steifigkeit der Prüfmaschine immer größer als die steilste Neigung im abfallenden Ast der Kraft-Durchbiegungskurve sein sollte, ist wahrscheinlich bei der 40 Tonne Versuchsmaschine nicht erfüllt. Bei der stärkeren Testmaschine (150 Tonne, Abschnitt 10.5.1) wurden das stabiles Durchbiegung- und Rissöffnungswachstum auch mit niedrigem Fasergehalt nach dem Auftreten des 1. Risses erreicht.

Weil KFBC 7 und KFBE 7 für SCC-HPC schwer verarbeitbar sind, werden sich die Analysen der Biegezähigkeit auf KFBD 7, SFBC 30/50 und Cocktail 305 konzentriert. Tabelle 10-7 zeigt die Zunahmerate der Arbeitsvermögen, der äquivalenten Biegezugfestigkeiten und der Fasergehalte verschiedener Faserbetonen zueinander.

Tabelle 10-7: Gegenüberstellung der Zunahmerate (Zr.) der Arbeitsvermögen und der äquivalenten Biegezugfestigkeiten verschiedener Faserbetonen im Alter von 28 Tagen

%	D^f_{BZ2}	äqu. β_{BZ2}	D^f_{BZ3}	äqu. β_{BZ3}	D_{BZ}	Faser-gehalt
Zr.(SFBC30-KFBD7)	-	-	140%	141%	102%	328,6%
Zr.(SFBC 50-30)	11,5%	14,49%	31,77%	31,79	32,92%	66,67%
Zr.(SFBC 50 - Faser-cocktail 305)	2,82%	5,7%	11,11%	11,01%	9,76%	42,86%
Zr.(Fasercocktail305-SFBC30)	8,39%	8,32%	18,6%	18,7%	21,1%	16,67%
Zr.(Fasercocktail305-KFBD7)	-	-	184,8%	185,4%	145%	400%

In Tabelle 10-6 und 10-7 ist es zu ersehen:
1) Der Vergleich zwischen Proben von *Cocktail 305* (Cocktail: 30 kg/m³ Stahlfasern C + 5 kg/m³ Kunststofffasern D) und von *SFBC 50* zeigt, dass das Arbeitsvermögen (D^f_{BZ2}, D^f_{BZ3}) und die äquivalente Biegezugfestigkeit (äqu. β_{BZ2}, äqu. β_{BZ3}) von SFBC 50 leicht zunehmen (2,8% bis 11%), wobei die Gesamtfaserdosierung um 43% angestiegen ist.

2) Der Vergleich zwischen Proben von *Cocktail 305* und von *SFBC 30* zeigt:
- das Cocktail 305 hat ein besseres und stabiles Nachbruchverhalten
- das Arbeitsvermögen (D^f_{BZ3}) und die äquivalente Biegezugfestigkeit (äqu. β_{BZ3}) von Cocktail 305 nehmen fast 20% zu
- die Gesamtfaserdosierung steigt nur um 17% an.

Weiters wurde beobachtet, dass es bei den Versuchen mit Fasercocktailproben zu Mehrfachrissen kam (Abb. 10-35). Nachdem die kürzere Stahlfaser ausgezogen war, überbrücken die längeren Kunststofffasern von Typ D den Riss der Betonmatrix und verhindern eine weitere Rissöffnung. Das bedeutet eine deutlich verbesserte Spannungsverteilung und Spannungsumlagerung mit Cocktailfaserverstärkung in der Zugzone. Durch die Mehrrisserscheinung war die maximale Rissöffnung auf der Zugseite von ca. 4 mm auf 3,5 mm reduziert, was sich auch positiv auf die Dauerhaftigkeit auswirkt.

Abb. 10-35: Mehrrisserscheinung im SCC-HPC-Balken mit Fasercocktail

Aus den Ergebnissen der Biegezähigkeit, aus dem Auftreten von Mehrfachrissen und aus Überlegungen bezüglich Wirtschaftlichkeit kann man zur

Schlussfolgerung kommen, dass die Kombination von Stahl- und PP-Fasern eine Optimierung der Faserbewehrung darstellt.

10.6 Vergleich unterschiedlicher Stahlfaserbetonsorten mit verschiedenen Fasergehalten im Alter von 28 Tagen

10.6.1 Vergleich von faserbewehrten Betonen nach ASTM C 1018-96b

Die Versuchsergebnisse nach 28 Tagen mit 20 kg/m³ Fasergehalt sowohl mit A-Faser als auch mit B-Faser haben relativ spröde Eigenschaften gezeigt. Der erster Riss (δ) ist ca. bei einer Durchbiegung von 0,061 mm aufgetreten. Die Werte von 3δ und $5{,}5\delta$ liegen in der instabilen Zone. Nach dem ersten Auftreten eines Risses sind die Proben nicht mehr weiter beanspruchbar und haben eine so große instabile Zone gezeigt, dass die Bewertung von I_5 und I_{10} unmöglich war.

Die Stahlfaserbetonproben mit 40 kg/m³ Faser A und Faser B im Alter von 28 Tagen haben eine deutlich höhere Zähigkeit und ein stark zugenommenes Arbeitsvermögen gegenüber dem SFB mit 20 kg/m³ Faser nach dem Auftreten des ersten Risses gezeigt (Abb. 10-36, 10-37).

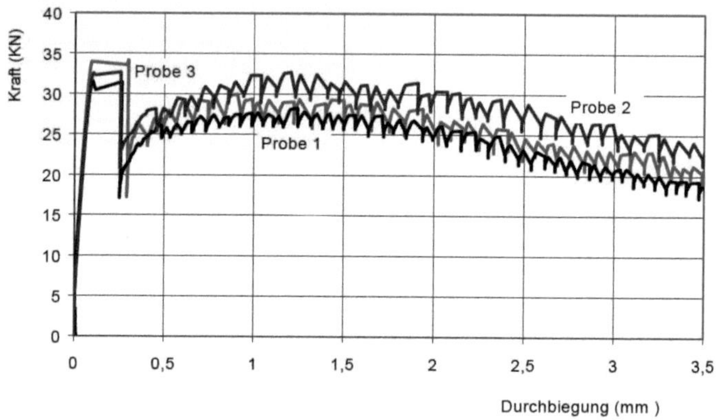

Abb. 10-36: Arbeitslinien von SFBA 40 im Alter von 28 Tagen

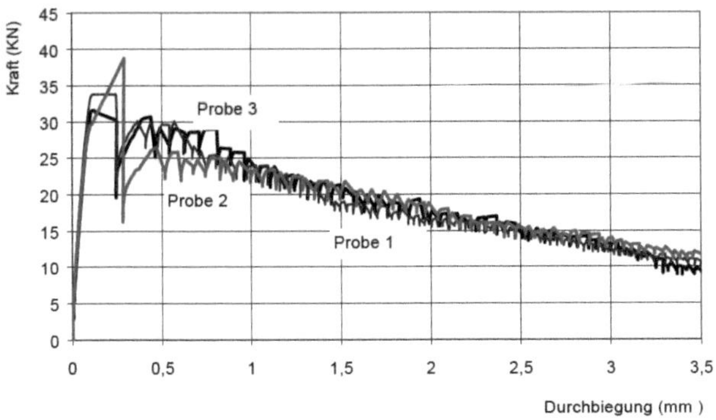

Abb. 10-37: Arbeitslinien von SFBB 40 im Alter von 28 Tagen

Abb. 10-38 zeigt die Gegenüberstellung der Arbeitslinie der Proben mit 40 kg/m³ Faserdosierung und unterschiedlichen Fasertypen. Wie bei den Versuchen mit dem Fasergehalt von 20 kg/m³ weist das Arbeitsvermögen von SFBB 40 (Stahlfaserbeton mit 40 kg/m³ B-Fasern) nach dem Riss generell eine steilere Abnahme auf, als die entsprechenden Werte von SFBA (Stahlfaserbeton mit A-Fasern).

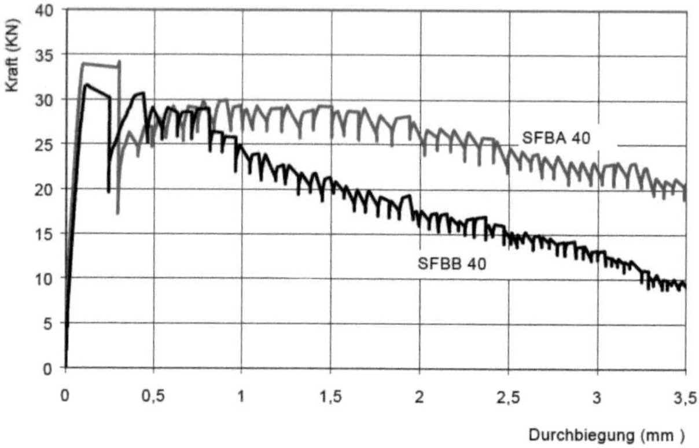

Abb. 10-38: Gegenüberstellung der Arbeitslinie zwischen SFBA 40 und SFBB 40 nach 28 Tagen

Dies kann auf den Versagensmechanismus, Faserabstand sowie auf das Verbundverhalten zwischen den Fasern und der Betonmatrix zurückzuführen sein. Die Rissüberbrückenden B-Fasern waren offensichtlich wegen ihres größeren Durchmessers (0,6 mm) im Vergleich zu den A-Fasern bei gleichem Fasergehalt durchschnittlich weniger auf dem Riss verteilt und daher leichter ausziehbar als die A-Fasern

Die Stahlfaserbetonproben mit 60 kg/m³ Faser A und Faser B haben ein besseres „Post-crack"-Verhalten gezeigt. Die instabilen Bereiche nach dem Auftreten des ersten Risses sind gegenüber den Proben mit 40 kg/m³ Faser noch kleiner. Diese Verbesserung bei der instabilen Zone nach dem Auftreten des Risses hat sich bei Proben mit Faser B besonders deutlich gezeigt. Es könnte auf die profilierte Oberfläche der B-Fasern zurückzuführen sein.

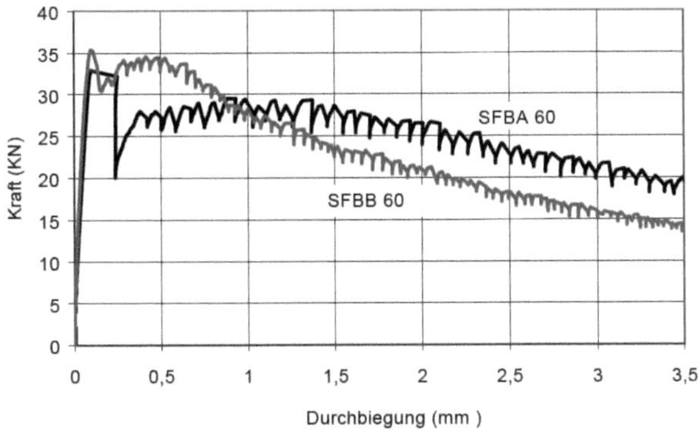

Abb. 10-39: Gegenüberstellung der Arbeitslinie zwischen SFBA 60 und SFBB 60 nach 28 Tagen

Der Versagensmechanismus der Stahlfaserbetonproben mit 60 kg/m³ A-Faser (SFBA 60) und B-Faser (SFBB 60) ist annähend gleich dem von SFBA 40 und SFBB 40. Beim Vergleich zwischen SFBA 60 und SFBB 60 weist das Arbeitsvermögen von SFBB 60 ebenfalls eine stärkere Abnahme auf als das von SFBA 60 (Abb. 10-39).

Die Abb. 10-39 zeigt die Gegenüberstellung der Mittelwerte des Arbeitsvermögens der Proben mit 60 kg/m³ Faserdosierung und unterschiedlichen Fasertypen. Von Abb. 10-36 bis Abb. 10-39 ist es zu ersehen, dass die Last-Verformungskurven von SFBB 40 und SFBB 60 nach dem Riss generell steiler als die entsprechenden Werte von SFBA abnehmen. Dies könnte auf den Versagensmechanismus und die kritische Faserlänge l_{krit} , auf das Verbundverhalten zwischen den Fasern und der Betonmatrix zurückzuführen sein. Die Rissüberbrückenden B-Fasern wären wegen ihres größeren Durchmessers (0,6 mm) im Vergleich zu A-Fasern bei gleichem Fasergehalt durchschnittlich weniger auf dem Riss verteilt und daher leichter ausziehbar als die A-Fasern. Die Auswirkung der profilierten Oberfläche im Mittelbereich der B-Fasern konnte auf die Ausziehungskraft und die Erhöhung der Reibungskraft zwischen Fasern und Betonmatrix nicht eindeutig geklärt werden, da die unterschiedliche Faseranzahl den Vergleich erschwert.

Im Vergleich zu B-Fasern haben sich dünnere (0,5 mm) und mehr zum Rissüberbrücken verteilte A-Fasern und deren steileren gebogenen Endhacken gegenüber der Ausziehung mit zunehmender Durchbiegung besser verhalten. Trotzdem ist die Wirkung weniger, profilierter B-Fasern beachtlich. Die Zähigkeitsindices I_5, I_{10}, I_{20}, I_{30} und I_{60} von SFBA/B mit den unterschiedlichen Fasergehalten nach 28 Tagen sind in Tabelle 10-8 aufgelistet. Die Restfestigkeitsfaktoren $R_{5,10}$, $R_{10,20}$, $R_{10,30}$ und $R_{30,60}$ von SFBA/B sind in Tabelle 10-9 aufgelistet.

Tabelle 10-8: Gegenüberstellung der Zähigkeitsindices (I) von unterschiedlichen Fasertypen und Fasergehalten nach ASTM von 28 Tagen

	I_5	I_{10}	I_{20}	I_{30}	I_{60}	δ_1=1.Riss(mm)
SFBA 20	*	*	9,93	13,09	20,97	0,108
SFBA 40	4,947	6,958	13,53	20,38	38,68	0,099
SFBA 60	4,058	7,927	15,97	23,96	44,67	0,105
SFBB 20	*	*	9,823	12,96	18,67	0,108
SFBB 40	3,903	7,123	12,967	17,8	**	0,116
SFBB 60	3,693	7,967	15,623	21,69	35,58	0,109

Tabelle 10-9: Gegenüberstellung der Restfestigkeitsfaktoren (R) von unterschiedlichen Fasertypen und Fasergehalten nach ASTM im Alter von 28 Tagen

	$R_{5,10}$	$R_{10,20}$	$R_{10,30}$	$R_{30,60}$
SFBA 40	40,22	65,76	67,1	61,2
SFBA 60	77,387	80,39	80,15	68,93
SFBB 40	64,433	58,43	53,4	**
SFBB 60	85,433	76,573	69,44	46,75

* Wegen der instabilen Zone vom 20 kg/m³ Faserbeton war die Ermittlung von I_5 und I_{10} unmöglich. **Für I_{60} hat der Durchbiegungswert von SFBB 40 den Messbereich von 3,5 mm überschritten.

Tabelle 10-10 zeigt die bei Auswertung vom Zähigkeitsindex (I) nach ASTM und vom Arbeitsvermögen (D^f_{BZ}) nach DBV-Merkblatt erhaltenen Durchbiegungswerte nach dem Riss.

Tabelle 10-10: Gegenüberstellung der Auswertung der Durchbiegungswerte nach ASTM und nach DBV-Merkblatt

ASTM	DBV-Merkblatt	Durchbiegung (mm)
I_5		0,3
I_{10}		0,55
	D^f_{BZ2}	0,65
I_{20}		1,05
I_{30}		1,55
	D^f_{BZ3}	3,25

Im Vergleich mit Tabelle 10-1 ist zu sehen, dass I_5 von SFBA 40 knapp unter der elasto-plastischen Grenze liegt und den entsprechenden Wert von SFBB 40 überlegen ist.

Für die Werte von I_5 für 60 kg/m³ Faser, I_{10} und I_{20} für 40 und 60 kg/m³ Fasergehalt gibt es kaum Unterschiede zwischen SFBA und SFBB. Mit zunehmender Durchbiegung ist der Unterschied der Zähigkeitsindices (I_{30}) zwischen SFBA und SFBB auch deutlicher geworden.

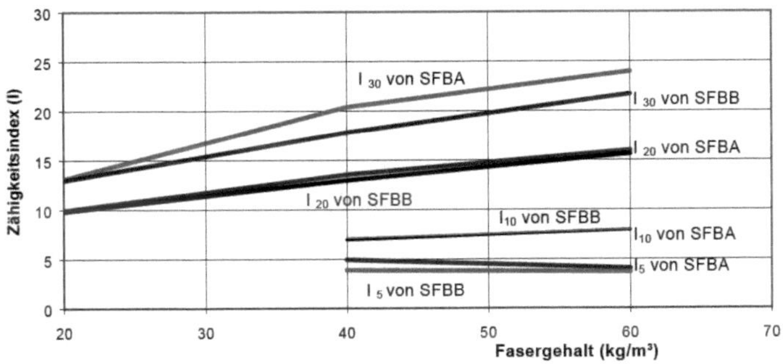

Abb. 10-40: Gegenüberstellung der Zähigkeitsindices (I) zwischen SFBA und SFBB nach 28 Tagen

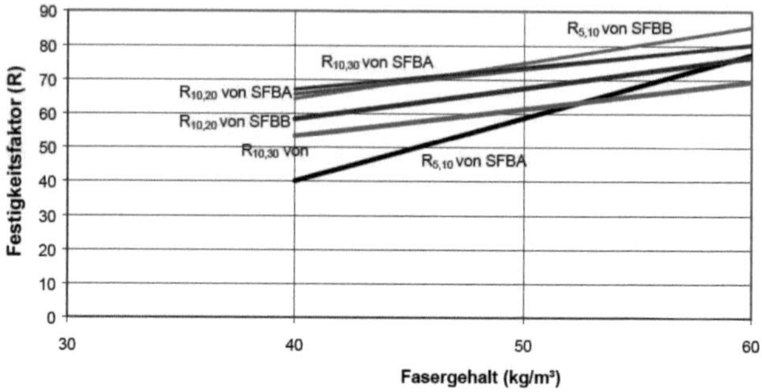

Abb. 10-41: Gegenüberstellung der Zähigkeitsindices (I) zwischen SFBA und SFBB

Abb. 10-41 zeigt die Gegenüberstellung der Restfestigkeitsfaktoren (R) zwischen SFBA und SFBB im Alter von 28 Tagen. Die Werte von $R_{5,10}$ für SFBB 40 und SFBB 60 sind den entsprechenden Werten von SFBA überlegen. Die Werte von $R_{10,\,20}$ und $R_{10,\,30}$ für SFBA 40 und SFBA 60 sind im Gegensatz zu den Werten von $R_{5,10}$ den entsprechenden Werten von SFBB überlegen.

10.6.2 Vergleich von faserbewehrten Betonen laut DBV-Merkblatt

Die Versuchsergebnisse sind in Tabelle 10-11 zusammengefasst.

Tabelle 10-11: Gegenüberstellung der äquivalenten Biegezugfestigkeitsversuche nach DBV-Merkblatt im Alter von 28 Tagen

	F	δ_1	β_{BZ}	D^b_{BZ}	D^f_{BZ2}	äqu. β_{BZ2}	D^f_{BZ3}	äqu. β_{BZ3}	D_{BZ}
kg/m³	kN	mm	N/mm²	kNmm	kNmm	N/mm²	kNmm	N/mm²	kNmm
SFBA	33,937	0,099	5,997	6,957	10,31	3,663	39,053	2,313	46,01
SFBA	32,573	0,097	5,807	7,003	13,07	4,643	79,62	4,72	86,623
SFBA	31,513	0,096	5,603	6,46	14,663	5,243	80,437	4,767	86,897
SFBB	32,877	0,098	5,843	6,713	8,325	2,960	33,733	2,000	40,447
SFBB	30,727	0,099	5,468	6,480	13,513	4,807	58,907	3,473	65,387
SFBB	34,720	0,098	6,170	7,330	18,323	6,517	81,520	4,750	88,850

Die Maximalkraft F im Intervall von 0,1 mm verursacht in vielen Fällen auch den ersten Riss, dieser Fall entspricht besonders dem Nullbeton bzw. Nullspritzbeton und dem Stahlfaserbeton bzw. SFSpB, der mit niedrigem Fasergehalt bewehrt ist.

Die Abb. 10-42 zeigt die Gegenüberstellung der Arbeitsvermögensentwicklung bei δ_2 (D^f_{BZ2}) zwischen unterschiedlichen Fasertypen nach dem Riss. Wenn der Fasergehalt unterhalb von 40 kg/m³ liegt, hat SFBA ein höheres Arbeitsvermögen gezeigt. Ab 40 kg/m³ Fasergehalt hat SFBB ein besseres Arbeitsvermögen bei δ_2 gezeigt.

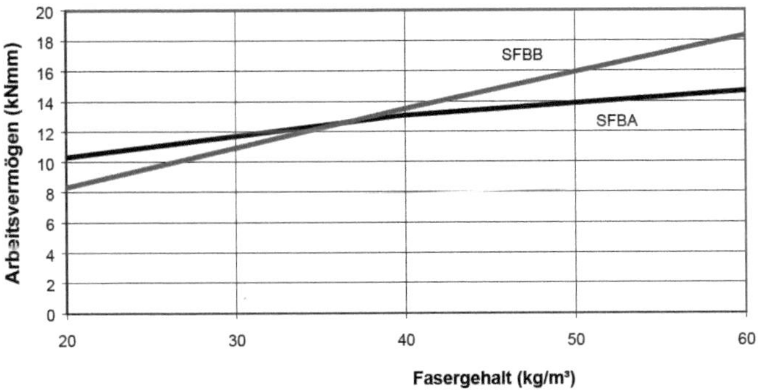

Abb. 10-42: Entwicklung des Arbeitsvermögens (D^f_{BZ2}) bei unterschiedlichen Fasertypen nach 28 Tagen

Die Abb. 10-43 zeigt die Gegenüberstellung der äquivalenten Biegezugfestigkeitsentwicklung (äqu. β_{BZ2}) bei δ_2 zwischen unterschiedlichen Fasertypen nach dem Riss. Ähnlich wie bei Abb. 10-42 hat SFBB auch ab 40 kg/m³ Fasergehalt eine bessere äquivalente Biegezugfestigkeit bei δ_2 gezeigt.

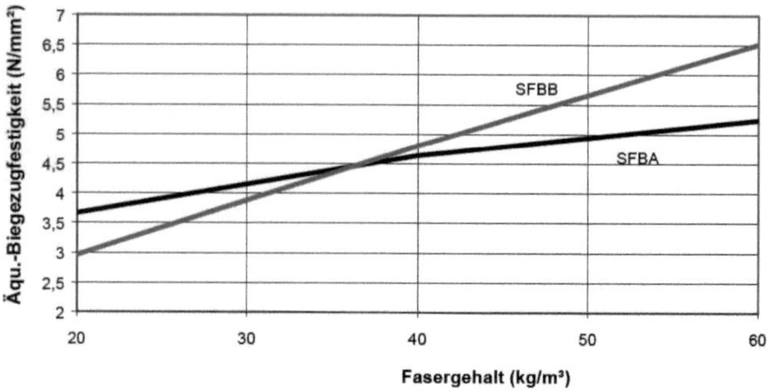

Abb. 10-43: Entwicklung der Äqu.-BZ. (äqu.β_{BZ2}) bei unterschiedlichen Fasertypen nach 28 Tagen

Die Abb.10-44 zeigt eine Gegenüberstellung der Arbeitsvermögensentwicklung bei δ_3 (D^f_{BZ3}) zwischen unterschiedlichen Fasergehalten nach dem Riss. SFBA hat ein höheres Arbeitsvermögen von 20 bis 40 kg/m³ Fasergehalt bei δ_3 gezeigt. Bei dem Fasergehalt von 60 kg/m³ haben die beiden Faserbetonsorten ca. den gleichen Wert erreicht.

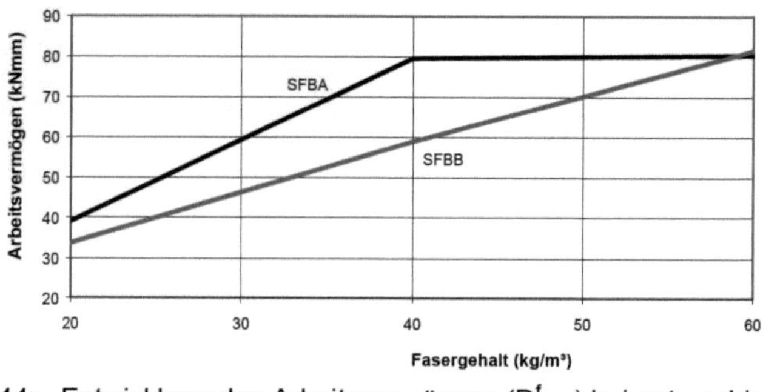

Abb. 10-44: Entwicklung des Arbeitsvermögens (D^f_{BZ3}) bei unterschiedlichen Fasertypen nach 28 Tagen

Die Abb.10-45 zeigt die Gegenüberstellung der äquivalenten Biegezugfestigkeitsentwicklung (äqu. β_{BZ3}) bei δ_3 zwischen unterschiedlichen Fasertypen nach dem Riss. Ähnlich wie bei Abb. 10-44 hat SFBA von 20 bis 40 kg/m³ Fasergehalt eine bessere äquivalente Biegezugfestigkeit bei δ_3 gezeigt. Bei dem Fasergehalt von 60 kg/m³ haben die beiden Faserbetonsorten den gleichen Wert erreicht.

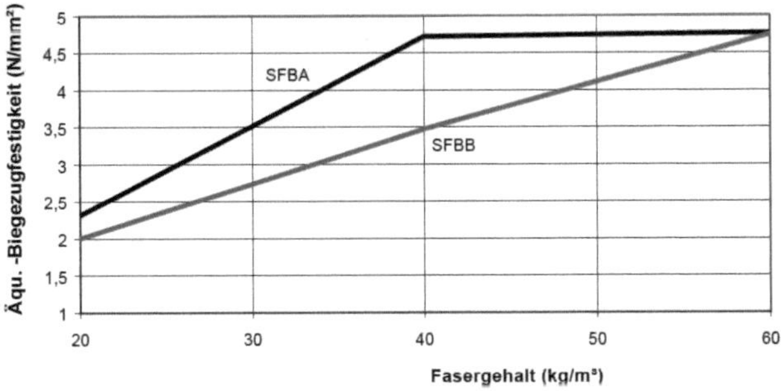

Abb. 10-45: Entwicklung der Äqu.-BZ. (äqu.β_{BZ3}) bei unterschiedlichen Fasertypen nach 28 Tagen

Die Abb. 10-46 zeigt die Gegenüberstellung der Arbeitslinien von SFBA 20 zwischen 10 Stunden und 28 Tagen. Es ist zu ersehen, dass mit der Erhärtung des Betons (von 10 bis 18 Stunden und von 18 Stunden bis 30 Stunden) die Maximalkraft F im Intervall von 0,1 mm und das Arbeitsvermögen sich rasch erhöhen.

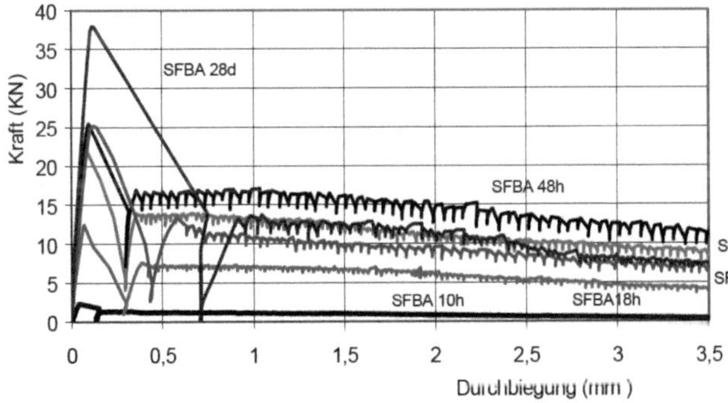

Abb. 10-46: Gegenüberstellung der Arbeitslinien von 10 Stunden bis 28 Tagen für SFBA mit der Faserdosierung von 20 kg/m³

Zwischen 30 und 72 Stunden ist das Ansteigen von F und D_{BZ} nicht so deutlich von der Zeit abhängig wie vor 30 Stunden. Z.B. sind die Werte nach 48 Stunden noch besser als die nach 72 Stunden.

Die Abb. 10-47 zeigt die Gegenüberstellung der Arbeitslinien von SFBA 40 zwischen 10 Stunden und 28 Tagen:

1. Ähnlich wie in der Abb. 10-46 ist auch hier erkennbar, dass mit der Erhärtung des Betons (von 10 bis 18 Stunden) die Maximalkraft F im Intervall von 0,1 mm und das Arbeitsvermögen sich rasch erhöhen;
2. Die Kurven verhalten sich im Zeitraum zwischen 18 und 72 Stunden ganz anders wie SFBA mit 20 kg/m³ Faser. Die Werte von 18 Stunden vor dem Riss sind fast gleich wie die die von 30 Stunden und nach dem Riss sind sogar besser als die von 30 Stunden;
3. Die Werte nach 48 Stunden sind noch besser als die Werte nach 28 Tagen (Tabelle 10-4). Warum die 48 Stunden Werte so gut sind, gibt es derzeit noch keine eindeutige Erklärung.

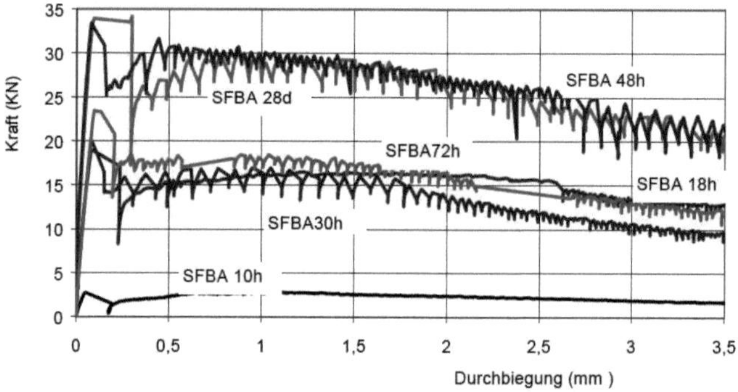

Abb. 10-47: Gegenüberstellung der Arbeitslinien von 10 Stunden bis 28 Tagen für SFBA mit der Faserdosierung von 40 kg/m³

Die Abb. 10-48 zeigt die Gegenüberstellung der Arbeitslinien von SFBA 60 zwischen 10 Stunden und 28 Tagen:

1. Ähnlich wie in der Abb. 10-46 und 10-47 erhöhen sich alle Werte mit der Erhärtung des Betons (von 10 bis 18 Stunden) sehr rasch;
2. Ähnlich wie in der Abb. 10-46 aber anders wie in der Abb. 10-60 sind zeitliche Grenzen zwischen 18 und 30 Stunden sichtbar;

3. Ähnlich wie bei SFBA 20/40 sind die Werte von 48 Stunden vor und nach dem Riss besser als die Werte von 72 Stunden (Tabelle 10-4);
4. Das ungewöhnliche Verhalten zwischen 48 und 72 Stunden ist derzeit noch nicht erklärbar.

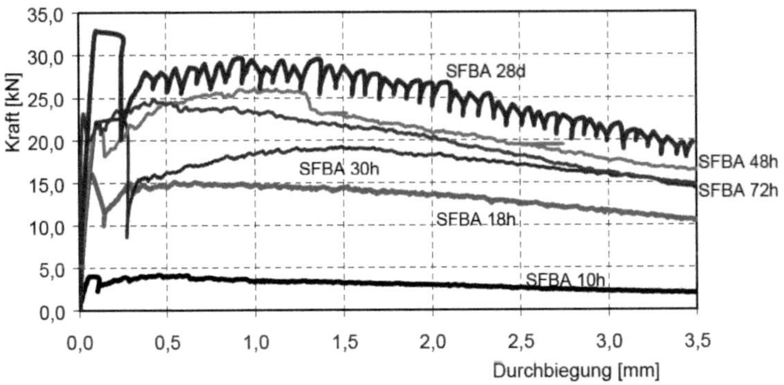

Abb. 10-48: Gegenüberstellung der Arbeitslinien von 10 Stunden bis 28 Tagen für SFBA mit der Faserdosierung von 60 kg/m³

Ein sprunghafte Anstieg der Festigkeit und des Arbeitsvermögens zwischen 10 und 18 Stunden ist bei SFBA mit allen unterschiedlichen Fasergehalten ersichtlich (Tabelle 10-11, Abb. 10-46, 47 und 48).

Im Vergleich mit Tabelle 10-4 und 10-11 sind die relativen Werte im jungen Alter in Bezug zu den 28 Tageswerten in Tabelle 10-12 aufgelistet. Aus den Ergebnissen kann für das Betonalter von 10 Stunden folgendes abgeleitet werden:

- Die Maximalkraft (F) vor dem Riss nimmt mit dem steigenden Fasergehalt zu; z.B. F von SFBA 20 im Alter von 10 Stunden beträgt nur 6,46% des 28 Tageswertes, F von SFBA 40 in dem gleichen Alter beträgt schon 11,19% und F von SFBA 60 nach 10 Stunden beträgt 13,75 % des entsprechenden 28 Tageswertes.
- ähnlich wie die Maximalkraft nehmen das Arbeitsvermögens des Betons (D^b_{BZ}) und die Biegezugfestigkeit (β_{BZ}) vor dem Riss auch mit steigendem Fasergehalt zu.
- der Anteil des Arbeitsvermögens und der äquivalenten Biegezugfestigkeit im Verhältnis zu dem entsprechenden 28 Tageswert nach dem Riss nehmen ähnlich wie vor dem Riss auch deutlich zu.

- Ab 18 Stunden sind die Werte von SFBA 40 den entsprechenden Werten von SFBA 60 überlegen.

Tabelle 10-12: Gegenüberstellung der relativen Werte im jungen Alter in Bezug auf die 28 Tageswerte

%	F	D^b_{BZ}	β_{BZ}	D^f_{BZ2}	äqu.β_{BZ2}	D^f_{BZ3}	äqu.β_{BZ3}
äqbz2010h	6,46	5,46	6,50	4,33	4,34	5,97	6,05
äqbz2018h	35,32	37,87	35,54	24,64	24,65	41,33	41,21
äqbz2030h	64,94	60,69	65,35	53,70	53,69	75,08	75,07
äqbz2048h	72,30	73,35	72,74	65,33	65,38	101,99	102,02
äqbz2072h	69,53	74,25	69,96	40,64	40,67	70,98	71,11
äqbz2028d	100,00	100,00	100,00	100,00	100,00	100,00	100,00
äqbz4010h	11,19	9,60	11,16	8,51	8,52	9,80	9,75
äqbz4018h	57,78	54,11	57,62	56,22	54,21	58,40	58,37
äqbz4030h	60,71	57,11	60,55	61,49	61,54	57,39	57,34
äqbz4048h	108,77	106,87	108,47	112,89	112,97	103,53	103,45
äqbz4072h	75,37	70,94	75,17	86,90	86,96	80,14	80,11
äqbz4028d	100,00	100,00	100,00	100,00	100,00	100,00	100,00
äqbz6010h	13,75	12,34	13,75	14,45	14,35	13,33	13,32
äqbz6018h	49,03	47,55	49,02	47,53	47,26	49,49	50,91
äqbz6030h	70,62	71,65	70,61	61,58	61,23	62,33	62,31
äqbz6048h	73,60	75,84	73,59	82,23	81,74	85,40	85,66
äqbz6072h	72,89	64,87	72,88	78,62	78,18	77,20	77,20
äqbz6028d	100,00	100,00	100,00	100,00	100,00	100,00	100,00

10.6.3 Vergleich von faserbewehrten Betonen laut Österreichischer Richtlinie Spritzbeton

Tabelle 10-13 zeigt den Vergleich der Biegezähigkeitsbereiche zwischen SFBA und SFBB von unterschiedlichen Fasertypen und Fasergehalten nach 28 Tagen gemäß Österreichischer Richtlinie Spritzbeton.

Tabelle 10-13: Gegenüberstellung der Biegezähigkeitsbereiche

	Restbiegezugfestigkeit bei angegebener Durchbiegung (%)		Biegezähigkeits-bereiche
	1/600 (1 mm)	1/150 (4 mm)	
SFBA 20	34	21	T2
SFBA 40	81	55	T4
SFBA 60	88	54	T4
SFBB 20	37	17	T2
SFBB 40	78	20	T2
SFBB 60	93	34	T3

Aus Tabelle 10-13 ist zu ersehen, dass die Werte von SFBA 20 und SFBB 20 im Bereich T2 liegen, die Werte von SFBA 40 und 60 liegen im Bereich T4. Da SFBB 40 und 60 nach dem Riss generell steiler als die entsprechenden Werten von SFBA abnehmen, schwanken SFBB 40 und 60 zwischen T2 und T3.

Ähnlich wie in der Tabelle 10-5 erwähnt ergibt sich wieder, dass die Biegezähigkeitsbereiche allein zur genauen Festlegung und Unterscheidung des Arbeitsvermögens mit der Balkenabmessung von 150 mm x150 mm x 700 mm (Spannweite 600 mm) nach der instabilen Zone nicht deutlich genug sein können. SFBB 4028d, SFBA 2028d und SFBB 2028d wurden im gleichen Bereich T2 eingegliedert. Aber das Arbeitsvermögen von SFBA 4028d nach dem Riss ist fast 50% höher als die Werten von SFBA 2028d und SFBB 2028d (Tabelle 10-11). Es muss also immer die Biegezugfestigkeit mitangegeben werden.

10.7 Diskussion

Aus den durchgeführten Biegeversuchsergebnissen lassen sich folgende Schlüsse ziehen.

10.7.1 Auswertung laut ASTM im jungen Alter

Im jungen Alter erhöht sich die aufgetretene Durchbiegung bis zum ersten Riss mit steigendem Fasergehalt für das gleiche Betonalter (Tabelle 10-2). Das bedeutet, dass sich die elastischen Eigenschaften durch die Faserzugabe deutlich erhöhen. Diese Erscheinung kommt bis zum Alter von 30 Stunden vor.

Der Zähigkeitsindex von SFBA 40 bei der Durchbiegung von 3δ (I_5) hat den besten Wert aller Betonproben im Alter von 10 Stunden erreicht. Der Zähigkeitsindex von SB bei der Durchbiegung von 5,5δ (I_{10}) bis 15,5δ (I_{30}) hat ab 18 Stunden fast immer den besten Wert aller Betonproben (Stahl- und Stafaserbetonproben) erreicht, und SFBA 60 zeigt ab 18 Stunden den besten Wert aller Faserbetonproben.

Die Restfestigkeitsfaktoren ($R_{10,20}$, $R_{10,20}$ und $R_{10,30}$) steigen bis 48 Stunden mit steigendem Fasergehalt, und zwar je jünger der Beton ist, umso deutlicher und regelmäßiger zeigt sich diese Erhöhung.

Bei der Auswertung über I und R zeigt sich SB bis 30 Stunden den Faserbeton überlegen. wie man aber im Kapitel 10.4 sieht, ist gerade zu diesen Zeitpunkten der Faserbeton durchaus ebenbürtig, weisen SFBA 40 und SFBA 60 zu diesen Zeitpunkten höhere Spannungen beim 1. Riss auf. Eine Auswertung über Zähigkeitsindex und Restfestigkeitsfaktoren vermittelt zu diesen frühen Zeiten daher eine einseitige Information, während nach 72 Stunden ehe eine Unterbewertung im Vergleich mit Abb. 10-20 von SB erfolgt.

10.7.2 Auswertung laut ASTM im Alter von 28 Tagen

Ähnlich wie im jungen Alter hat der Zähigkeitsindex (I_5) von SFBA 40 im Alter von 28 Tagen den besten Wert erreicht.

Zwischen den Zähigkeitsindizes (I_5, I_{20}) der Betone mit verschiedenen Fasern ist der Unterschied sehr klein, und bei der Durchbiegung von 5,5δ (I_{10}) gibt es kaum einen Unterschied.
Zusammenfassend kann man sagen, dass die Zähigkeitsindices von SFBA den entsprechenden Werten von SFBB etwas überlegen sind.

Die Restfestigkeitsfaktoren ($R_{5,10}$) von SFBB überragen die entsprechenden Werte von SFBA. Die Restfestigkeitsfaktoren ($R_{10,20}$ und $R_{10,30}$) von SFBA sind im Gegensatz zu den Werten von $R_{5,10}$ den entsprechenden Werten von SFBB überlegen.

10.7.3 Auswertung laut DBV-Merkblatt im jungen Alter

Die Maximalkraft F im Intervall von 0,1 mm verursacht in vielen Fällen auch den ersten Riss gemäß ASTM. Dieser Fall trifft besonders beim Nullbeton bzw. Nullspritzbeton und beim Stahlfaserbeton bzw. Stahlfaserspritzbeton, der durch den niedrigen Fasergehalt bewehrt ist, zu.

Die größte Last im Intervall von 0,1 mm ist nicht nur von dem Betonalter abhängig sondern steigt auch mit zunehmendem Fasergehalt. Diese Erscheinung kommt nur im jungen Alter (vor 18 Stunden) vor. Mit der Erhärtung des Betons wird die größte Last vor dem ersten Riss nicht mehr durch den Fasergehalt beeinflusst.

Die Werte des Arbeitsvermögens (D^b_{BZ}) und der Biegezugfestigkeit (β_{BZ}) vor dem ersten Riss nehmen auch leicht im jungen Alter (besonders bei 10 Stunden) mit steigendem Fasergehalt zu. Der Unterschied zwischen SFBA 20, 60 und SB ist auch nicht so groß wie nach dem Riss.

Nach dem Auftreten des Risses zeigt sich der deutliche Unterschied zwischen den verschiedenen Fasergehalten und SB. Nur bei 10 Stunden erhöhen sich die Werte von D^f_{BZ2}, äqu.β_{BZ2}, D^f_{BZ3} und äqu.β_{BZ3} regelmäßig mit steigendem Fasergehalt. Zwischen 18 und 72 Stunden könnte man die 3 Kurven von SFBA in 2 Kurvenstämmen teilen:

1. SFBA 20 hat ein niedriges Nachbruchverhalten gezeigt.
2. SFBA 40 hat deutlich bessere Zähigkeit als SFBA 20 gezeigt.
3. Zwischen SFBA 40 und SFBA 60 besteht kein deutlicher Unterschied. Die Werte von SFBA 40 sind oft den entsprechenden Werten von SFBA 60 und SB überlegen.
4. SFBA 60 zeigt nach dem Erreichen der höchsten Last eine kleinere instabile Zone als SFBA 40, obwohl das Arbeitsvermögen von SFBA 40 den entsprechenden Werten von SFBA 60 über den ganzen Durchbiegungsbereich öfter überlegen ist.

Im Zusammenhang mit den Versuchen über das rheologische Verhalten und die Wasserundurchlässigkeit könnte SFBA 40 einen wirtschaftlichen und wirksamen Dosierungsbereich bis 60 kg/m³ A-Fasern für Stahlfaserbeton, wenn die Fasern dreidimensional im Beton verteilt sind und die instabile Zone gerade nach der höchsten Last keine große Rolle in der Sicherheit spielt, darstellen.

10.7.4 Auswertung von faserbewehrtem SCC-HPC im Alter von 28 Tagen gemäß DBV-Merkblatt

Die Nachteile des traditionellen HSC (High Strength Concrete) sind die Sprödigkeit und die schwere Verarbeitbarkeit. Um diese Nachteile zu eliminieren, wurden die Verarbeitbarkeit und die Zähigkeit als wichtige Faktoren in HPC (High Performance Concrete) eingeführt.

Die Makrokunststofffasern (Faser C, D und E) haben gewisse positive Auswirkung auf das Nachbruchverhalten des SCC-Hochleistungsbetons gegenüber dem SCC-HPC ohne Fasern. Wegen der schlechten Verarbeitbarkeit sind Faser C und E für SCC-HPC nicht anwendbar (Abschn. 6.2.2). KFBD 7 hat eine größere instabile Zone nach dem 1. Riss gegenüber KFBC/E, jedoch bessere Verarbeitbarkeit gezeigt. Die Versuchsergebnisse von dem faserverstärkten SCC-HPC zeigt: dass die Biegezähigkeit von *SFBC 50* gegenüber dem von *CFB 305* (30 kg/m³ Stahlfasern C + 5 kg/m³ Kunststofffasern D) nur leicht zunehmen (ca. 10%), wobei die Gesamtfaserdosierung um 40% angestiegen ist;

Der Vergleich zwischen *Fasercocktail 305* und SFBC 30 zeigt:

- das Cocktail 305 hat ein besseres und stabiles Nachbruchverhalten
- das Arbeitsvermögen (D^f_{BZ3}) und die äquivalente Biegezugfestigkeit (äqu.β_{BZ3}) von CFB 305 nehmen fast 20% zu
- die Gesamtfaserdosierung steigt nur um 17% an.

Es kam bei den Biegezugversuchen mit Cocktailproben zu Mehrfachrissen. Das bedeutet eine deutlich verbesserte Spannungsverteilung und Spannungsumlagerung mit Cocktailfaserverstärkung in der Zugzone. Durch die Mehrrisserscheinung war die maximale Rissöffnung auf der Zugseite reduziert, was sich auch positiv auf die Dauerhaftigkeit auswirkt.

10.7.5 Auswertung laut DBV-Merkblatt im Alter von 28 Tagen

Welcher Faserbeton von SFBA und SFBB sich besser verhalten kann, ist schwer festzustellen, da in der Tabelle 10-11 weder SFBA noch SFBB ständig den besseren Wert zeigen kann.

Die Arbeitsvermögen von SFBB 40 und SFBB 60 nehmen nach dem Riss tendenziell steiler als die entsprechenden Werte von SFBA ab. Dies könnte auf den Versagensmechanismus, besonders auf das Verbundverhalten zwischen den Fasern und der Betonmatrix zurückzuführen sein. Das hieße, dass die B-Fasern wegen größerem Durchmesser bei gleichem Fasergehalt weniger zum Rissüberbrücken im Versagensquerschnitt verteilt und leichter ausziehbar wären als die A-Fasern.

Wie weit die profilierte Oberfläche im Mittelbereich der B-Fasern das Ergebnis verbesserte, kann nicht gesagt werden. Im Vergleich zu den B-Fasern haben sich dünnere und mehr zum Rissüberbrücken verteilte A-Fasern und der steilere gebogene Endhacken der A-Fasern bei der Ausziehung besser verhalten.

Durch die Auswertungen laut DBV-Merkblatt kommt man zu der Schlussfolgerung, dass die Werte des Arbeitsvermögens und der äquivalenten Biegezugfestigkeit von Faserbeton mit 60 kg/m³ Fasergehalt der Typen A und B fast gleich sind. Aber bei dem Fasergehalt von 20 und 40 kg/m³ hat SFBA das besseres Arbeitsvermögen und die bessere äquivalente Biegezugfestigkeit nach dem Riss als SFBB gezeigt.

10.7.6 Auswertung laut Österreichischer Richtlinie Spritzbeton von jungen Alter bis zu 28 Tagen

Die Prüfmethode dieser Richtlinie ist fast identisch zu ASTM C 1018-94b. Die Auswertung der Versuchsergebnisse kann sowohl durch DBV-Merkblatt als auch durch ASTM C 1018-94b durchgeführt werden. Außerdem beurteilen Biegezähigkeitsbereiche die abfallende Tendenz der Last-Durchbiegungskurven nach dem instabilen Bereich.

Durch den Vergleich mit den eingeführten Biegezähigkeitsbereichen ist ersichtlich, dass SFBA 40 und 60 im Alter von 28 Tagen im Bereich T4 liegen, während SFBB 40 und 60 zwischen den Bereichen T2 und T3 schwanken.

10.7.7 Schlussfolgerung

Die Ergebnisse von Biegeversuchen an Stahlfaserbeton mit Stahlfaserspritzbetonmischungen zeigen folgende Tendenz:

1) Wie in Abschn. 3.1 erwähnt wird, ist die Anwendung von ASTM C 1018 auf hohen Fasergehalt (> 20 kg /m³) beschränkt, der eine stabile Last-Verformungskurve bedingt und nicht die zu kalkulierenden Parameterwerte (I_5, I_{10}) verfälscht.

2) Die Auswertung nach DBV-Merkblatt ist in diesem Fall günstiger, weil in den meisten Fällen mit niedrigem Fasergehalt (> 20 kg /m³) die Werte von $\delta_2 = \delta_1 + 0{,}65$ mm schon wieder in der stabilen Zone liegen.

3) Der Zähigkeitsindex (I) und der Restfestigkeitsfaktor (R) nach ASTM C 1018 ergeben sich aus Relativverhältnissen der Energieaufnahme. Sie sind sehr gut für den Vergleich zwischen Betonen mit unterschiedlichen Fasergehalten geeignet. Aber für die Praxis und die Bemessung sind die Kennwerte nach dem DBV-Merkblatt (Arbeitsvermögen und äquivalente Biegezugfestigkeit) viel direkter und praktischer. Die beiden Richtlinien sind nicht in der Lage, die instabile Zone nach dem Erreichen der höchsten Last zu beurteilen oder zu berücksichtigen.

4) Aus den Versuchsergebnissen wird erkannt, dass SFBA 60 im jungen Alter (10, 18 Stunden) den Stahlbeton mit Mindestbewehrung in der nicht genauen Lage ersetzen darf. Obwohl wegen der schwankenden Eigenschaft des Betonversuches sich die Stahlbetonproben zu manchen Zeitpunkten (z. B. 30 und 72 Stunden) besser verhalten, darf man sich vorstellen, dass SFBA 60 den SB mit Mindestbewehrung in der nicht genaue Lage überhaupt ersetzen kann. Natürlich fehlt es bis heute an ausreichenden Versuchen über Stahlbetonproben mit Mindestbewehrung nach 28 Tagen in der Weise, um sie mit Stahlfaserbetonproben vergleichen zu können.

Bis 18 Stunden weist auch noch SFBA 40 höhere Spannungen beim 1. Riss auf als SB. Erst ab 30 Stunden ist dem SB den Faserbetonen beim 1. Riss und im Nachbruchverhalten überlegen. Die Zugabe von 20 kg/m³ Stahlfasern zeigt gegenüber den höher bewehrten Proben nur einen geringen Effekt. Vor allem nach dem 1. Riss ist ein großer instabiler Bereich zu beobachten.

Im Vergleich der Eigenschaften des Faserbetons im jungen Alter und nach 28 Tagen ist ersichtlich, dass die Kennwerte mit gleichem Fasergehalt nach 28 Tagen nicht immer besser als die entsprechenden Werte bis zu 72 Stunden sind. Wenn der Beton zu jung ist, gibt es noch keine richtige Verbundwirkung zwischen Fasern und Beton. Ein steiler Lastrückgang nach dem ersten Riss ist die Folge. Aber ob die Verbundwirkung kontinuierlich mit dem Betonalter bis zu 28 Tagen zunimmt, ist auch nicht bestätigt.

Mit beiden Stahlfasertypen werden in etwa die gleichen Resultate erzielt. Eine Zugabe von 20 kg/m³ führt nach dem 1. Riss zu einer instabilen Situation im Bruchquerschnitt. Mit Zugabe von 40 und 60 kg/m³ kann das Nachbruchverhalten jedoch sehr gut verbessert werden. Dabei zeigt sich, dass der Fasertyp A durch die größere Anzahl dünnerer Fasern etwas weniger schnell aus der Matrix ausgezogen wird als der Fasertyp B mit profilierter Oberfläche. Bei geringeren Durchbiegungen ist jedoch kein Unterschied feststellbar.

Durch die Zugabe von Stahlfasern können viele Eigenschaften des Betons/Spritzbetons/SCC-Hochleistungsbetons verbessert werden, wie z.B. das Nachbruchverhalten, das Rissverhalten und die Energieabsorption. Die Faseranwendung im Bereich von SCC-HPC setzt besonders hohe Anforderung an der Verarbeitbarkeit voraus. Die Zugabe von Stahlfasern und PP-Fasern erfüllt gute Verarbeitbarkeit, führt zu einer deutlichen Erhöhung der Zähigkeit gegenüber der gleichen Stahlfaserdosierung und zugleich zeigt auch seine überlegende Wirtschaftlichkeit.

11 Faserverteilung, Rissöffnung und Statistische Analyse der Versuchsergebnisse

Zur Analyse der Stahlfaserverteilung im Versagensquerschnitt des Stahlfaserbeton/Spritzbetonbalkens liegen bisher wenige Versuchsergebnisse vor. Die Prüfungen beschränken sich meist auf den Einfluss der Faserdosierung und auf das Druck- bzw. Biegezugverhalten des Betons. Neben dem bekannten Biegezugverfahren (Kraft – Durchbiegung) gemäß DBV-Merkblatt wurden hier die Untersuchungen an Balken aus Stahlfaserbeton mit verschiedenen Fasergehalten und Fasertypen nach RILEM Recommendation (Kraft – Rissöffnung) und EFNARC durchgeführt. Der Einfluss der Faseranzahl und des Faserabstandes auf das Nachbruchverhalten wurde untersucht. Die Stahlfaserverteilung im Balkenquerschnitt wurde durch die FE Methode dargestellt. Die Relation zwischen der Balkendurchbiegung und der Rissöffnung ist dokumentiert und dargestellt.

11.1 Die Biegezähigkeitsversuch nach RILEM und EFNARC

Bei gleicher Faserqualität ist der Fasergehalt ein wichtiger Faktor für die Verbesserung des Nachbruchverhaltens von Beton. Um das Arbeitsvermögen des Betons zu erhöhen, wird in der Regel die Faserdosierung erhöht. Das bedingt gegeben falls ein erschwertes Verdichten sowie höhere Kosten. Aus der bruchmechanischen Ansicht ist die Effektivität der Fasern ausschließlich vom Abstand der Fasern zueinander abhängig. Dieser Abstand der Fasern beeinflusst wiederum das Nachbruchverhalten des Betons. Bis heute gibt es aber noch wenige Forschungsergebnisse über die Beziehung zwischen Faserdosierung/Fasergehalt und Faserverteilung sowie Faserabstand. Es ist auch wichtig zu beurteilen, wie weit die Risse unter bestimmten Deformation öffnen werden können. Das ist ein bedeutender Faktor für das Auswählen und den Einsatz der Stahlfasen. Ziel von diesem Kapitel ist der Einfluss unterschiedlicher Faserdosierung [45]

- auf das Nachbruchverhalten im Biegezugversuch nach RILEM Recommendation,
- auf die Faseranzahl und die Faserverteilung im Balkenquerschnitt bzw.,
- auf die Korrelation zwischen Durchbiegung und Rissöffnung des Biegebalkens.

Weiters werden alle Versuchsergebnisse statistisch analysiert, damit man die Grundlage für die Forschung des Bemessungssystems darstellen kann.

11.1.1 Versuchsergebnisse

Als Beispiel zeigen Abb. 11-1, 11-2, 11-3, 11-4 und 11-5 die Gegenüberstellung der Kraft–Durchbiegungskurven und der Kraft–Rissöffnungskurven von Stahlfaserbetonproben mit unterschiedlicher Faseranzahl im Versagensquerschnitt bei dem Fasergehalt von 15, 20 und 30 kg/m³ der Stahlfaser D und E im Alter von 28 Tagen [45].

Wegen dem Verarbeitungsprozess des Faserbetons ist eine gleichmäßige Faserverteilung zwischen verschiedenen Proben bei der gleichen Faserdosierung kaum möglich. Der Mittelwert, die Standardabweichung der Faseranzahl im Versagensquerschnitt der unterschiedlichen Faserdosierung von Typ D (4600 Fasern/kg) und die Variationskoeffizient sind in Tabelle 11-1 dargestellt.

Tabelle 11-1: Teilergebnisse der Faserverteilung, der Faseranzahl und ihrer Standardabweichung

Faserdosierung (kg/m³, D-Faser)	Mittelwert der Faseranzahl/Querschnitt	Standardabweichung	Variationskoeffizient (%)
10	26	7,4	28,4
20	56	20	35
30	93	17	18

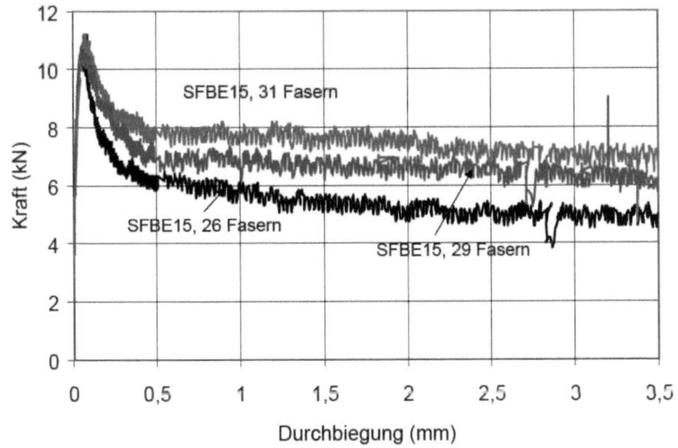

Abb. 11-1: Gegenüberstellung der Kraft – Durchbiegungskurven mit 15 kg/m³ der E-Faser

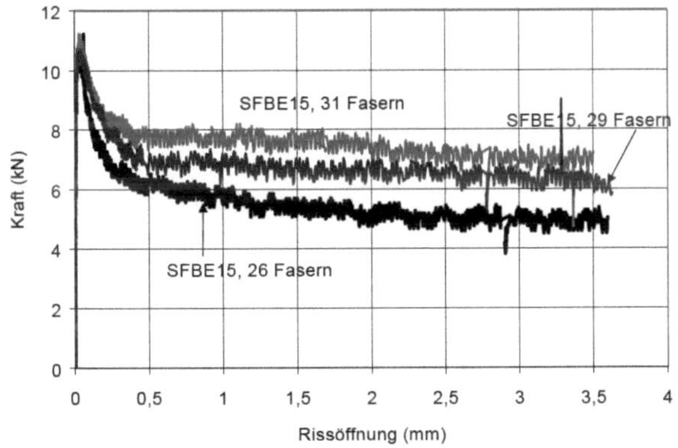

Abb. 11-2: Gegenüberstellung der Kraft – Rissöffnungskurven mit 15 kg/m³ der E-Faser

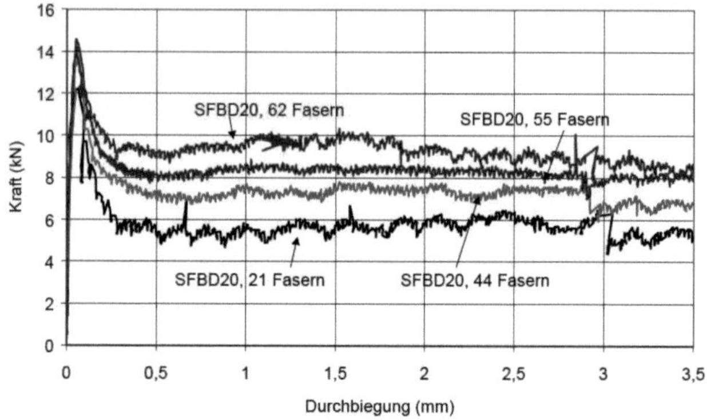

Abb. 11-3: Gegenüberstellung der Kraft – Durchbiegungskurven mit 20 kg/m³ der D-Faser

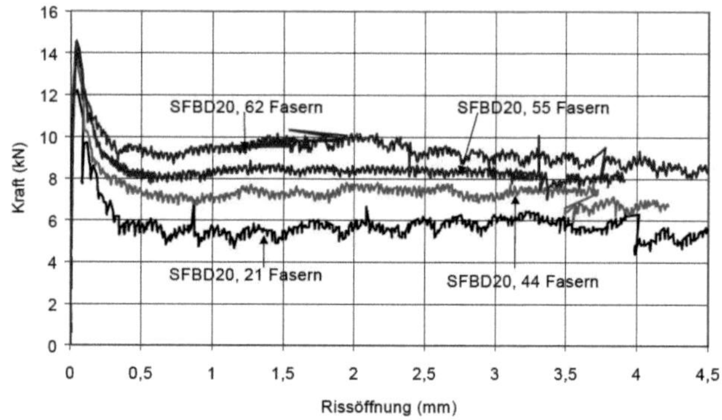

Abb. 11-4: Gegenüberstellung der Kraft – Rissöffnungskurven mit 20 kg/m³ der D-Faser

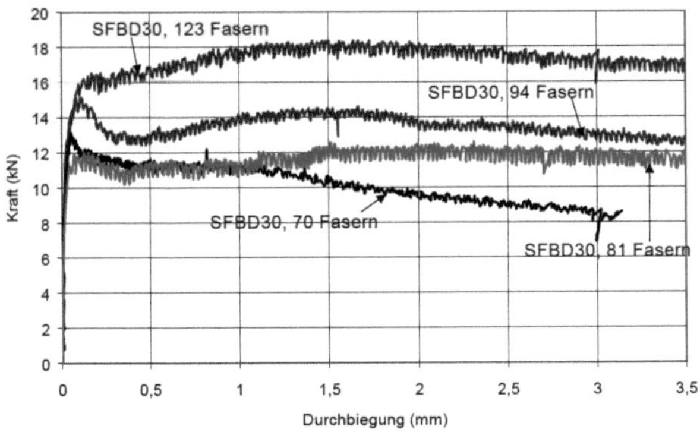

Abb. 11-5: Gegenüberstellung der Kraft – Durchbiegungskurven mit 30 kg/m³ der D-Faser

Aus den oben genannten Versuchen ist es ersichtlich:

- die Kraft– Durchbiegungskurven und die Kraft – Rissöffnungskurven verlaufen ähnlich;
- das Nachbruchverhalten des Faserbetons mit der gleichen Faserdosierung ist stark abhängig von der Faseranzahl und von dem Faserabstand im Versagensquerschnitt, besonders in der Zugzone des Versagensquerschnittes;
- die hohe Standardabweichung und die Streuung von der Faseranzahl und von der Faserverteilung im Versagensquerschnitt haben starken Einfluss auf die Biegezähigkeit des Stahlfaserbetons.

Abb. 11-6a zeigt die Versuchsergebnisse von Stahlfaserspritzbeton (SFSpB) mit Faserdosierung von 50 kg/m³ (Faser A, 21500 Stücke/kg) mit Nassspritzverfahren nach EFNARC. Der verbleibende Fasergehalt in den Proben wegen dem Rückprall war 41,5 kg/m³. Die Biegezähigkeit ist von Balken zu Balken sehr unterschiedlich wegen des Rückpralles und wegen der ungleichmäßigen verteilten Stahlfasern in den Biegebalken.

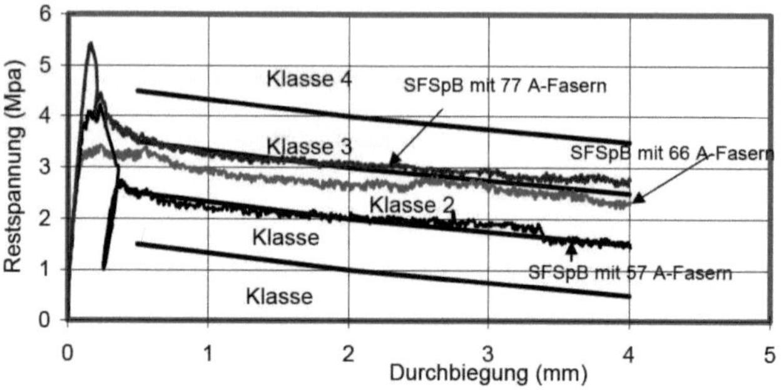

Abb. 11-6a: Restspannungsklasse des Stahlfaserspritzbetons mit 41,5 kg/m³ der A-Faser

Für Nassspritzverfahren wurden auch Stahlfasern Typ A und Typ C mit der gleichen Faserdosierung von 40 kg/m³ eingesetzt. Abb. 11-6b zeigt die Gegenüberstellung des Arbeitsvermögens zwischen Stahlfaserspritzbeton mit 40 kg/m³ A und C–Fasern.

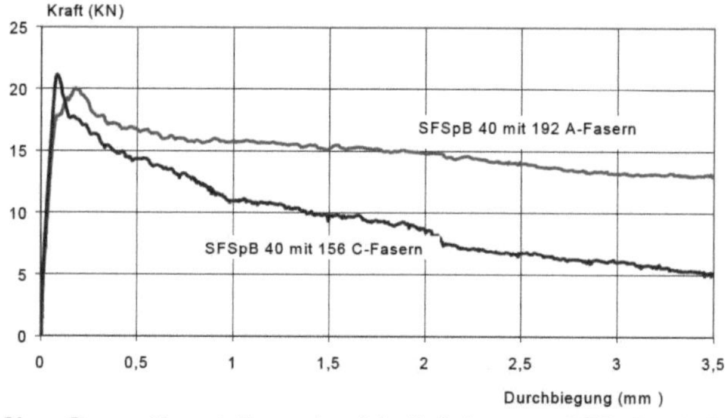

Abb. 11-6b: Gegenüberstellung der Arbeitslinien von SFSpB mit Faserdosierung von 40 kg/m³ von A und C -Fasern

Nach der Biegezugprüfung wurden insgesamt je 12 Proben mit der Abmessung von 10 cm x 10 cm x 10 cm aus den Balkenproben, die mit 40 kg/m³ A, C-Faser nassgespritzt waren, herausgeschnitten und zermahlen, um den tatsächlichen Stahlfasergehalt nach EFNARC, der nach dem Spritzen in den Proben geblieben ist, zu ermitteln.

Die Ermittlungen haben gezeigt, dass bei der Dosierung von 40 kg/m³ mit dem Nassspritzverfahren enthalten die Proben ca. 33,45 kg/m³ Stahlfasern, das bedeutet, dass ungefähr 16,38% (6,55 kg/m³) Stahlfasern im Rückprall geblieben sind.

Ähnlich zu den Ergebnissen bei Stahlfaserbeton (Abb. 11-1 – 11-6) war die Streuung des Nachbruchverhaltens mit demselben Fasergehalt in den Proben wegen unterschiedlicher Faseranzahl im Querschnitt deutlich (Abb. 11-7). Deswegen ist es wichtig für Faseranwendung und für die Statiker/Planer, die Beziehung zwischen dem Fasergehalt in der Mischung und der Faseranzahl im Querschnitt mit unterschiedlichem Fasergehalt/-typen zu erforschen.

11.1.2 Darstellung der Faseranzahl/Faserverteilung im Versagensquerschnitt

Nach dem Biegezugversuch wurde jeder geprüfte Balken in zwei Teile gespalten. Der Querschnitt wurde in 3 cm x 3 cm quadratische Zone eingeteilt. Um die Verteilung direkt und deutlich analysieren zu können, wurde Faseranzahl in Form mittels Finit-Elemente dargestellt. Entsprechend dem Balken mit 62 D-Fasern in Abb. 11-3 und 11-4 wurden die Stahlfaserverteilung, die Faseranzahl und der Faserabstand in Abb. 11-7, 11-8a und 11-8b vorgestellt.

Abb. 11-7: Stahlfaserverteilung mit der Faserdosierung von 20 kg/m im Versagensquerschnitt nach RILEM Versuch

Abb. 11-8a: 62 Stücke Fasern und die Verteilung bei der Faserdosierung von 20 kg/m^3 im Versagensquerschnitt

Abb. 11-8b: Durchschnittlicher Faserabstand von Abb. 11-8a im Versagensquerschnitt

Entsprechend dem Balken mit 123 D-Fasern in Abb. 11-5 wurden die Stahlfaserverteilung, die Faseranzahl und der Faserabstand in Abb. 11-9a und 11-9b dargestellt. Dort, wo sich die Fasern dicht verteilt sind, haben Fasern kleinen Abstand (z.B. im Vergleich zu den linke Seite von Abb. 11-9a/9b).

Abb. 11-9a: 123 Stücke Fasern und die Verteilung bei der Faserdosierung von 30 kg/m^3 im Versagensquerschnitt

Abb. 11-9b: Durchschnittlicher Faserabstand von Abb. 11-9a im Versagensquerschnitt

Der Balkenquerschnitt nach EFNARC wurde in quadratische Zone von 2,5 cm x 2,5 cm eingeteilt. Entsprechend dem Stahlfaserspritzbetonbalken mit 77 A-Fasern im Querschnitt in Abb. 11-6a wurden die Stahlfaserverteilung und die Faseranzahl in Abb. 11-10 gezeigt.

Abb. 11-10: 77 Stücke Fasern und die Verteilung im Versagensquerschnitt nach EFNARC

11.2 Analyse der Beziehung zwischen dem Fasergehalt und der Faserverteilung

Wenn die Faserdosierung für Stahlfaserbeton in der Praxis von den Statikern/Planern in kg/m³ angegeben wird, kann man normal weise die Faseranzahl/kg als ein Faktor in der Produktbeschreibung nachschlagen, so dass es leicht ist, den Fasergehalt in Anzahl/Volumen (Stücke/m³) in den Proben zu ermitteln. Für Stahlfaserspritzbeton (SFSpB) muss man zuerst den Faserverlust wegen Rückpralles analysieren [32, 45], dann kann man den tatsächlichen Fasergehalt in den Proben bestimmen. Der durchschnittliche Faserverlust infolge des Rückpralles von Nassspritzbeton ist zwischen 12% und 18%. Für die Biegezähigkeit ist aber die Faseranzahl im Querschnittfläche (Stücke/cm²) ausschlaggebend. Die Faserverteilung im Versagensquerschnitt wurde auf Faseranzahl/cm² umgerechnet.

Um die Ergebnisse aussagekräftig darzustellen, wurden 4 unterschiedliche Fasertypen (A, B, D und E) eingesetzt. Es wurden folgende Fasergehalte ausgewählt: 10, 15, 20, 25, 30, 40, 45, 60 und 65 kg/m³ [32], [45], [46], [47]

und [48]. Die sind übliche Fasergehalte sowohl für Faseranwendung für SCC-HPC als auch für Spritzbeton im Tunnelbau sowie für Instandsetzung. Die Ergebnisse von ca. 140 unterschiedlichen Balken sind in Tabelle 11-2 aufgelistet. Abb. Die graphische Beziehung zwischen Faseranzahl (Stücke/cm²) im Querschnitt und der Faserdosierung (Stücke/m³) ist in Abb. 11-11 dargestellt.

Tabelle 11-2: Gegenüberstellung des Fasergehaltes (kg/m³), der Faseranzahl in der Mischung (Stücke/m³) und der Faseranzahl im Querschnitt (Stücke/cm²) von unterschiedlichen Fasertypen

Fasertyp	D	E	E	D	D	A	B	A	A	B	A	A
Faser-gehalt	10	15	25	20	30	26	40	34	40	45	60	65
Faseran-zahl/m³	46x 10³	48x 10³	8x 10³	92x 10³	138x 10³	386x 10³	594x 10³	731x 10³	860x 10³	968 x 10³	1290 x 10³	140 x 10³
Faseran-zahl/cm²	0,14	0,14	0,28	0,3	0,41	0,53	0,84	0,87	1,07	1,15	1,34	1,43

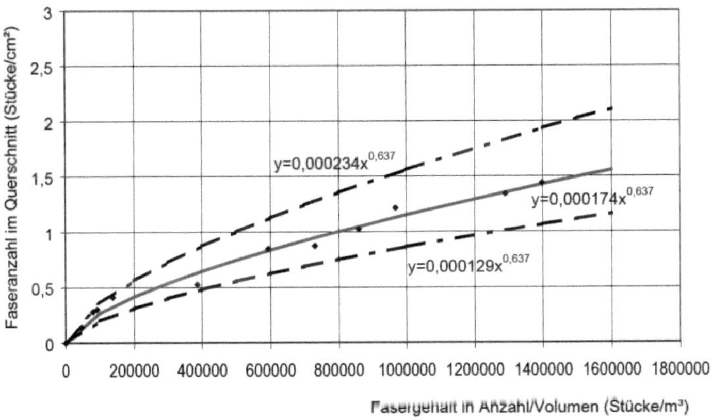

Abb. 11-11. Beziehung zwischen Faseranzahl im Querschnitt (Stücke/m²) und Fasergehalt (Stücke/m³)

Die gesuchte mathematische Regressionsgleichung für die in der Abb. 11-11 beschriebene Beziehung ist in Gl. (11-1) dargestellt:

$$y = 0{,}000174\ x^{0{,}637} \qquad (11\text{-}1)$$

mit:

x: die Umrechnung des Fasergehaltes in Anzahl/Volumen (Stücke/m³) in der Mischung für SFB und oder in den Proben für SFSpB;

y: die Faseranzahl im Querschnittfläche (Stücke/cm²).

Durch die statistische Umrechnung nach der Theorie Normalverteilung könnte der Vertrauensgrad nach Gl. (11-2) ermittelt werden:

$$P[y_i - 2s_p < y < y_i + 2s_p] = 0{,}95 \qquad (11\text{-}2)$$

wobei:

s_p = Standardabweichung der Stichprobe, ermittelt aus Versuchen.

Mit $P[y_i - 2s_p < y_0 < y_i + 2s_p]$ = die Wahrscheinlichkeit dafür, dass $y_i - 2s_p < y < y_i + 2s_p$ vorkommt. Die Gleichungen für die Grenze des Vertrauensintervalle von $y_i - 2s_{p'}$ und $y_i + 2s_{p'}$ können von Gl. (11-2) abgeleitet und in Gl. (11-3) und (11-4) dargestellt werden (Abb. 11-11):

$$y = 0{,}000234x^{0.637} \qquad (11\text{-}3)$$
$$y = 0{,}000129x^{0.637} \qquad (11\text{-}4)$$

Das bedeutet, dass man mit Sicherheit von 95% voraussagen kann, dass die Beziehung zwischen der Faseranzahl/cm² und dem Fasergehalt der Gl. (11-1) entspricht und in der Zone zwischen Gl. (11-3) und Gl. (11-4) fallen muss. Die Wahrscheinlichkeit von $y_i - 2s_p < y < y_i + 2s_p$ beträgt 95%.

11.3 Analyse der Beziehung zwischen Durchbiegung und der Rissöffnung des Biegebalkens

Es ist wichtig zu beurteilen, wie weit die Risse unter bestimmten Deformation öffnen werden können. Das ist auch ein bedeutender Faktor für das Auswählen und den Einsatz der Stahlfasern. Manche Publikationen ([32], [49]) haben auch darüber diskutiert. Da die Versuche in [32] und [49] nach DBV-Merkblatt [7] durchgeführt waren, war eine synchrone Messung der Rissöffnung mit der Durchbiegung nicht möglich. Deswegen konnte ein genaues und aussagekräftiges Resultat nicht erreicht werden. Einige Beispiele für die Beziehung zwischen Rissöffnung und Durchbiegung beim Biegezugversuch nach RILEM [8] sind in Abb. 11-12, 11-13 und 11-14 [45] dargestellt.

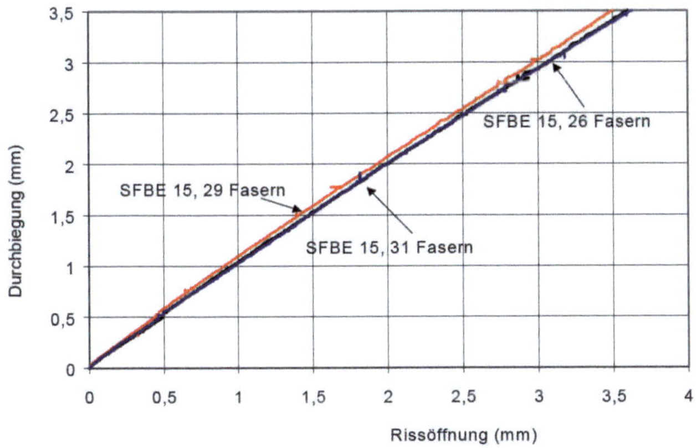

Abb. 11-12: Gegenüberstellung der Durchbiegung – Rissöffnungskurven von SFBE mit unterschiedlicher Faseranzahl bei dem Fasergehalt von 15 g/m³

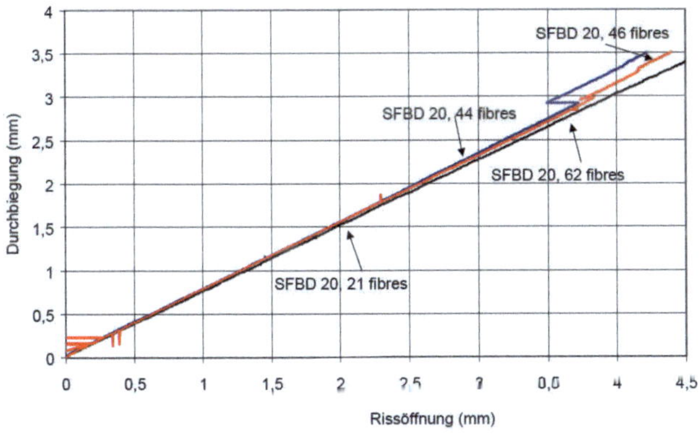

Abb. 11-13: Gegenüberstellung der Durchbiegung – Rissöffnungskurven von SFBD mit unterschiedlicher Faseranzahl bei dem Fasergehalt von 20 g/m³

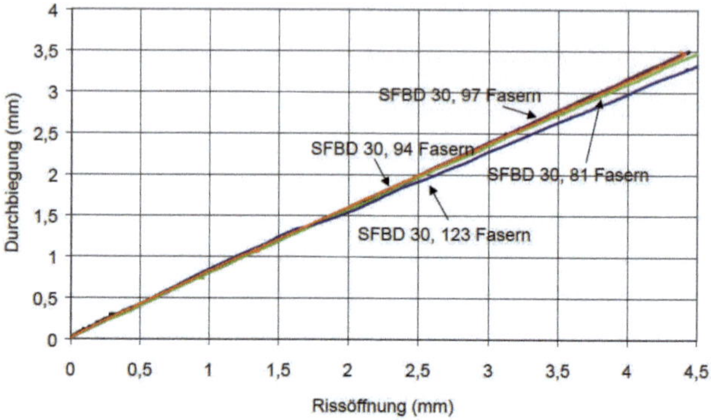

Abb. 11-14: Gegenüberstellung der Durchbiegung – Rissöffnungskurven von SFBD mit unterschiedlicher Faseranzahl bei dem Fasergehalt von 30 kg/m³

Es ist ersichtlich, dass alle Durchbiegung – Rissöffnungskurven linear verlaufen und ähnliche Gradienten haben. Der Mittelwert (k_m) der Gradienten der Durchbiegung – Rissöffnungsgrade von 36 Balken und die Standardabweichung (s_{p1}) sind in Tabelle 11-3 aufgelistet. Die gewünschte Regressionsgleichung ist in der Abb. 11-15 und in Gl. (11-15) vorgestellt.

Tabelle 11-3: Mittelwert (k_m) der Gradienten und die Standardabweichung (s_{p1})

Mittelwert der Gradienten (k_m)	Standardabweichung (s_{p1})	Variationskoeffizient (s_{p1}/ k_m, %)	$k_m + 2s_{p1}$	$k_m - 2s_{p1}$
0,8948	0,1231	13,75%	1,141	0,649

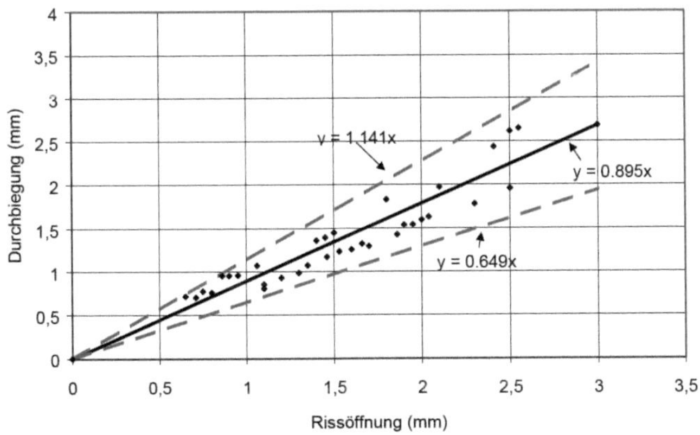

Abb. 11-15: Beziehung zwischen der Durchbiegung und der Rissöffnung von Stahlfaserbetonbalken

$$y = 0{,}895x \qquad (11\text{-}15)$$

mit:
x: die Rissöffnung des geprüften Balken nach RILEM;
y: die Durchbiegung des geprüften Balkens nach RILEM.

Nach Gl. (11-2) können der Vertrauensgrad/Vertrauensintervall bestimmt werden. Die Gleichungen für die Grenze des Vertrauensintervalle von $y_i - 2s_{p1}$ und $y_i + 2s_{p1}$, können von Gl. (11-2) abgeleitet und in der Abb. 11-15 und in Gl. (11-6) und (11-7) dargestellt werden (Abb. 11-15):

$$y = (0{,}895 + 2s_{p1})x \qquad (11\text{-}6)$$
$$y = (0{,}895 - 2s_{p1})x \qquad (11\text{-}7)$$

Das bedeutet, dass man mit Sicherheit von 95% voraussagen kann, dass die Beziehung zwischen der Durchbiegung und der Rissöffnung der Gl. (11-5) entspricht und in der Zone zwischen Gl. (11-6) und Gl. (11-7) fallen muss. Die Wahrscheinlichkeit von $y_i - 2s_{p1} < y_0 < y_i + 2s_{p1}$ beträgt 95%.

11.4 Statistische Analyse der Versuchsergebnisse nach DBV-Merkblatt

11.4.1 Mittelwert und Standardabweichung der Prüfungsergebnisse der Biegezugversuche

Die Form der Normalverteilung wird durch den Mittelwert $\bar{x}$ und die Standardabweichung s bestimmt:

$$\bar{x} = \frac{\sum x_i}{n} \quad (11\text{-}8)$$

$$s^2 = \frac{\sum (x_i - \bar{x})^2}{n-1} \quad (11\text{-}9)$$

Die Mittelwerte sind in Tabelle 10-4 und 10-11 gezeigt. Die Standardabweichungen der Biegezugfestigkeit ($S_{\beta BZ}$) und der äquivalenten Biegezugfestigkeit ($S_{äq.\ \beta BZ2}$ und $S_{äq.\ \beta BZ3}$) von SFBA mit unterschiedlichem Fasergehalt und von SB sind in Tabelle 11-4 zusammengefasst.

Tabelle 11-4: Standardabweichungen von $S_{\beta BZ}$, $S_{äq.\ \beta BZ2}$ und $S_{äq.\ \beta BZ3}$

	$S_{\beta BZ}$	$S_{äq.\ \beta BZ2}$	$S_{äq.\ \beta BZ3}$
SFBA2010	0,02	0,04	0,01
SFBA2018	0,09	0,29	0,15
SFBA2030	0,17	0,11	0,59
SFBA2048	0,23	0,35	0,33
SFBA2072	0,40	0,65	0,04
SFBA2028d	0,33	0,37	0,48
SFBA4010	0,14	0,10	0,09
SFBA4018	0,04	0,05	0,06
SFBA4030	0,17	0,29	0,25
SFBA4048	0,36	0,47	0,72
SFBA4028d	0,21	0,25	0,36
SFBA6010	0,08	0,13	0,13
SFBA6018	0,09	0,23	0,47
SFBA6030	0,14	0,56	0,29
SFBA6048	0,27	0,18	0,43
SFBA6072	0,05	0,04	0,01
SFBA6028d	0,22	0,78	0,30
SB10	0,08	0,24	0,24
SB18	0,07	0,14	0,23
SB30	0,11	0,08	0,25
SB48	0,06	0,55	0,30
SB72	0,30	0,06	0,39

Aus Tabelle 11-4 ist zu erkennen:

1. Die $S_{\beta BZ}$ für Faserbeton nimmt mit der Zeit zu.
2. Bei SFBA 2072 und 4048 beträgt die maximale Standardabweichung $S_{\beta BZ}$ 0,40 und 0,36. Die Streuung vom Mittelwert aller Stichproben liegt für SFBA 2072 bei ca. 9,6% und für SFBA 4048 bei ca. 6%.
3. Die minimale Standardabweichung liegt vor 24 Stunden. Die Streuung für SFBA 2010 liegt bei nur 5%.
4. Schwankungen, die zwischen 5% bis 10% vom Mittelwert liegen, sind baupraktisch akzeptabel.

Tabelle 11-5 zeigt die durchschnittlichen Standardabweichungen im jungen Alter bis 72 Stunden.

Tabelle 11-5: Durchschnittliche Standardabweichungen $S_{\beta BZ\,m}$, $S_{äq.\,\beta BZ2\,m}$ und $S_{äq.\,\beta BZ3m}$

	$S_{\beta BZ\,m}$ (N/mm²)	$S_{äq.\,\beta BZ2\,m}$(N/mm²)	$S_{äq.\,\beta BZ3m}$ (N/mm²)
SFB mit 20 kg/m³ A-Faser	0,15	0,24	0,20
SFB mit 40 kg/m³ A-Faser	0,14	0,18	0,22
SFB mit 60 kg/m³ A-Faser	0,104	0,19	0,22
Stahlbetonprobe	0,12	0,21	0,28

Das bedeutet:

- $S_{\beta BZm}$ sinkt mit steigendem Fasergehalt
- $S_{äq.\,\beta BZ2m}$ und $S_{äq.\,\beta BZ3m}$ für SFBA 40 und SFBA 60 bleiben ungefähr gleich

11.4.2 Analyse der Prüfungsergebnisse nach der Student-Verteilung

Laut DBV-Merkblatt [7] ist die jeweils mittlere äquivalente Biegezugfestigkeit gemäß Gl. (11-10) zu bestimmen:

$$Äqu.\beta_{m,g} = äqu.\beta_m - s_p \cdot t_{10}/\sqrt{n} \qquad (11\text{-}10)$$

wobei:

$äqu.\beta_{m,g}$ = mittlere äquivalente Biegezugfestigkeit (Mittelwert der Grundgesamtheit)

$äqu.\ \beta_m$ = Mittelwert der Stichprobe der äquivalenten Biegezugfestigkeit

s_p = Standardabweichung der Stichprobe, ermittelt aus Versuchen

n = Anzahl der Probekörper der Stichprobe

t_{10} = Beiwert der Student-Verteilung für 10%-Quantilwert in Abhängigkeit von der Probeanzahl (Für n = 3 ist t_{10} = 1,89)

$äqu.\beta_{m,g2}$ = mittlere äquivalente Biegezugfestigkeit bei δ_2

$äqu.\beta_{m,g3}$ = mittlere äquivalente Biegezugfestigkeit (Mittelwert der Grundgesamtheit) bei δ_3

Für die aufnehmbare Zugspannungen σ_{BZ} wird der Wert für die Wasserundurchlässigkeit gemäß Gl. (4) von [7] als Kriterium herangezogen:

$$\sigma_{BZ} \leq (0,8 - \alpha) * \beta_{BZ10} * k \qquad (11\text{-}11)$$

wobei:

α = 0 bei Druck-Normalkräften

α = 0,25 bei Zug- oder fehlender Normalkraft

β_{BZ10} = 10% - Quantilwert der Biegezugfestigkeit β_{BZ}

k = 0,9 zur Berücksichtigung des notwendigen Vorhaltemaßes zwischen Eignungs- und Güteprüfung

Der statistische Vertrauensbereich für die Mittelwerte in Tabelle 10-4 ist: 1 - α = 90%. Es kann also festgestellt werden, dass die Werte (σ_{BZ} und äqu.$\beta_{m,g}$) von Tabelle 11-6 höchstens mit 10% Sicherheit unterschritten und mit 90% Sicherheit überschritten werden.

Tabelle 11-6: Die aufnehmbaren Zugspannungen und mittlere äquivalente Biegezugfestigkeit mit 90% Sicherheit

	σ_{BZ}	äqu. $\beta_{m,g2}$	äqu. $\beta_{m,g3}$
SFBA2010	0,18	0,12	0,13
SFBA2018	1,01	0,63	0,81
SFBA2030	1,85	1,86	1,18
SFBA2048	2,03	2,07	2,05
SFBA2072	1,86	0,87	1,61
SFBA2028d	2,79	3,31	1,86
SFBA4010	0,24	0,28	0,37
SFBA4018	1,63	2,46	2,69
SFBA4030	1,65	2,54	2,43
SFBA4048	2,92	4,73	4,10
SFBA4028d	2,76	4,38	4,39
SFBA6010	0,34	0,62	0,49
SFBA6018	1,31	2,23	1,92
SFBA6030	1,89	2,60	2,66
SFBA6048	1,89	4,09	3,61
SFBA6072	1,99	4,06	3,66
SFBA6028d	2,66	4,40	4,77
SB10	0,22	0,63	0,63
SB18	0,85	2,15	2,15
SB30	1,76	3,79	4,81
SB48	2,08	3,48	4,78
SB72	1,98	4,33	4,77

In Tabelle 10-4 und 10-11 ist zu sehen, dass für SFBA von 10 Stunden bis 28 Tagen insgesamt 18 Mal Versuche durchgeführt wurden. Wobei:

- $P(\beta_{BZ} >$ äqu. $\beta_{BZ2})$ = 88,89%; Mit $P(\beta_{BZ} >$ äqu. $\beta_{BZ2})$ = die Wahrscheinlichkeit dafür, dass $\beta_{BZ} >$ äqu. β_{BZ2} vorkommt.

- P(äqu.$\beta_{BZ2} > \beta_{BZ}$) = 11,11%; Mit P(äqu.$\beta_{BZ2} > \beta_{BZ}$) = die Wahrscheinlichkeit dafür, dass äqu.$\beta_{BZ2} > \beta_{BZ}$ vorkommt.

- P(äqu.$\beta_{BZ2} >$ äqu. β_{BZ3}) = 72,22%; Mit P(äqu.$\beta_{BZ2} >$ äqu. β_{BZ3}) = die Wahrscheinlichkeit dafür, dass äqu.$\beta_{BZ2} >$ äqu. β_{BZ3} vorkommt.

- P(äqu.$\beta_{BZ3} >$ äqu. β_{BZ2}) = 27,78%; Mit P(äqu.$\beta_{BZ3} >$ äqu. β_{BZ2}) = die Wahrscheinlichkeit dafür, dass äqu.$\beta_{BZ3} >$ äqu. β_{BZ2} vorkommt.

Durch die statistische Umrechnung nach der Student-Verteilung sehen die Wahrscheinlichkeiten der Ergebnisse für die 10% Quantile folgendermaßen aus:

1. $P(\sigma_{BZ} >$ äqu. $\beta_{m,g2})$ = 17,6%; Mit $P(\sigma_{BZ} >$ äqu. $\beta_{m,g2})$ = die Wahrscheinlichkeit dafür, dass $\sigma_{BZ} >$ äqu. β

2. P(äqu. $\beta_{m,g2} > \sigma_{BZ}$) = 82,4%; Mit P(äqu. $\beta_{m,g2} > \sigma_{BZ}$) = die Wahrscheinlichkeit dafür, dass äqu. $\beta_{m,g2} > \sigma_{BZ}$ vorkommt.

3. P(äqu. $\beta_{m,g2} >$ äqu. $\beta_{m,g3}$) = 52,94%; Mit P(äqu. $\beta_{m,g2} >$ äqu. $\beta_{m,g3}$) = die Wahrscheinlichkeit dafür, dass äqu. $\beta_{m,g2} >$ äqu. $\beta_{m,g3}$ vorkommt.

4. P(äqu. $\beta_{m,g3} >$ äqu. $\beta_{m,g2}$) = 47,06%; Mit P(äqu. $\beta_{m,g3} >$ äqu. $\beta_{m,g2}$) = die Wahrscheinlichkeit dafür, dass äqu. $\beta_{m,g3} >$ äqu. $\beta_{m,g2}$ vorkommt.

Das bedeutet, dass man auch mit 90% Sicherheit annehmen dürfte, dass die Wahrscheinlichkeit, P(äqu. $\beta_{m,g2} >$ äqu. $\beta_{m,g3}$) $\cong$ P(äqu. $\beta_{m,g3} >$ äqu. $\beta_{m,g2}$) $\cong$ 50%, besteht. Das ist auch eine sehr nützliche Hypothese für das 12. Kapitel.

11.5 Diskussion

11.5.1 Untersuchung der Faseranzahl und Faserverteilung

Die Ergebnisse der durchgeführten Untersuchungen stellen einen neuen Schritt zur realistischen Auswertung der Faserverteilung sowie des Verformungs- und Rissverhalten von Stahlfaserbetons bzw. des Stahlfaserspritzbeton dar. Die Analyse der Faserverteilung und der Faseranzahl im Versagensquerschnitt ist eine wichtige Voraussetzung für die unterschiedliche Bemessungsmethode des Stahlfaserbetons.

Nach dem ersten Riss im Balkenversuch zeigt Stahlfaserbeton mit Fasergehalt von 10 und 15 kg/m³ Makrofasern von Typ D/E positive Wirkung auf das Arbeitsvermögen und keine große instabile Zone. Das Arbeitsvermögen ist abhängig von Faseranzahl/Faserabstand im Versagensquerschnitt, besonders in der Zugzone des Querschnittes. Bei der ungleichmäßigen Faserverteilung in den Proben kann es vorkommen, dass die Proben mit niedrigerer Faserdosierung das bessere Arbeitsvermögen aufweisen als die Proben mit höherer Faserdosierung und wenigerer Faseranzahl mit dem gleichen Fasertyp im Querschnitt. Beim Balkenversuch gibt es deutlichen Unterschied im Arbeitsvermögen zwischen Stahlfaserbeton mit 10 und 20 kg/m³ Fasergehalt.

Der durchschnittliche Faserverlust infolge des Rückpralles von Nassspritzbeton ist zwischen 12% und 18%.

Die Versuche zeigen, dass mit dem Netz von FE kann man die Faseranzahl, die Faserverteilung und den Faserabstand im Versagensquerschnitt klar und deutlich beschreiben. Die vorgestellten Analysen weisen eine neue Methode zur Einschätzung des Verhältnisses zwischen der Faserdosierung in der Mischung und der Faserverteilung im Balkenquerschnitt auf.

11.5.2 Untersuchung der Faseranzahl und Faserverteilung

Die Untersuchungen zeigen, dass es ein lineares Verhältnis zwischen der Durchbiegung und der Rissöffnung des Balkens besteht. Die meisten Gradienten der Durchbiegung-Rissöffnungsgrade liegen zwischen 0,65 und 1,14. Das ist ein nützliches und interessantes Ergebnis für die Forschung über Verformung- und Rissverhalten des Stahlfaserbetons.

11.5.3 Statistische Analyse

Die statistischen Analysen haben gezeigt:

1. Die Standardabweichung der Biegezugfestigkeit ($S_{\beta BZ}$) nimmt mit der Erhärtung des Betons zu.

2. Die durchschnittlichen Standardabweichungen $S_{äq.\ \beta BZ2m}$ und $S_{äq.\ \beta BZ3m}$ von SFBA 40 & 60 sind ungefähr gleich.

3. Die Wahrscheinlichkeit von äqu. $\beta_{m,g2} > \sigma_{BZ}$ beträgt 82,4%.

4. Die Wahrscheinlichkeit von äqu. $\beta_{m,g2}$ > äqu. $\beta_{m,g3}$ entspricht ungefähr der Wahrscheinlichkeit von äqu. $\beta_{m,g3}$ > äqu. $\beta_{m,g2}$.

Die Punkte 3. und 4. könnten sehr nützlich für die Annahme des Bemessungssystems sein. Versuche mit einer größeren Probenzahl in Zukunft wären für eine genauere Simulierung der Grundgesamheit der Versuchsergebnisse sehr wichtig.

Die Bemessung von Stahlfaserbeton ist deshalb kompliziert, weil die Ungewissheit und mangelnde Forschung über die Faseranzahl und die Faserverteilung im Querschnitt des Stahlfaserbetons herrschen. Wir haben vorliegenden Forschungen auf zahlreichen Versuchen, die sich auf 4 Typen von Drahtfaser beziehen, und auf eine statistische Analyse der Versuche aufgebaut. Natürlich ist es nur ein Ansatz. Es ist notwendig, immer neue Kenntnisse einfließen zu lassen und das Darstellungssystem der Faserverteilung zu vervollständigen. Versuche mit weiteren Proben und verschiedenem Fasertyp bezüglich der Faserverteilung im Versagensquerschnitt und zu unterschiedlichen Zeitpunkten wären für die Entwicklung der Bemessungstheorie sehr nützlich.

12 Bemessungskonzept nach dem Biegezugversuch

Für Stahlfaserbeton gibt es Bemessungsrichtlinien; allerdings sind die Unterschiede zwischen verschiedenen Länden teilweise sehr groß. Generell kann aber festgehalten werden, dass das Niveau der Bemessungsrichtlinien für Stahlfaserbeton in der Regel nicht mit den entsprechenden Normen für Stahlbeton vergleichbar ist. Sehr oft erreichen die Richtlinien nur den Status von Empfehlungen [50].

12.1 Rissbildung

Die Rissbildung wird zum einen durch die Rissbreiten und die Risstiefen über die Querschnitthöhe charakterisiert. Die Rissbreiten bestimmen das Maß der Einwirkung von korrosionfördernden Substanzen. Damit ist die Beschränkung der Rissbreite von Bedeutung. Die Risstiefe ist ein Maßstab für die ungerissene Zone des Querschnittes [49]. Die Rissentwicklung kann in drei Phasen [4] unterteilt werden (Abb. 12-1):

1) Im ungerissenen Beton wirken die Fasern im Verhältnis des E-Moduls von Stahl zu Beton. In dieser Phase ist die Verstärkungswirkung wegen ihres kleinen Anteils am Gesamtvolumen unbedeutend, was in der Literatur mit kaum merklichen Änderungen des E-Moduls gegenüber Beton ohne Fasern bestätigt wird [4].

Diese Feststellungen kommen von Versuchen im Alter von 28 Tagen. Die Versuche im jungen Alter (besonders bei 10 Stunden) haben gezeigt, dass Fasern einen nicht unbedeutenden Einfluss sowohl auf E-Modul (Abschn. 7.3) als auch auf die äquivalente Biegezugfestigkeit vor dem Riss (Tabelle 10-4) haben, obwohl der Einfluss im Bezug auf den absoluten Wert relativ klein ist, aber immerhin weisen β_{BZ} und σ_{BZ} mit steigendem Fasergehalt (von 20 bis 60 kg/m³) nach 10 Stunden eine Zunahme von 97% (Tabelle 10-4) und 88,9% (Tabelle 11-4) auf.

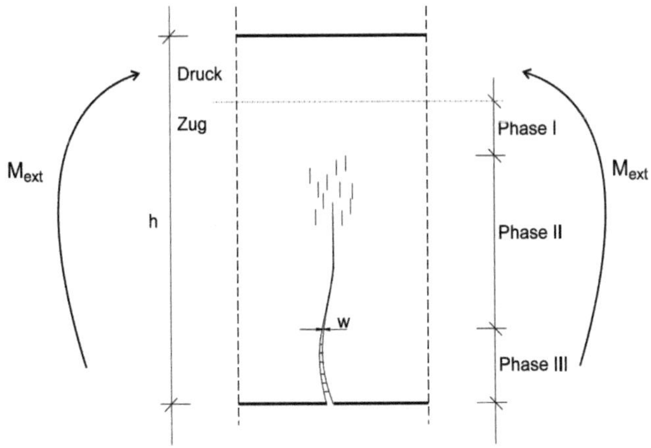

Abb.12-1: Rissphasen in der Biegezugzone

2) In der zweiten Phase (Beton mit Mikrorissen) bilden sich, ausgehend von den Grenzflächen zwischen Zementstein und Zuschlagkorn, Mikrorisse in der Matrix, deren gesamte Rissfläche mit der aufgeprägten Verformung zunimmt. Der Beton versagt nicht linear-elastisch-spröde, sondern plastisch-entfestigend. Durch die Fasern im Beton werden die Risse gezwungen, sich mit der geringsten möglichen Rissöffnungsenergie auszubreiten. Dies führt zu einem stabilen „strain softing" ([49], [51] und [52]) mit verzögerter Rissausbreitung und weniger sprödem Verhalten. Die oft und auch von [53] angeführte „Zugfestigkeit" der Betonmatrix durch Faserwirkung hat darin ihre Ursache. Die Ausbreitung der Mikrorisse wird durch die in der Betonmatrix verteilten Fasern behindert.

3) In der dritten Phase (Beton mit Makrorissen) nehmen die übertragbaren Zugspannungen bis zu einer Rissweite von 0,03 mm stark ab und gehen dann langsamer gegen Null. Das Ende der Mikrorissphase ist entsprechend dem „fictitious crack model" ([4], [49], [51] und [52]) bei Rissbreiten von etwa 0,1 mm erreicht. Danach kommen die Makrorisse, die die dritte Phase charakterisieren. In der dritten Phase ist die Zementmatrix nicht mehr an der Kraftübertragung beteiligt. Die Fasern überbrücken die Makrorisse.

Beim Biegezugversuch bilden sich mit zunehmender Belastung nacheinander die Rissphasen I, II und III aus. Sie wandern mit fortschreitender Entwicklung vom gezogenen Rand in Richtung der neutralen Achse (Abb. 12-1).
Versuche an der Universität Bochum [49] haben bestätigt, dass für Fasergehalte bis zu ca. 70 kg/m³ im reinen Biegezug in der Regel nur ein Einzelriss im Bereich der Maximalbeanspruchung auftritt. Ein weiterer Riss kann im mittig gezogenen Stab nur entstehen, wenn die zum Reißen des Betons nötige Zugkraft hinter dem ersten Riss durch Verbund in den Beton wieder eingeleitet werden kann. Dies ist bei den kurzen und damit verarbeitbaren Stahlfasern jedoch in der Regel nicht der Fall. Dazu haben unsere Versuche bis 14 Tagen interessantere Ergebnisse gezeigt:

1. für Fasergehalte bis 40 kg/m³ ist nur ein sichtbarer Riss aufgetreten.
2. für Fasergehalte bis 50 kg/m³ C-Fasern bzw. 60 kg/m³ A-Fasern ist die so genannte Mehrfachrissbildung schon bemerkbar (zwei bis drei sichtbare Risse sind aufgetreten) (Abb. 12-2). Der erste Riss ist dünner und entwickelt sich nicht so tief in die Balkenmitte. Nach dem ersten Riss nimmt die Belastung weiter zu. Der zweite Riss ist größer und maßgebend für das Versagen.
3. es kam bei den Versuchen mit *Cocktail 305* schon zu Mehrfachrissen (Abb. 10-35). Nachdem die kürzere Stahlfaser ausgezogen war, überbrücken die längeren Kunststofffaser (Abschn. 10.4.4) den Riss der Betonmatrix und verhindern eine weitere Rissöffnung. Durch die Mehrrisserscheinung war die maximale Rissöffnung auf der Zugseite von ca. 4 mm auf 3,5 mm reduziert, was sich auch positiv auf die Dauerhaftigkeit auswirkt.
4. die Rissbreite beträgt durchschnittlich 3 bis 5 mm, also entspricht nahezu der Durchbiegung des Balkens. Dies Ergebnis wurde auch im Abschnitt 11,3 bestätigt.
5. mit steigendem Stahlfasergehalt wurde bei gleicher Durchbiegung eine größere ungerissene Zone beobachtet. Dies ist eine Konsequenz einer verbesserten Möglichkeit von Spannungsumlagerungen innerhalb des Querschnittes bei zunehmender Verformung [49].

Im Gegensatz zu den SFB-Proben treten nach dem ersten Riss der Stahlbetonproben weitere Risse auf. Die Rissanzahl beträgt pro Balken durchschnittlich 2 bis 4. Die Rissbreite wurde durch die Mehrfachrissbildung reduziert und beträgt durchschnittlich 1 bis 2 mm. Das bedeutet auch, dass die Spannungsverteilungen in der Zugzone gleichmäßiger als jene von SFB-Proben sind. Eine Kombination zwischen Stahlbewehrung und Stahlfaserbewehrung wäre vorteilhaft im Zustand II für hauptsächlich durch Biegezug beanspruchte Konstruktionen.

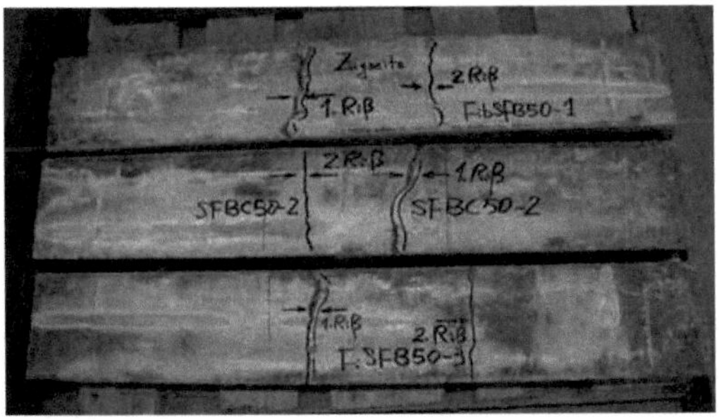

Abb. 12-2: Mehrfachrissbildung beim äquivalenten Biegezugversuch von SFB mit 50 kg/m³ C-Fasern

12.2 Tragsicherheit und maximale Rissöffnung

Die Bemessung sollte nachweisen, dass ein Bauteil die Anforderungen bezüglich Tragsicherheit und Gebrauchsfähigkeit erfüllt. Die Grenzzustände der Tragsicherheit werden unter anderem [7], [49]:

1. bei Versagen des Tragwerkes durch Bruch an einer kritischen Stelle (statisch bestimmte Tragwerke).
2. bei Versagen des Tragwerkes durch starke örtliche Verformung an mehreren kritischen Stellen (Bildung plastischer Gelenke bei statisch unbestimmten Tragwerken).
3. Knicken oder Beulen von Tragwerksteilen, bevorzugt durch außermittigen Druck (Instabilität) erreicht.

Tunnelschalen sind dreifach statisch unbestimmte Tragwerke. Der Grenzzustand der Tragsicherheit wird sich durch starke örtliche Verformung einstellen. Der Nachweis der Tragsicherheit gilt als erbracht, wenn folgende Bedingung ([54], [55] und [56]) erfüllt ist:

$$S \cdot \gamma_F \leq \frac{R}{\gamma_M \cdot \gamma_K} \cdot \qquad (12\text{-}1)$$

mit:

S = Einwirkung im Bauteil im rechnerischen Grenzzustand der Tragfähigkeit

R = Bruchwiderstand des Prüfkörpers im Versuch unter Berücksichtigung möglicher Streuungen. Dieser Wert wird häufig in Form der so genannten „äquivalenten Biegezugfestigkeit“ angegeben

γ_F = Sicherheitsbeiwert für Einwirkung

γ_m = Sicherheitsbeiwert für Material
γ_K = Sicherheitsbeiwert für Berechnung und Systemannahmen
Für die Teilsicherheitsbeiwerte bezüglich Einwirkungen γ_F, Materialwiderstand γ_m und Systemannahmen γ_K ist im DBV-Merkblatt vorgeschrieben:

$\gamma_F = 1{,}35$ $\gamma_M = 1{,}15$ $\gamma_K = 1{,}15$

Für Faserbeton bzw. Faserspritzbeton im jungen Alter sollte der Sicherheitsbeiwert für die Zeit γ_T in der Gleichung (12-1) miteinbezogen werden:

$$S \cdot \gamma_F \leq \frac{R}{\gamma_M \cdot \gamma_K} \cdot \gamma_T \qquad (12\text{-}2)$$

Der Teilsicherheitsbeiwert γ_T bezieht sich auf die zeitliche Veränderung der Bruchspannung beim Biegezugversuch in Relation zum 28 Tageswert:

$$\gamma_T = \frac{Bruchdehnung(im \;\; jungen \;\; Alter)}{Bruchdehnung(28 \;\; Tage \;\; Wert)} \qquad (12\text{-}3)$$

Wenn der Beton 28 Tage alt ist, wird $\gamma_T = 1$. In dem Fall sind die beiden Gleichungen 12-1 und 12-2 gleich. Ein vereinfachter Nachweis mit zulässigen Spannungen kann wie folgt geführt werden [54]:

$$\sigma_{re} \leq \sigma_{zu} \qquad (12\text{-}4)$$

$$\sigma_{zu} = \frac{\sigma_{pro}}{\gamma} \gamma_T \qquad (12\text{-}5)$$

mit:

σ_{re} = rechnerisch ermittelte Spannungen unter Gebrauchslasten
σ_{zu} = zulässige Spannung
σ_{pro} = Proportionalitätsgrenze unter Biegebeanspruchung
γ = globaler Sicherheitsbeiwert

Nach [7] werden die Schnittgrößen des Gebrauchszustandes mit dem globalen Sicherheitsbeiwert von $\gamma = 1{,}75$ für Bruch mit Vorankündigung und $\gamma = 2{,}1$ für Bruch ohne Vorankündigung umgerechnet.

Außer der Tragsicherheit sollte die maximale Rissbreite je nach der unterschiedlichen einzusetzenden Faserlänge und dem Fasertyp begrenzt werden. Im Faserbeton hat die Rissbreite nicht nur einen Einfluss auf die Dauerhaftigkeit und die Gebrauchsfähigkeit sondern auch einen starken Einfluss auf die Tragfähigkeit. Da mit der Ausbreitung des Risses immer mehr Fasern ausgezogen werden, verlieren immer mehr Fasern ihre Tragfähigkeit. Die Zugzone (Abb. 12-3) wird immer kleiner. Um ein sicheres Bemessungskonzept aufstellen und eine stabile und wirksame Zugzone erhalten zu können, wird eine vereinfachte Begrenzung der Rissbreite in Gleichung 12-6 dargestellt:

$$w_m{}^*\gamma_R \leq w_{zu} \qquad (12\text{-}6)$$

mit:

w = Rissbreite (Abb. 12-1)
w_m = maximale Rissbreite an der Balkenunterseite (Abb. 12-4)
w_{zu} = zulässige Rissbreite (mm)
γ_R ≥ 1: ein Sicherheitsbeiwert, der abhängig von Faserlänge, Fasergehalt und Fasergeometrie ist.

12.3 Dauerhaftigkeit

Die Dauerhaftigkeit der Tunnelschale wird hauptsächlich durch Korrosion gefährdet. Im ungerissenen Beton bleibt die Korrosion auf oberflächennahe Stahlfasern beschränkt. Ähnlich wie bei der Betondeckung vom Stahlbetonbau hat das DBV-Merkblatt [7] die Anforderungen an die Dauerhaftigkeit in Abhängigkeit von der Korrosion durch die Reduzierung der statischen Höhe um 2 cm berücksichtigt. Das bedeutet:

- die auf der sicheren Seite liegende Betrachtung, dass für die Tragfähigkeit die Fasern auf der Zugseite bis zu einer Höhe von 2 cm wegen Korrosionsgefahr nicht berücksichtigt werden [7], [49].
- eine Rissbreitenbeschränkung gemäß Gl. (12-6)

12.4 Gebrauchsfähigkeit

Die Gebrauchsfähigkeit von Tunnels wird wesentlich durch das Eindringen von Feuchtigkeit bzw. Wasser beeinträchtigt. Nach dem DBV-Merkblatt wird für die Gebrauchsfähigkeit der Nachweis der ausreichenden Wasserundurchlässigkeit auf zwei Arten eingeführt:

1) Es ist nachzuweisen, dass die auftretenden Beanspruchungen unter Gebrauchslast σ_{BZ} in allen Fällen unter den ohne Rissbildung aufnehmbaren Festigkeitswerten bleiben. Die aufnehmbaren Zugspannungen sind dabei nach Gleichung 11-11 zu ermitteln [7].

2) Es ist nachzuweisen, dass die Dicke der ungerissenen Zone in allen Querschnitten mindestens 7,5 cm beträgt, sofern zusätzliche Vorschriften keinen größeren Wert fordern. Als ungerissene Zone gilt dabei im Zustand II die Betondruckzone zuzüglich der bis höchstens 0,015% gedehnten Zugzone. Dieser Anteil der Zugzone darf jedoch nicht größer sein als 1/3 der gesamten,

sich ergebenden ungerissenen Zone. Diese Aussage in Formeln ausgedrückt ergibt die folgenden drei Gleichungen (Siehe: Abb. 12-4):

$$h_z + h_d \geq 7{,}5 \qquad (12\text{-}7)$$

$$h_g \leq 0{,}015\% \frac{h_z}{\varepsilon_{cr}} \qquad (12\text{-}8)$$

$$h_g \leq \frac{1}{3}\,(h_z + h_d) \qquad (12\text{-}9)$$

Es ist zu beachten:

1. Die Dicke der ungerissenen Zone von 7,5 cm hat eine Obergrenze für die Integration der Gl. 12-14 im Grenzzustand unmittelbar definiert. Die Zugspannung der Fasern soll maximal bis zu einer Höhe von h_1 – 7,5 cm berechnet werden.
2. Die ungerissene Zone (h_g) der Betonmatrix unter der Nullachse in der Zugzone wird so klein (0,015%) beschränkt, dass sie in der Praxis nach der Berechnung von Gl. 11-8 vernachlässigt werden kann.
3. Dieser Anteil der Zugzone darf jedoch nicht größer sein als 1/3 der gesamten, sich ergebenden ungerissenen Zone. Wie groß dieser Anteil sein soll, ist stark abhängig von dem Fasergehalt und dem Fasertyp.

12.5 Spannungs- und Verformungszustand

Die Fasergehalte, welche bei üblichen Verarbeitungsmethoden im Normal- und Spritzbeton verwendet werden, sind unterkritisch. So verändert sich die Druckfestigkeit im erhärteten Zustand durch Faserzugabe nur unwesentlich. Die Zug-, Biegezug- und Spaltzugfestigkeit liegen hingegen üblicherweise höher als bei Beton ohne Fasern. Dies ist auf die im Beton fein verteilten Fasern zurückzuführen. Diese überbrücken Schwachstellen und Mikrorisse des Betons. Gleichmäßige Spannungsverteilungen sind die Folge.

Die Zugfestigkeit der Stahlfasern kann die Eigenschaften des erhärteten Stahlfaserbetons nach dem Auftreten von Rissen beeinflussen. Aber die Zugfestigkeit der Stahlfaser wird nicht erreicht. Die Fasern werden herausgezogen und zwar im jungen Alter deutlicher. Der Versagensmechanismus hat gezeigt, dass sofort nach dem Überschreiten der zulässigen Zugspannung von Beton (σ_{cr}) die Zugkräfte von den Fasern aufgenommen wurden.

12.5.1 Spannungszustand von Stahlbetonprobe

Im mattenbewehrten Beton oder Spritzbeton (angenommen, dass die Stahlbewehrung in der Zugzone liegt) gibt es drei Spannungszustände (Abb.12-3):

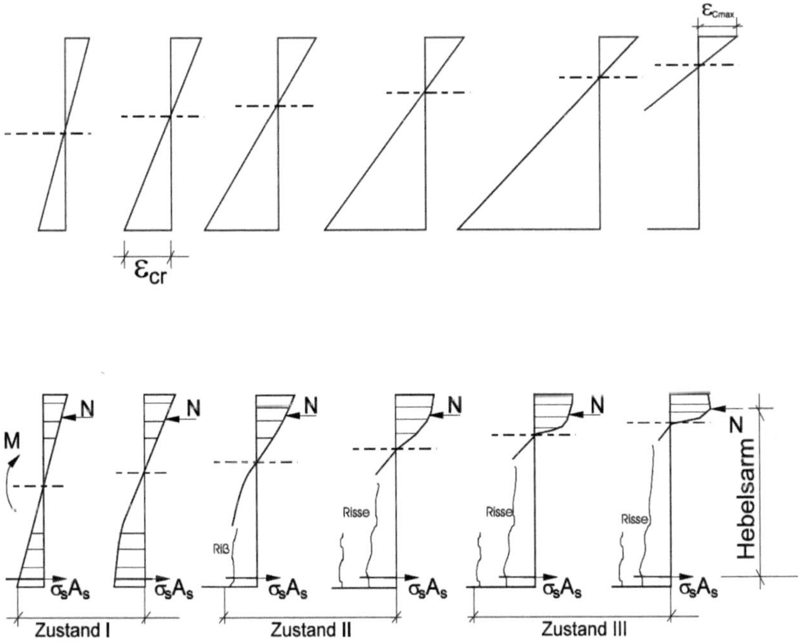

Abb. 12-3: Dehnungs- und Spannungsverlauf von Stahlbetonproben

Zustand I: Elastischer Zustand, bis der erste Riss in der Zugzone auftritt.
Zustand II: von dem ersten Riss bis zur Streckgrenze vom Stahl.
Zustand III: Streckgrenze bleibt, Durchbiegung vom Balken nimmt rasch zu, bis die Druckverformungsgrenze vom Beton in der Druckzone erreicht wird.

12.5.2 Spannungszustand von Stahlfaserbetonproben

Im Vergleich zu der Stahlbetonprobe gibt es für SFB nur zwei Spannungszustände:

- Zustand I : Elastischer Zustand, bis der erste Riss auftritt;
- Zustand II : Gerissener Zustand, Faser wird ständig ausgezogen.

Zur Ausarbeitung des Spannungszustandes ist der Einfluss unterschiedlicher Ausbildungen einer Zugzone von großer Bedeutung. Die Grundlage beruht auf der Bildung der Gleichgewichtsbedingungen im Querschnitt:

$$\sum H = 0 \tag{12-10}$$

$$\sum M = 0 \tag{12-11}$$

12.5.2.1 Hypothese 1

Im Vergleich mit der Abb. 12-1 könnten die Gleichungen (12-12) und (12-13) wie folgend abgeleitet werden:

$$N_c + N_f = N_{ext} \tag{12-12}$$

$$M_c + M_f = M_{ext} + M_{Next} \tag{12-13}$$

mit:
N_c = axiale interne Kraft des Betons
N_f = axiale interne Kraft der Stahlfasern
N_{ext} = axiale externe exzentrische Druck-Normalkraft
M_c = Inneres Moment des Betons
M_f = Inneres Moment der Stahlfasern
M_{ext} = Externes Einwirkungsmoment
M_{next} = Moment infolge N_{ext}

Eine interessante Methode von Casanova [53] zur Beschreibung der Eigenschaften vom Faserbeton ist es, den gerissenen Querschnitt als ein plastisches Gelenk zu betrachten. Der Riss wird als ein gleichschenkliges Dreieck mit einer Höhe von h_2 angenommen.

In Zusammenhang mit den durchgeführten Versuchen und dem DBV-Merkblatt wird ein Modell der Spannungsverteilung im gerissenen Querschnitt wie in Abb.12-4 vorgestellt.

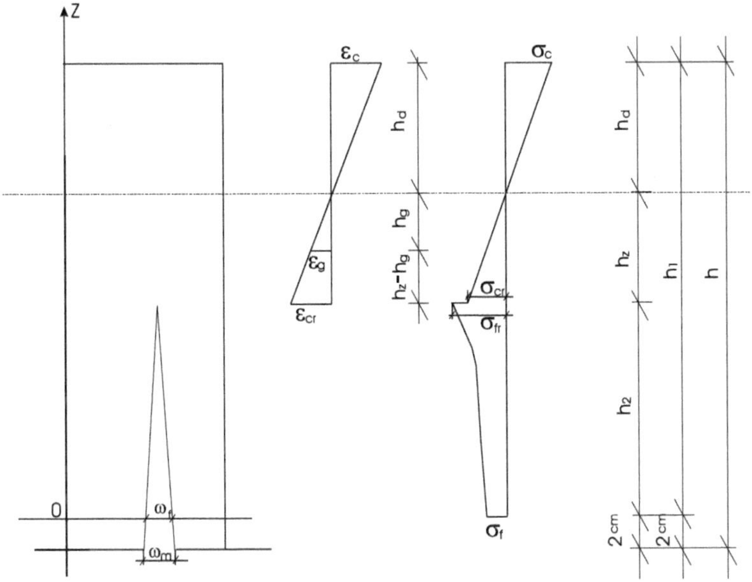

Abb. 12-4: Dehnungs- und Spannungsverteilung auf dem gerissenen Querschnitt

Der Grundgedanke ist folgender:

- Nach DBV-Merkblatt beträgt die statische Höhe des gerissenen Querschnittes $h_1 = h - 2$ cm (Abb. 12-4).
- σ_f ist abhängig von Fasergehalt, Fasertyp, Faserlänge, Orientierungsbeiwert und anderen Faktoren.
- Mit der Ausbreitung des Risses wird immer mehr Beton von der Zugzone ausgeschieden und zugleich werden Zugspannungen von Fasern aufgenommen.
- Auf der Balkenunterseite und in der nahe liegenden Zone (w_f) werden je nach der Faserlänge mehr Fasern ausgezogen, daher ist anzunehmen, dass σ_f bei w_f kleiner als dort ist, wo die Fasern weniger oder noch nicht ausgezogen sind.
- Die Grenze zwischen h_2 und h_z ist ein Grenzpunkt für den Spannungsverlauf zwischen Beton und Fasern. Die Betonmatrix erreicht ihre maximale Dehnung mit der Zugspannung von σ_{cr}. Sobald der Makroriss kommt, wer-

den die Fasern deutlich stärker vom Zug beansprucht. Diese Zugbeanspruchung (σ_{fr}) ist stärker als σ_{cr}. Daher zeigt sich eine sprunghafte Vergrößerung am Übergang von h_2 zu h_z in der Spannungsverteilung (Abb. 12-4).

- Im Bereich von h_z + h_d befindet sich der ungerissene Teil im elastischen Zustand.

N_f ist eine Funktion von σ_f und wird nach der Gleichung 12-14 berechnet [54]:

$$N_f = \int_0^{h_2} \left[\sigma_f + \left(\sigma_{fr} - \sigma_f \right) \frac{z}{h_2} \right] b dz \qquad (12\text{-}14)$$

$$\varepsilon_{cr} = \frac{z_1}{\rho} \qquad (12\text{-}15)$$

$$z_1 = \frac{\sigma_{cr}}{E} \rho \qquad (12\text{-}16)$$

mit:

w_f = Rissbreite bei 2 cm Höhe von der Balkenunterseite

σ_f = Zugspannung von SFRC bei 2 cm Höhe von der Balkenunterseite, sie ist abhängig von dem Fasergehalt, der Faserlänge, dem Fasertyp, dem Beton und dem Orientierungsbeiwert

b = Breite des Balkenquerschnittes

h = Höhe des Querschnittes (Abb. 12-1)

h_1 = h - 2 cm (Abb. 12-4)

h_2 = h_1 - h_d - h_z Höhe des zulässigen Makrorisses (Abb. 12-4) bei der Bemessung, im Grenzzustand h_2= h_1 - 7,5 cm

ε_{cr} = die maximale Dehnung der Faserbetonmatrix in der Zugzone vor dem Riss (Abb. 12-4)

$\frac{1}{\rho}$ = die Krümmung der ungerissenen Zone des gerissenen Querschnittes. Für die ungerissene Zone bleibt sie konstant

z_1 = der Koordinatenwert, wo die Zugspannung des Faserbetons erreicht wird (Abb. 12-4).

h_d = die Höhe der Druckzone

h_z = die Höhe des ungerissenen Faserbetons in der Zugzone

σ_{cr} = Zugspannung des Faserbetons bei ε_{cr}.

E = E-Modul des Faserbetons

Es wird angenommen, dass sich der Teil über dem Makroriss der Balkentheorie entsprechend verhält: der Querschnitt bleibt konstant, die Spannungen und Verformungen verlaufen und linear über den Querschnitt.

Denn $N_c \propto \sigma_c \propto z$. N_c ist auch eine Funktion von σ_c. Daher könnte man die Berechnung von N_c wie nach der Gleichung 12-17 vorschlagen:

$$N_c = \int_{h_2}^{h_1} \sigma_c \cdot \frac{z}{\rho} \cdot b dz \qquad (12\text{-}17)$$

mit:

σ_c = Spannungsverteilung des Faserbetons in der ungerissenen Zone.

Für die Prüfung nach DBV-Merkblatt besteht die Voraussetzung: $N_{ext} = 0$. In dem Fall kann die Gl. 11-12 umgeformt werden:

$$N_c + N_f = 0 \qquad (12\text{-}18)$$

$$M_c + M_f = M_{ext} \qquad (12\text{-}19)$$

Durch die partielle Ableitung nach z wird eine mathematische Beziehung zwischen σ_c und σ_f wie Gl. 12-20 dargestellt:

$$\sigma_c = \frac{\partial}{\partial z} \int_{h_2}^{h_1} \sigma_f \cdot f(z) \cdot dz \qquad (12\text{-}20)$$

12-20 erfasst nur den Fall, dass der Faserbeton durch reinen Biegezug ($N_{ext} = 0$) beansprucht wird. In der Wirklichkeit ist N_{ext} auch vorhanden. Da die Funktion σ_f von mehreren Faktoren abhängig ist, ist es sehr aufwendig, eine genaue mathematische Lösung zu finden. Aus zeitlichen Gründen ist es uns auch nicht möglich, genau darauf einzugehen. In der Praxis reicht es, eine vereinfachte Methode (Siehe: 12.5.2.2) darzustellen.

12.5.2.2 Hypothese 2: vereinfachte Beschreibung des Spannungszustandes in der Zug- und Druckzone

Gegenüber der Hypothese 1 besteht auch eine andere Möglichkeit zur Beschreibung des Spannungszustandes von SFB-Proben. Für die Bemessungskonzepte gibt es unterschiedliche Annahmen [1], [49], [53], [55] und [56]. Abb. 12-5 und 12-6 zeigen 2 Beispiele:

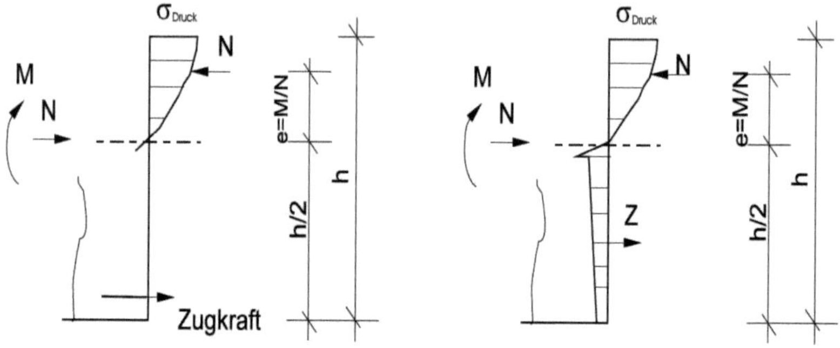

Abb. 12-5: Unterschiedliche Spannungsverteilung von SB und SFB

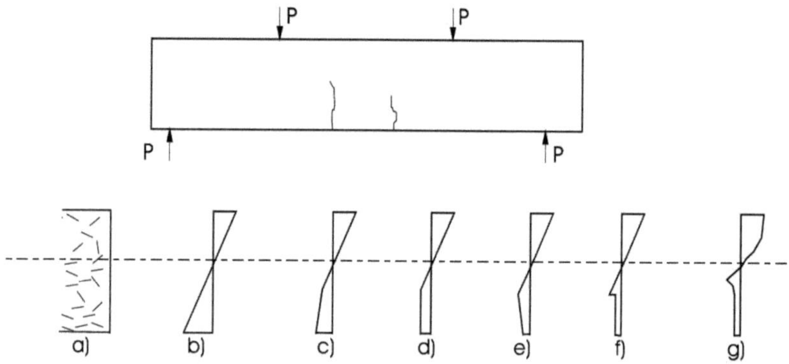

Abb. 12-6: Mögliche Spannungsverteilungen in gerissenen Querschnitten von Stahlfaserbeton aus [49]

mit:
a) der Querschnitt
b) die Dehnungsverteilung im Querschnitt
c) bis g) unterschiedliche Spannungsverteilungen darstellen.

Der Zustand c) sollte den Spannungsverlauf eines Querschnittes darstellen, bei dem w_m klein genug ist, so dass noch keine Fasern von der Balkenunterseite ausgezogen sind. Der Zustand d) stellt einen idealen Spannungsverlauf

in der Zugzone dar. Der Zustand e) repräsentiert ein ähnliches Modell wie von uns (Abb. 12-3) angenommen.
Um eine akzeptable Vereinfachung des Spannungszustandes in der Zug- und Druckzone erhalten zu können, sollten die folgenden 3 Faktoren untersucht werden:

- Die Verteilung von σ_f in der Zugzone.
- Die Verteilung von σ_c in der Druckzone.
- Der Hebelarm.

Bei einer Vereinfachung der Spannungsverteilung müssen folgende Voraussetzungen erfüllt werden:
1. Der Einwirkungspunkt der resultierenden Kraft sowohl für den Zug als auch für Druck bleibt nach wie vor unverändert.
2. Die Stärke der resultierenden Kraft bleibt auch nach wie vor unverändert.

Im Vergleich zu dem Spannungszustand II vom Stahlbeton ist die Druckspannung von Faserbeton in der Druckzone (bis zu Fasergehalten von 60 kg/m³) beim Biegezugversuch kleiner, weil in der Zugzone die Fasern nicht so großen Zug wie Stahlbewehrung aufnehmen können. Jedoch dürfte durch die übertragbaren Verbundspannungen zwischen Faser und Matrix in der Zugzone die Mitwirkung des Betons auf den Zug deutlich größer als im Stahlbeton sein. Der Faserbeton verhält sich in der Druckzone begrenzt elastisch. Mit zunehmendem Fasergehalt können mehr Zugspannungen aufgenommen werden, dann kann der Beton in der Druckzone auch mehr Druckspannungen aufnehmen, die Kurven für den Spannungsverlauf werden immer runder (Abb. 12-7). Der Stahlfaserbeton verhält sich in der Zugzone vor allem plastisch.

Die zahlreichen Versuche in Kapitel 10 und 11 (Abb. 10-6, 10-7, 10-11 und 11-11, 11-2 sowie 11-5...) haben gezeigt, dass die Zugkraft von Proben mit Fasergehalt ab 30 kg/m³, die von Stahlfasern in der Zugzone aufgenommen wird, sich nahezu gleichmäßig in der Zugzone verteilt. Das bedeutet, dass N_f auch nahezu gleich bleibt. Die Fläche der Faserquerschnitte (A_f) bleibt in etwa konstant:

- Mit der Ausbreitung der Risse werden immer mehr neue Fasern in Richtung der neutralen Achse beansprucht.
- Mit der Ausbreitung der Risse werden auch immer mehr Fasern in der Nähe der Balkenunterseite ausgezogen

Aus den Annahmen:

1. $\sigma_f = N_f/A_f$ bleibt ungefähr konstant,
2. dem 3. Punkt aus dem Abschnitt 11.4.2:
   P(äqu. $\beta_{m,g2}$ > äqu. $\beta_{m,g3}$) ≅ P(äqu. $\beta_{m,g3}$ > äqu.$\beta_{m,g2}$) ≅ 50%,

könnte man den Zugspannungsverlauf als ein Rechteck annehmen (Abb. 12-7(f)).

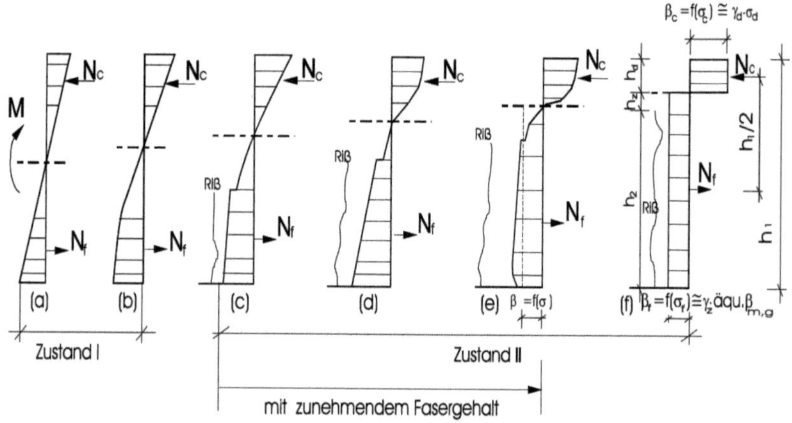

Abb. 12-7: Spannungsverlauf von Stahlfaserbeton

Die Zugspannung der Fasern könnte man in diesem Fall in Form der mittleren äquivalenten Biegezugfestigkeit mit einem Sicherheitsbeiwert von γ_z ($0 < \gamma_z < 1$) umrechnen:

$$\beta_f \cong \gamma_z \cdot \text{äqu. } \beta_{m,g} \qquad (12\text{-}21)$$

γ_z ist abhängig vom Fasergehalt, dem Fasertyp und dem Betonalter. Sein Wert könnte je nach den oben genannten Faktoren erfahrungsgemäß zwischen 0,3 bis 0,8 liegen.

Ähnlich wie im DBV-Merkblatt hat SIA 162/6 [12] einen Sicherheitsbeiwert von 0,3 vorgeschlagen. Daher kann die Gl. (12-21) in Gl. (12-22) umgeschrieben werden:

$$\beta_f \cong 0{,}3\text{äqu. } \beta_{m,g} \qquad (12\text{-}22)$$

Für die mittlere äquivalente Biegezugfestigkeit könnte man z.B. auch nach den Untersuchungsergebnissen und der Rissbreite entweder äqu. $\beta_{m,g2}$ ansetzen, wenn $w_m < 1$ mm (Abb. 12-4), oder äqu. $\beta_{m,g3}$ ansetzen, wenn 1 mm < $w_m < 3$ mm.

Für die Druckspannung β_c (Gl. 12-23) könnte man auf zwei Wegen den σ_d-Wert ermitteln:

1. Die Druckkraft ist abhängig davon, welche Zugkraft in der Zugzone aufgenommen werden kann; deswegen könnte der β_c -Wert durch die Gleichgewichtsbedingungen bestimmt werden.

2. Der β_c-Wert könnte auch durch den σ_d-Wert aus der Druckfestigkeitsprüfung mit einem Sicherheitsbeiwert γ_d bestimmt werden.

$$\beta_c = \gamma_d \cdot \sigma_d \qquad (12\text{-}23)$$

In dem idealisierten Fall beträgt der Hebelarm $h_1/2$ (Abb. 12-7 (f)).

12.6 Diskussion

Da die Bemessungstheorie des Stahlfaserbetons weit hinter der praktischen Anwendung zurückliegt, bedeutet dies in der Praxis, dass der Stahlfaserbeton oft nur für Bauteile, deren Tragfähigkeit als untergeordnet betrachtet wird, zum Einsatz kommt.

Die Bemessung von Stahlfaserbeton ist auch deshalb erschwert, weil Unsicherheit über die Gesamtheit der technischen Charakteristiken des Stahlfaserbetons herrscht. Stahlfaserbeton und seine Eigenschaften hängen stark von der eingesetzten Faser (Typ, Form, usw.) ab. Das ist grundsätzlich ein Hindernis für die theoretische und experimentelle Untersuchung und hat auch zur Folge, dass viele Untersuchungen sehr stark produktbezogen ausgeführt wurden [50].

Wir haben vorliegenden Vorschlag eines Bemessungsystems auf zahlreichen Versuchen, die sich hauptsächlich auf vier Typen von Drahtfaser beziehen, und auf eine statistische Analyse der Versuche aufgebaut. Natürlich ist es nur ein Ansatz. Es ist notwendig, immer neue Kenntnisse einfließen zu lassen und das System zu vervollständigen.

Der Vorteil der dargestellten Hypothese 2 gegenüber Hypothese 1 besteht außer in ihrer größeren Einfachheit vor allem darin, dass man unter Umständen mit Abb. 12-7(f) durch die Anwendung der Randbedingungen und durch die Benutzung der Gleichgewichtsbedingungen den Querschnitt bemessen könnte. Der Ansatz von äqu. $\beta_{m,g}$ ist abhängig von der Rissbreite und dem Fasertyp. Die Randbedingungen der Gleichungen 12-17, 12-20 sind hauptsächlich abhängig vom Fasergehalt, Fasertyp, Fasergeometrie, Faserlänge und der Faserorientierung. Darauf können wir aus Zeitgründen nicht genau eingehen.

Versuche mit weiteren Proben und verschiedenem Fasertyp bezüglich der Faserverteilung im Versagensquerschnitt und zu unterschiedlichen Zeitpunkten wären für die Entwicklung der Bemessungstheorie sehr nützlich.

13 Die Platten-Biege-Versuche von Stahlfaser- und Stahlbetonproben nach EFNARC

Dieser Versuch wurde entwickelt, um das Maß der Zähigkeit und das Arbeitsvermögen von Faserspritzbeton zu untersuchen. Der Unterschied zwischen Platten und Balken liegt daran:

- Der Balken ist ein statisch bestimmtes System und wird nur in Längsrichtung durch Biegung beansprucht.

- Die vierseitig auf der unnachgiebigen Unterlage frei drehbar gelagerte Platte ist ein statisch unbestimmtes System und wird in zwei Richtungen (x und y) durch Biegung beansprucht. Ein statisch unbestimmtes System erlaubt nach dem 1. Riss eine zusätzliche Spannungsumlagerung ([32], [33] und [57]).

13.1 Die Energieaufnahmeklasse

Als Beurteilungskriterium beim Platten-Biege-Versuch wird die „Energieaufnahme“ in Tabelle 13-1 aus EFNARC [9] angegeben. Sie wird allerdings nur aus der Fläche unter der Last-Verformungskurve berechnet.

Tabelle 13-1: Zähigkeitsklasse nach Energieaufnahmeäquivalent

Zähigkeitsklasse	Energieaufnahmeäquivalent in Joule bis zur Verformung von 25 mm
a	500
b	700
c	1000

13.2 Durchführung des Versuches

Die Probeabmessungen: 600 mm x 600 mm x 100 mm (Abb. 13-1). Die Deformation in der Plattenmitte ist mit einer Geschwindigkeit von 1,5 mm/min bis zu einer Durchbiegung von 25 mm graphisch aufzunehmen.

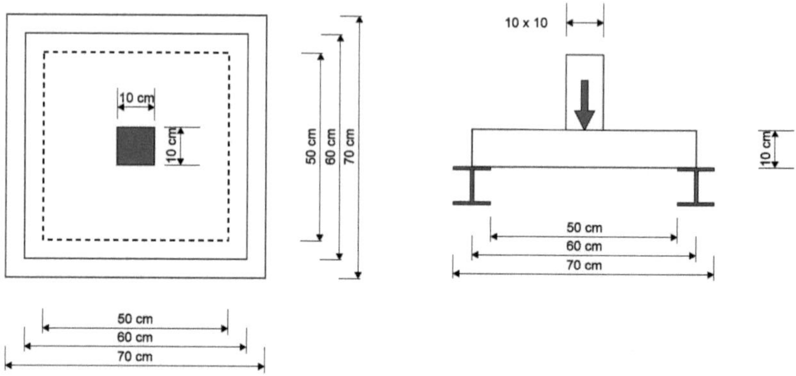

Abb. 13-1: Abmessungen der Plattenprobe und Versuchsaufbau

13.3 Auswertung des Versuches

13.3.1 Theoretische Grundlage

Obwohl das Ziel des Plattenversuches der Vergleich des Arbeitsvermögens ist, werden hier zwei interessante Wege zur Ermittlung des Spannungszustandes der Platte vorgestellt, die ich aus zeitlichen Gründen nicht vertiefen kann.

13.3.1.1 Die Plattentheorie mit kleiner Durchbiegung

Eine Platte ist ein ebenes Flächentragwerk, dessen Wanddicke t (t = 10 cm, Abb. 13-1) wesentlich kleiner ist gegenüber den anderen Abmessungen (Länge, Breite). Die Ebene, welche die Plattendicke t halbiert, heißt Mittelfläche. Wenn die Durchbiegungen (ω) der Platte klein gegenüber ihrer Dicke sind, ist die Plattentheorie [58] mit kleiner Durchbiegung gültig.

Laut der Plattentheorie ist die Plattengleichung:

$$\frac{\partial^4 \omega}{\partial x^4} + 2 \cdot \frac{\partial^4 \omega}{\partial x^2 \partial y^2} + \frac{\partial^4 \omega}{\partial y^4} = \frac{p}{K} \qquad (13\text{-}1a)$$

Mit Benutzung des Laplace-Operators:

$$\nabla^4 \cdot \omega = \frac{p}{K} \qquad (13\text{-}1b)$$

K ist die Plattensteifigkeit:

$$K = \frac{E \cdot t^3}{12(1-\nu^2)} \tag{13-2}$$

mit:
ω = Durchbiegung
p = die äußere Last
E = E-Modul
t = die Plattendicke (10 cm)
ν = Querkontraktionszahl

Für unsere Versuche könnte die Gleichung bis zur Durchbiegung von δ_{1p} (Abb. 13-2) gültig sein. Wegen der Spannungsumlagerung könnte die Platte bis δ_{2p} als elastisch betrachtet werden.

Wenn die Beziehung zwischen äußerer Last (p) und Durchbiegung (ω) im Kraft-Weg Diagramm bekannt ist, sind wir in der Lage, unter Berücksichtigung aller sich ergebenden Randbedingungen die Schnittgrößen im elastischen Zustand zu berechnen.

13.3.1.2 Energieprinzip

Mit dem Energieprinzip [58] könnte man das Arbeitsvermögen der Platte im elastischen Zustand bis δ_{2p} besser beschreiben und erklären. Nach dem Prinzip der virtuellen Verrückungen:

$$\delta V = \delta U \tag{13-3}$$

Wobei: δV = eine von der äußeren Last p bei einer virtuellen Verrückungen δv geleistete Arbeit
δU = die gespeicherte innere Energie

Natürlich ist es auch interessant, den Spannungs- und Verformungszustand der Platte bis zur Durchbiegung von δ_{2p} zu ermitteln. Dann könnte man vielleicht durch den Vergleich mit dem Bemessungskonzept des Balkens ein noch vernünftigeres Bemessungssystem aufstellen. Außerdem könnten die Faserwirkung nicht nur auf den Biegezug sondern auch gegen Durchstanzen und gegen Drillmoment usw. mit untersucht werden. Aber es ist auch sehr zeitaufwendig. Daher kann ich nicht genau darauf eingehen.

13.3.2 Prüfungen im Alter von 10 Stunden

Die Abb. 12-2 und 12-3 zeigen die Ergebnisse von SFB-Proben mit 20 kg/m³ A-Fasern 10 Stunden nach dem Betonieren. Jede Platte beinhaltet ungefähr: 20 x 0,1 x 0,6 x 0,6 = 0,72 kg Stahlfaser.

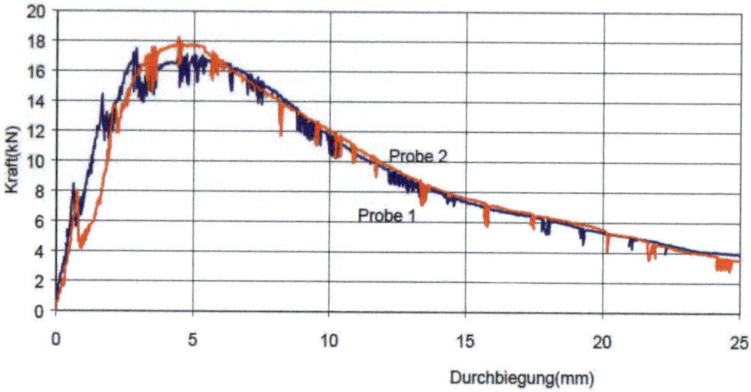

Abb. 13-2: Kraft-Weg Diagramm des Platten-Biege-Versuchs mit 20 kg/m³ A-Faser nach 10 Stunden

Im Vergleich zu Nullspritzbetonproben haben die Proben SFBA 20 eine viel bessere Zähigkeit und Energieaufnahmekapazität gezeigt.

Gegenüber dem Biegezugversuch (Abb. 10-1) ist der Fasereinfluss beim 1. Riss auf das Tragverhalten in dem statischen unbestimmten System deutlich zu erkennen. Die Kraft ist nach dem 1.Riss bei einer Durchbiegung von ca. 0,28 mm zuerst zurückgegangen (Abb. 13-2) und dann wieder tendenziell kräftig bis zur maximalen Last von 17,87 kN bei dem Durchbiegungswert von 3,68 mm (Tabelle 13-2) angestiegen. Die instabile Zone nach dem 1. Riss ist viel kleiner als beim Balkenversuch.

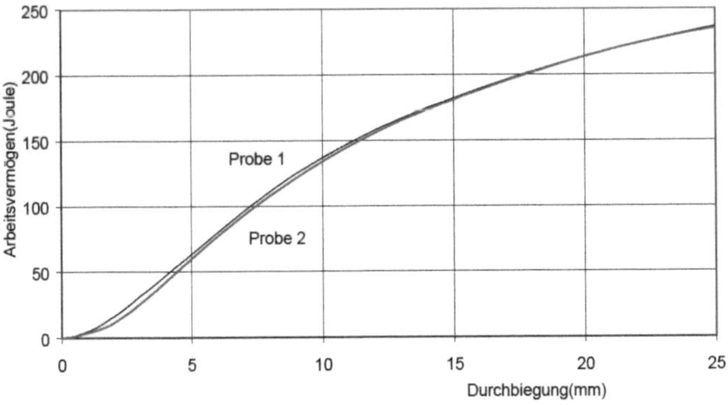

Abb. 13-3: Arbeitsvermögen-Durchbiegung Diagramm im Platten-Biege Versuch mit 20 kg/m³ A-Faser nach 10 Stunden

Ähnlich wie Abb. 10-2 und 10-3 haben die SFB-Proben mit 40 und 60 kg/m³ A-Fasern im Alter von 10 Stunden eine bessere Energieaufnahmekapazität als SFBA 20 gezeichnet.

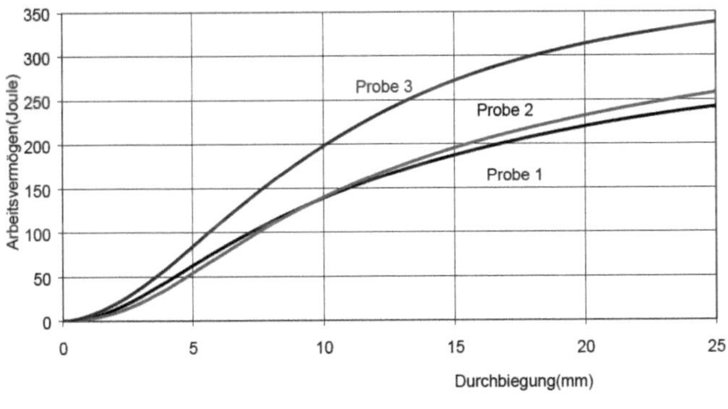

Abb. 13-4: Arbeitsvermögen-Durchbiegung Diagramm im Platten-Biege Versuch mit 40 kg/m³ A-Faser nach 10 Stunden

Mit dem steigenden Fasergehalt ist der Lastrückgang nach dem ersten Riss immer kleiner geworden (Abb. 13-2, 13-4 und 13-5). Aber es ist auffällig, dass das Arbeitsvermögen von SFBA 40 größer ist als das von SFBA 60 (Tabelle 13-2). Das bedeutet, dass die Energieaufnahmekapazität nach 10 Stunden zwischen SFBA 40 und SFBA 60 nicht mit steigendem Fasergehalt zugenommen hat.

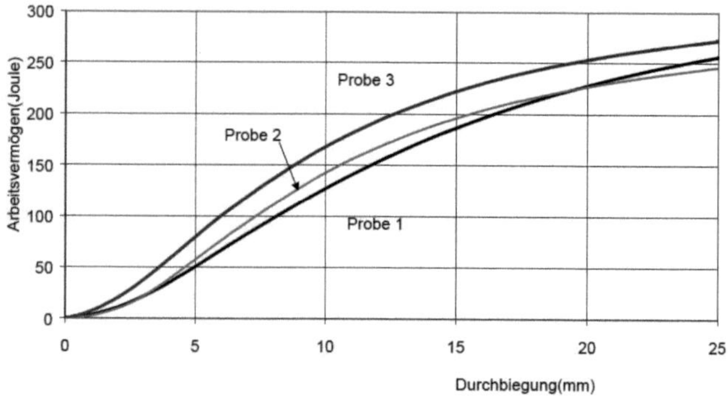

Abb. 13-5: Arbeitsvermögen-Durchbiegung Diagramm im Platten-Biege Versuch mit 60 kg/m³ A-Faser nach 10 Stunden

Der Bewehrungsgrad der Stahlbetonplattenproben liegt bei ca.1,9%. Das entspricht der Mindestbewehrung. Der Stahlgehalt für die CQS 6 Mattenbewehrung für je eine Platte beträgt ca. 0,714 kg. Das ist ungefähr gleich dem Fasergehalt einer Platte mit 20 kg/m³ A-Fasern. Allerdings wurde die Matte mittig positioniert. Aber die Energieaufnahmekapazität von Stahlbeton ist niedriger als jener von SFBA 20 (Tabelle 13-2, 13-3, 13-6 und 13-8).

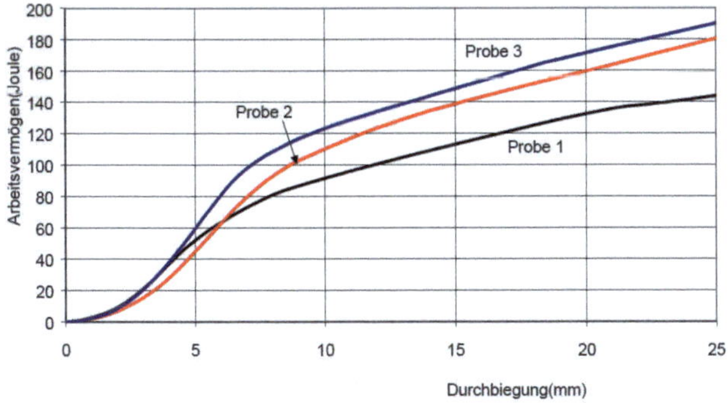

Abb. 13-6: Arbeitsvermögen-Durchbiegung Diagramm im Platten-Biege Versuch mit Mattenbewehrung nach 10 Stunden

Gegenüber den SFB haben die mattenbewehrten Stahlbetonproben im jungen Alter statt auf Biegezug infolge Durchstanzen (Abb. 13-9) versagt. Abb. 13-7 und 13-8 zeigen die Gegenüberstellung der Mittelwerte der Platten-Versuche von SFB mit unterschiedlichem Fasergehalt und von Stahlbetonproben (u = 0,19%).

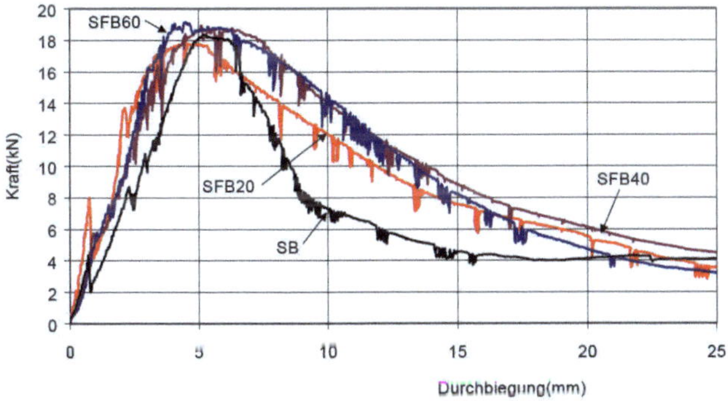

Abb. 13-7: Gegenüberstellung der Kraft-Weg Diagramme für SFRA und SB nach 10 Stunden

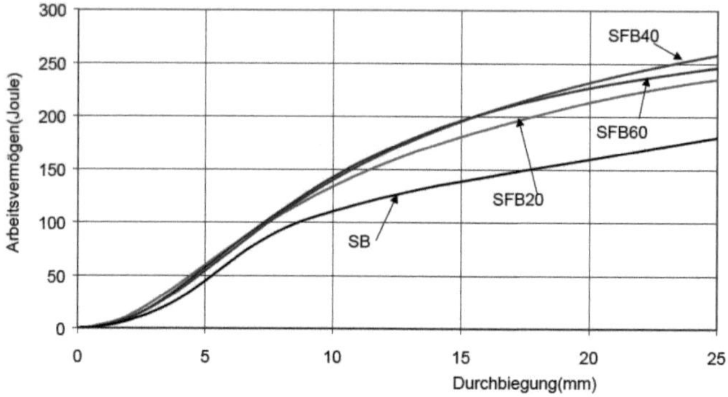

Abb. 13-8: Gegenüberstellung der Arbeitsvermögen-Durchbiegung Diagramme für SFBA und SB nach 10 Stunden

Es ist zu ersehen:

1. Die Kurven von SFBA 20, 40 und 60 verlaufen ähnlich.
2. Im Vergleich zu Abb. 10-4 von Abschn.10.4.1.1 ist der Unterschied zwischen SFBA 20 und SFBA 40 und 60 nicht so deutlich. Die Ursache könnte darauf zurückzuführen sein, dass sich die in zwei Richtungen beanspruchten Platten auch mit niedrigem Fasergehalt (20 kg/m³) besser und zäher als die hauptsächlich in einer Richtung beanspruchten Balken verhalten können.
3. Der durch Biegezug versagende Faserbeton mit 20 kg/m³ A-Faser kann mehr Energie im Alter von 10 Stunden als der durch Durchstanzen versagende Stahlbeton mit dem gleichen Stahlgehalt aufnehmen.
4. Ganz anders als in der Abb. 10-4 ist der Unterschied zwischen SFBA 40 und 60 in Abb. 13-7 und 13-8 kaum zu erkennen. In den meisten Fällen sind die Werte von SFBA 40 den entsprechenden Werten überlegen.
5. Im Vergleich zu Abb. 10-4 verhalten sich die Platten nach dem 1. Riss deutlich stabiler als die Balken.

Die Abb. 13-9 zeigt die Biegezugseite der Stahlbetonplatte nach dem Versuch (beim Erreichen einer Verformung in der Plattenmitte von 25 mm) im Alter von 10 Stunden. Der durchstanzgefährdete Versagensbereich ist deutlich zu sehen. Da die Probe baustellensimuliert mit der Mindestbewehrung verstärkt wurde, ist keine Durchstanzbewehrung vorhanden. Außerdem war der Beton nach 10 Stunden noch zu weich, um eine Verbund- und Schubaufnahmewirkung anzubieten.

Abb. 13-9: Stahlbetonprobe im Alter von 10 Stunden nach dem Platten-Biege-Versuch

Für Faserspritzbeton- und Faserbetonproben sind die Fasern nahezu zweidimensional oder dreidimensional gleichmäßig über die Plattenhöhe verteilt [57]:

- Die gleichmäßig über die Querschnitthöhe verteilten und zwei-, oder dreidimensional in der Platten orientierten Fasern haben zum Teil wie eine Durchstanzbewehrung funktioniert und die Schubspannung infolge Durchstanzen teilweise aufgenommen ([59] und [60]).
- Wegen der gleichmäßig verteilten Fasern sind die Spannungen in den faserbewehrten Platten - besonders im durchstanzgefährdeten Bereich des Stahlbetons - gleichmäßiger als die im Stahlbeton verteilt. Und damit erhöht sich auch der Durchstanzwiderstand und es sinkt die Steifigkeit der Platte.
- Die gleichmäßig in den Platten verteilten Fasern führen zu einer besseren Spannungsumlagerung und einer kompletten Durchbiegungsverformung in zwei Richtungen der ganzen Platten. Daher ist die Energieaufnahmekapazität des Stahlfaserbetons größer als die des entsprechenden Stahlbetons. Und die instabilen Bereiche nach dem 1. Riss konnten auch verringert werden.

Diese Versuche erlauben die Bedenken über die mögliche Anwendung von Fasern nicht nur im Tunnelbau, wo hauptsächlich Druckbeanspruchungen auftreten, sondern auch im Durchstanzbereich zu verringern. Das Durchstanzen ganzer Felsblöcke wurde schon sehr früh in den skandinavischen Ländern in großen Versuchen untersucht. Dabei zeigte sich der hervorragende Einfluss der Faserbewehrung.

13.3.3 Prüfungen im Alter von 18 Stunden

Die Versuche mit Stahlfaserbetonproben 18 Stunden mit 20 kg/m³ A-Fasern haben ähnliche Eigenschaften wie nach 10 Stunden gezeigt. Von Abb.13-10 bis Abb.13-13 werden die Versuche mit 40 bis 60 kg/m³ A-Fasern gezeigt. Im Vergleich zu den 10 Stunden Werten des Betons hat die Energieabsorptionskapazität auch mit der Erhärtung des Betons zugenommen (Abb. 13-11 und 13-13).

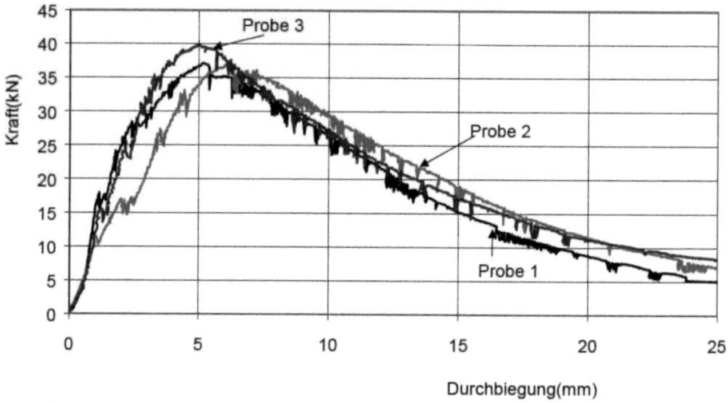

Abb. 13-10: Kraft-Weg Diagramm des Platten- Versuchs mit 40 kg/m³ A-Faser nach 18 Stunden

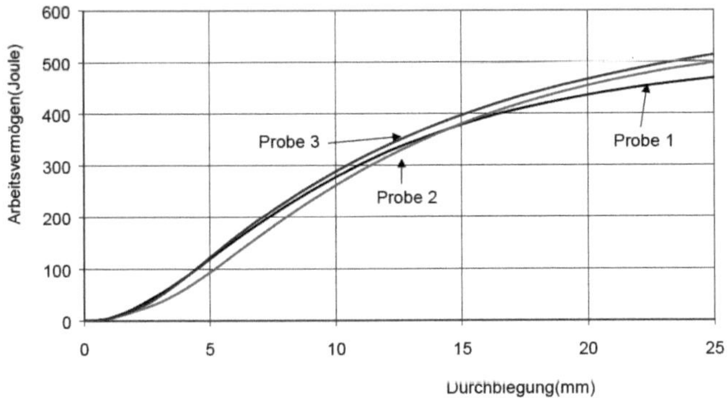

Abb. 13-11: Arbeitsvermögen-Durchbiegung Diagramm im Platten- Versuch mit 40 kg/m³ A-Faser nach 18 Stunden

Nach dem ersten Riss hat SFBA 40 einen kleineren Lastrückgang als SFBA 20 gezeigt, und danach ist die Kraft weiter bis zur Bruchlast angestiegen (Abb. 13-10).

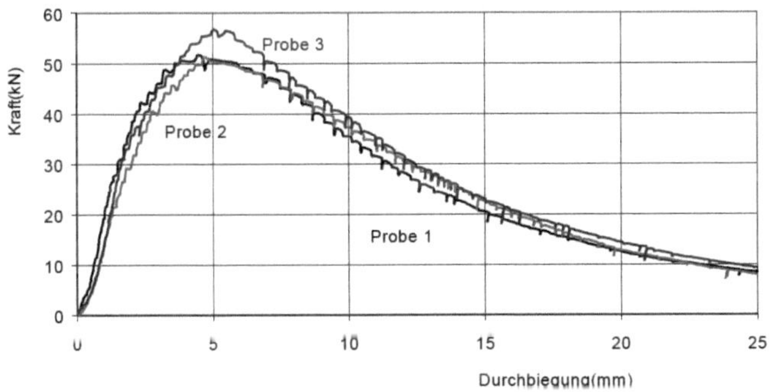

Abb. 13-12: Kraft-Weg Diagramm des Platten-Biege Versuchs mit 60 kg/m³ A-Faser nach 18 Stunden

Im Vergleich mit SFBA 40 sind alle drei Proben von SFBA 60 fast kontinuierlich und gleichmäßig bis zur Bruchlast angestiegen. Ein Lastrückgang beim ersten Riss ist hier nicht mehr zu sehen (Abb. 13-12, 13-13).

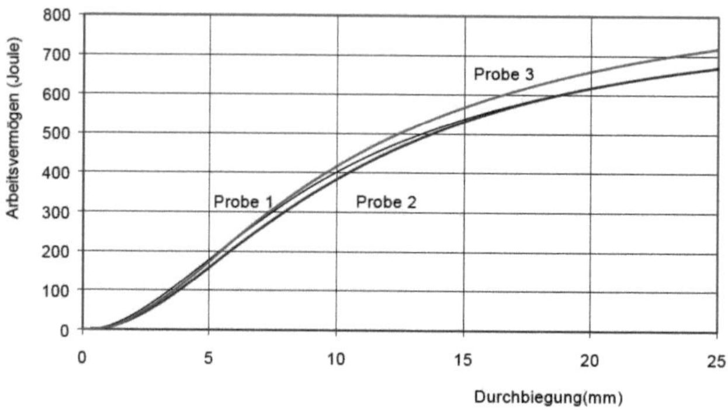

Abb. 13-13: Arbeitsvermögen-Durchbiegung Diagramm im Platten-Biege Versuch mit 60 kg/m³ A-Faser nach 18 Stunden

Die Abb. 13-14 und 13-15 zeigen die Gegenüberstellung der Platten Versuche zwischen SFBA mit unterschiedlichem Fasergehalt und SB. Anders als nach 10 Stunden haben die Stahlbetonproben im Alter von 18 Stunden ein besseres Arbeitsvermögen als SFBA 20 und 40 erreicht.

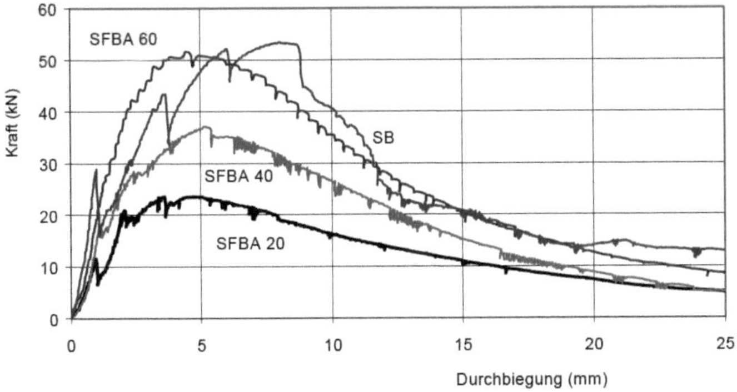

Abb. 13-14: Gegenüberstellung der Kraft-Weg Diagramme für SFBA und SB nach 18 Stunden

Ähnlich wie nach 10 Stunden haben die Versuche gezeigt, dass die mattenbewehrten Platten auch nach 18 Stunden durch Durchstanzen versagen. Aber der Versagensbereich zeigt mehr biegezugbeanspruchte Risse als nach 10 Stunden. Es könnte darauf zurückzuführen sein, dass mit der Erhärtung des Betons die Verbundwirkung zwischen Matte und Bewehrung viel stärker geworden ist und der erhärtete Beton auch mehr Schubspannungen aufnehmen kann.

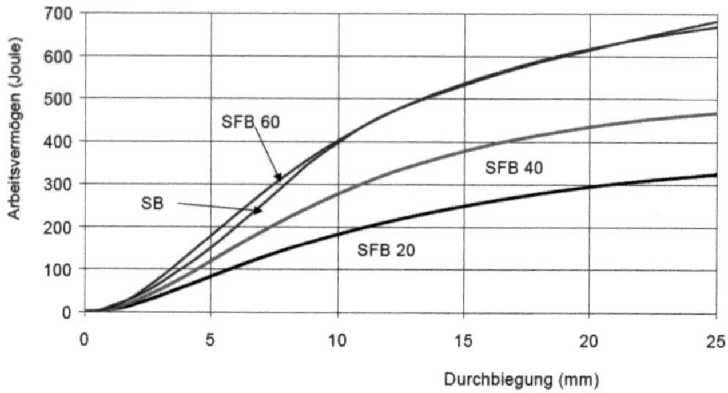

Abb. 13-15: Gegenüberstellung der Arbeitsvermögen-Durchbiegung Diagramme für SFBA und SB nach 18 Stunden

Die Stahlbetonproben verhalten sich nach 18 Stunden fast so gut wie die Stahlfaserbetonproben mit 60 kg/m³ A-Faser (Abb.13-15). Im Gegensatz zum Balkenversuch ist kaum eine instabile Zone bei SFBA 40 und 60 zu sehen. Und die instabile Zone von SFBA 20 und SB ist auch viel kleiner als die in Abb.10-9. Im Gegensatz zu dem Verhalten in Abb. 10-9 von Abschn.10.4.1.2, Abb. 13-10 und 13-18 ist der Unterschied zwischen SFBA 20, 40 und 60 klar zu erkennen.

13.3.4 Prüfungen im Alter von 30 Stunden

Die Abb. 13-16 zeigt die Rissbildung der Biegezugseite einer SFB-Probe mit 40 kg/m³ A-Faser im Alter von 30 Stunden nach dem Versuch.

Abb. 13-16: Plattenprobe von SFBA 40 im Alter von 30 Stunden nach dem Platten-Versuch

Die Abb. 13-17 und 13-18 zeigen die Ergebnisse von SFBA 20. Von Abb. 13-19 bis Abb. 13-21 sind die Versuche von SFBA 40 abgebildet.

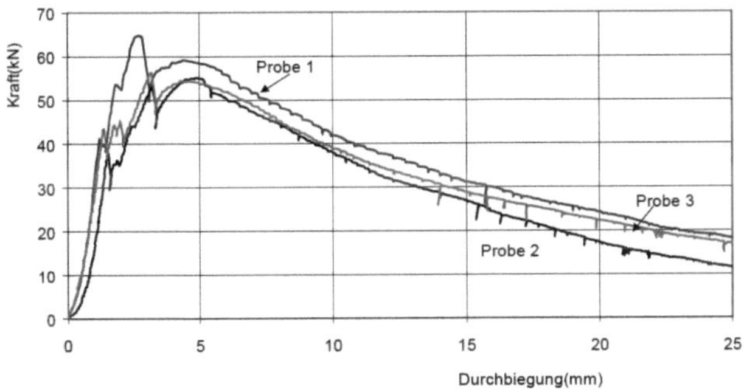

Abb. 13-17: Kraft-Weg Diagramm des Platten- Versuchs mit 20 kg/m³ A-Faser nach 30 Stunden

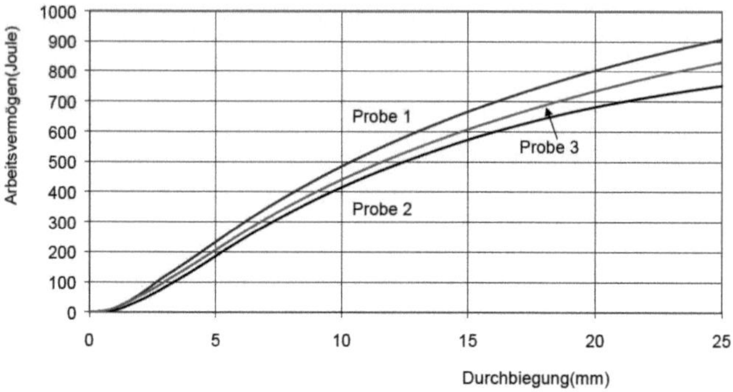

Abb. 13-18: Arbeitsvermögen-Durchbiegung Diagramm im Platten- Versuch mit 20 kg/m³ A-Faser nach 30 Stunden

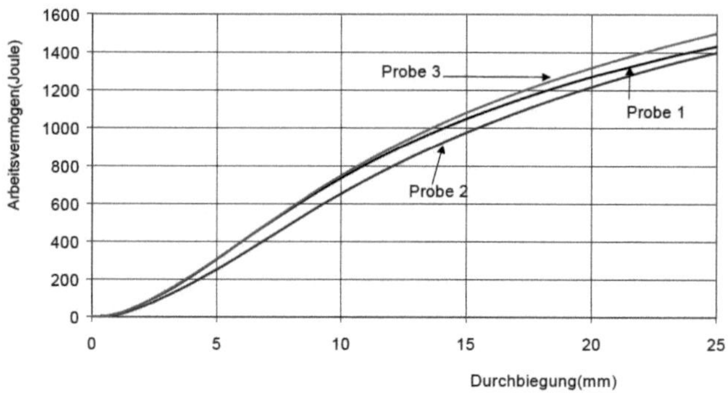

Abb. 13-19: Arbeitsvermögen-Durchbiegung Diagramm im Platten- Versuch mit 40 kg/m³ A-Faser nach 30 Stunden

Abb. 13-20 und 13-21 zeigen die Gegenüberstellung der Mittelwerte der Platten Versuche von SFB mit unterschiedlichem Fasergehalt und von SB nach 30 Stunden. Ab einer Durchbiegung größer als 5 mm sind die Werte von SB den entsprechenden Werten von SFBA 20 überlegen.

Die Proben von mattenbewehrten Beton haben hauptsächlich durch Durchstanzen versagt. Aber mit der Erhärtung des Betons sind die Biegezugrisse allmählich deutlicher geworden. Ähnlich wie nach 10 Stunden ist der Unterschied zwischen SFBA 40 und 60 sehr klein, und teilweise sind die Werte von SFBA 40 den Werten von SFBA 60 überlegen (Tabelle 13-2).

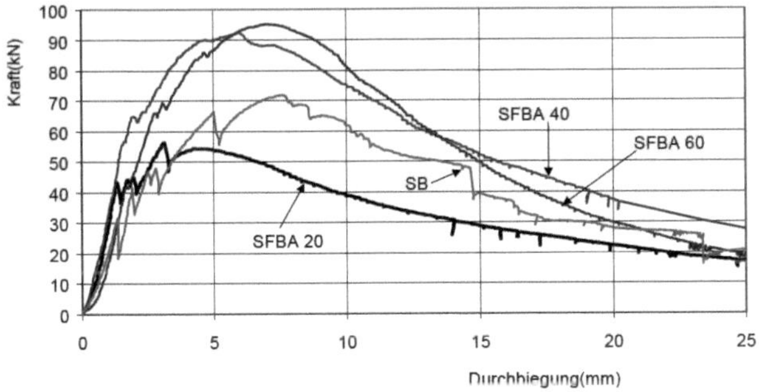

Abb. 13-20: Gegenüberstellung der Kraft-Weg Diagramme für SFBA und SB nach 30 Stunden

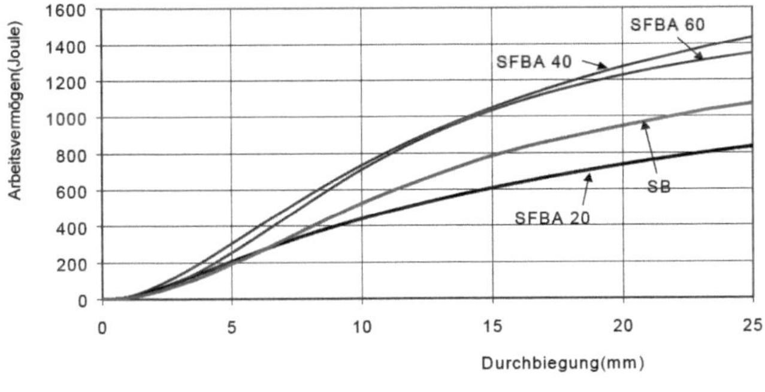

Abb. 13-21: Gegenüberstellung der Arbeitsvermögen-Durchbiegung Diagramme für SFBA und SB nach 30 Stunden

13.3.5 Prüfungen im Alter von 48 Stunden

Von Abb. 13-22 bis Abb. 13-26 sind die Teilergebnisse von SFBA und SB im Alter von 48 Stunden abgebildet.

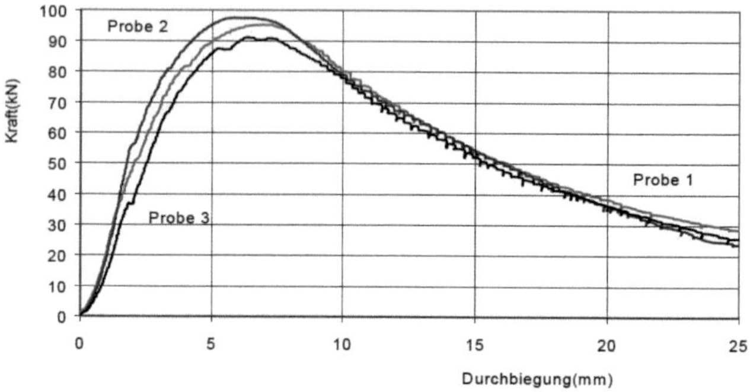

Abb. 13-22: Kraft-Weg Diagramm des Platten-Versuchs mit 60 kg/m³ A-Faser nach 48 Stunden

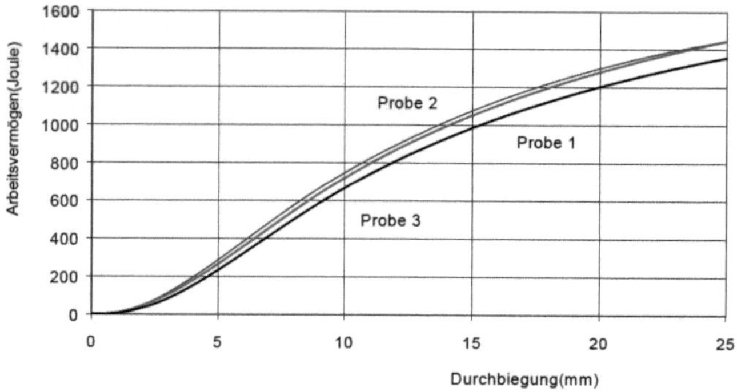

Abb. 13-23: Arbeitsvermögen-Durchbiegung Diagramm im Platten-Versuch mit 60 kg/m³ A-Faser nach 48 Stunden

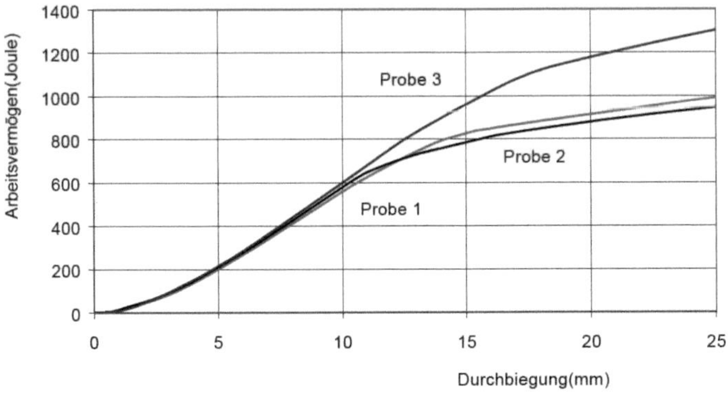

Abb. 13-24: Arbeitsvermögen-Durchbiegung Diagramm im Platten Versuch mit Mattenbewehrung nach 48 Stunden

48 Stunden nach dem Betonieren ist die Eindringungstiefe der Stahlstanze in die Stahlbetonprobe viel geringer als vor und nach 30 Stunden. Obwohl das Versagen durch Durchstanzen verursacht worden ist, haben sich die Biegezugrisse mit der Zeit immer mehr und stärker gezeigt.

Abb. 13-25 und 13-26 zeigen die Gegenüberstellung der Platten Versuche im Alter von 48 Stunden zwischen SFBA mit unterschiedlichem Fasergehalt und SB. Es ist zu ersehen, dass die mattenbewehrte Probe ein besseres Arbeitsvermögen bis 20 mm Durchbiegung als SFBA 20 aufweist.

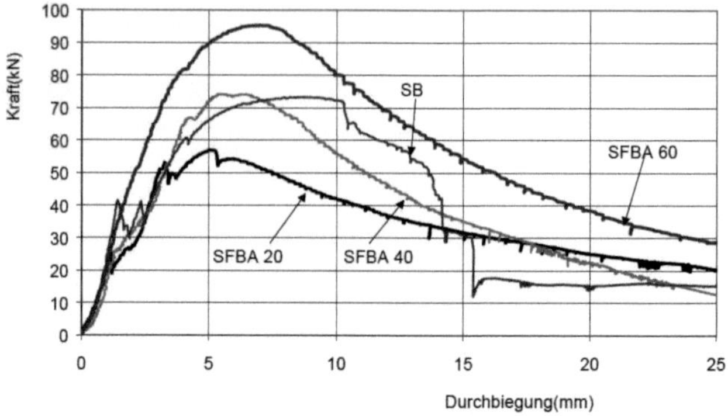

Abb. 13-25: Gegenüberstellung der Kraft-Weg Diagramme für SFBA und SB nach 48 Stunden

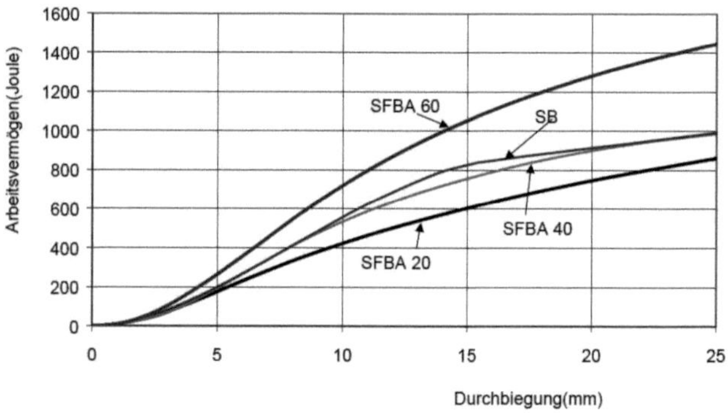

Abb. 13-26: Gegenüberstellung der Arbeitsvermögen-Durchbiegung Diagramme für SFBA und SB nach 48 Stunden

In Tabelle 13-2 ist es ersichtlich, dass die Werte von SFBA 60 nach 48 Stunden bis Durchbiegung von 15 mm immer etwas unter den Werten von SFBA 40 nach 30 Stunden liegen. Es ist auffällig, dass die Werte von SFBA 40 nach 48 Stunden deutlich schlechter als die Werte nach 30 Stunden (Tabelle 13-2) sind. Dies kann eine normale Schwankung sein. Da es unmöglich ist, zwei einander völlig gleiche Betonkörper herzustellen, muss man immer mit einer gewissen Ungenauigkeit rechnen. Das ist ein Problem, mit dem man sich bei Versuchen mit Beton abfinden muss.

13.4 Analyse der Untersuchungsergebnisse

Die Versuchsergebnisse sind in Tabelle 13-2 zusammengefasst. Im Vergleich zu Tabelle 13-1 ist es ersichtlich:

- SFBA 20 hat nach 30 und 48 Stunden bei einer Durchbiegung von 15 mm die a Klasse erreicht und bei der Durchbiegung von 20 und 25 mm die Klasse b überschritten.
- SFBA 40 hat nach 30 Stunden bei der Durchbiegung von 10 mm die Klasse b erreicht und ab der Durchbiegung von 15 mm die c Klasse überschritten.
- SFBA 40 hat nach 48 Stunden bei der Durchbiegung von 10 mm die Klasse a erreicht, bei der Durchbiegung von 15 bis 20 mm die b Klasse überschritten und bei der Durchbiegung von 25 mm die c Klasse erreicht, obwohl SFBA 40 sich bei 48 Stunden schlechter verhalten hat als nach 30 Stunden.
- SFBA 60 hat nach 18 Stunden ab der Durchbiegung von 15 mm schon die Klasse a erreicht und überschritten.
- SFBA 60 hat nach 30 Stunden bei der Durchbiegung von 10 mm die Klasse b schon erreicht und auch etwas überschritten, ab der Durchbiegung von 15 mm die Klasse c erreicht und überschritten.
- Im Alter von 10 Stunden ist Arbeitsvermögen von SFBA 40 bei einer Durchbiegung von 25 mm dem entsprechenden Wert von SFBA 60 überlegen. Aber im ganzen Bereich (von 0 bis 25 mm) verlaufen die zwei Kurven beinahe identisch (Abb. 13-8).
- Im Alter von 30 Stunden ist das Arbeitsvermögen von SFBA 40 wieder dem entsprechenden Wert von SFBA 60 überlegen.
- SB hat nach 18 Stunden bei der Durchbiegung von 15 mm die Klasse a und bei 25 mm die Klasse b erreicht.
- SB hat nach 30 Stunden bei der Durchbiegung von 10 mm die Klasse a, bei 15 mm die Klasse b und bei 25 mm die Klasse c erreicht.

Zusammenfassend kann man sagen, dass die Zähigkeitsklassen der EFNARC Tabelle 13-1 keine hohen Anforderungen für Faserbeton stellen.

Tabelle 13-2: Gegenüberstellung des Arbeitsvermögens von unterschiedlichen SFB- und SB-Proben in Platten-Versuchen

	F_{1p}	δ_{1p}	A_1	F_{2p}	δ_{2p}	A_2	A(5mm)	A(10mm)	A(15mm)	A(20mm)	A(25mm)
PLF2010	3,29	0,28	0,50	17,87	3,68	40,00	62,00	135,50	181,50	214,00	235,50
PLF2018	13,60	0,93	5,67	28,98	5,45	100,33	87,00	212,00	299,00	355,00	393,33
PLF2030	40,80	1,35	21,00	58,76	3,55	127,00	208,00	446,67	615,67	740,67	831,67
PLF2048	29,00	1,10	14,00	55,25	5,16	179,33	172,67	415,67	594,67	725,67	827,67
PLF4010	6,89	0,76	2,33	20,97	4,63	61,00	67,33	159,00	218,33	255,00	279,33
PLF4018	14,99	1,16	7,33	37,95	5,36	125,00	111,33	276,00	385,00	451,33	493,00
PLF4030	52,31	1,51	34,00	89,84	6,51	415,67	288,00	711,33	1034,67	1269,33	1444,00
PLF4048	37,94	1,95	32,67	74,52	6,18	267,00	184,33	530,33	783,67	953,33	1067,00
PLF6010	6,12	0,71	2,33	19,14	4,70	55,67	62,67	145,67	201,67	236,00	258,33
PLF6018	27,56	1,56	18,67	53,22	4,73	157,00	170,33	401,00	545,67	632,33	686,00
PLF6030	49,01	1,70	32,50	97,37	6,55	426,50	280,50	732,00	1042,00	1238,50	1368,00
PLF6048	48,00	2,01	41,67	94,70	6,38	388,33	261,33	712,00	1039,00	1262,00	1416,67
PLG10	4,95	0,75	1,67	19,25	4,75	49,00	52,33	108,00	133,33	154,67	171,67
PLG18	30,16	1,05	13,33	60,72	7,49	317,67	168,33	421,00	562,00	652,00	731,00
PLG30	35,34	1,38	20,00	73,78	8,56	448,00	193,00	534,33	824,67	1001,67	1115,33
PLG48	40,12	1,33	21,33	76,70	9,44	538,00	207,33	578,33	857,00	990,67	1080,67

Legende in Seite 205.

Legende zu Tabelle 13-2:

A(5mm): Arbeitsvermögen(Joule) bei 5mm Durchbiegung.
A(10mm): Arbeitsvermögen(Joule) bei 10mm Durchbiegung.
A(15mm): Arbeitsvermögen(Joule) bei 15mm Durchbiegung.
A(20mm): Arbeitsvermögen(Joule) bei 20mm Durchbiegung
A(25mm): Arbeitsvermögen(Joule) bei 25mm Durchbiegung.

F_{1p}: Kraft (kN) bei dem 1. Wendepunkt des Kraft-Weg Diagramms.
δ_{1p}: Durchbiegung (mm) bei F_{1p}.
A_1: Arbeitsvermögen (Joule) von F_{1p}.
F_{2p}: Max. Kraft (kN).
δ_{2p}: Durchbiegung (mm) bei der max. Kraft .
A_2: Arbeitsvermögen (Joule) bei max. Kraft.

Verwendete Abkürzungen:

- PLF XY: Platten- Versuch mit dem X kg/m³ Fasergehalt nach Y Stunden nach dem Betonieren; z.B. PLF 2010: Platten- Versuch mit 20 kg/m³ A-Faser im Alter von 10 Stunden.
- PLM Y: Platten- Versuch mit zentrischer Mattenbewehrung nach Y Stunden nach dem Betonieren; z.B PLG 18: Platten- Versuch mit zentrischer Mattenbewehrung im Alter von 18 Stunden.

Abb. 13-27 zeigt die Gegenüberstellung der Kraft F_{1p} bei dem 1. Wendepunkt (in den meisten Fällen entspricht es auch dem ersten Riss), der elastischen Phase des Kraft-Weg Diagramms. F_{1p} bedeutet das Ende des elastischen Zustandes in einer beanspruchten Richtung (z.B. in X-Richtung). Ähnlich wie Abschn.10.4.1 steigt die Kraft F_{1p} im jungen Alter von 10 und 18 Stunden mit zunehmendem Fasergehalt an.

Von 30 bis 48 Stunden haben SFBA 20 und SFBA 40 für F_{1p} eine fallende Tendenz gezeigt. Da die Versagensform zwischen SFB und SB ganz anders ist, ist die Kraft F_{1p} auch nicht zu vergleichen.

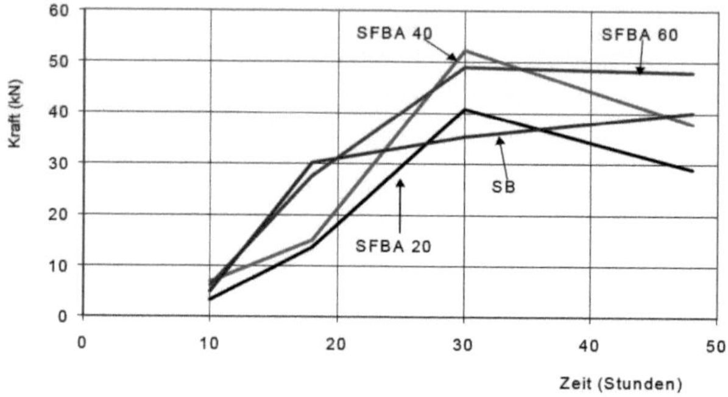

Abb. 13-27: Gegenüberstellung der F_{1p} von SFBA und SB

Die Abb. 13-28 zeigt die Gegenüberstellung der Maximalkraft F_{2p} von SFBA mit unterschiedlichem Fasergehalt und SB. Nach dem ersten Riss werden durch die gleichmäßig verteilten Fasern die Spannungen in die andere Richtung (Y) umgelagert.

Durch die Spannungsumlagerung könnte sich die ganze Platte weiter elastisch verhalten, bis die Last ihre maximalen Werte erreicht. Dann tritt der Riss auch in der Y Richtung auf. Das bedeutet, dass sich die ganze Platte nach der größten Last plastisch-elastisch verhält.

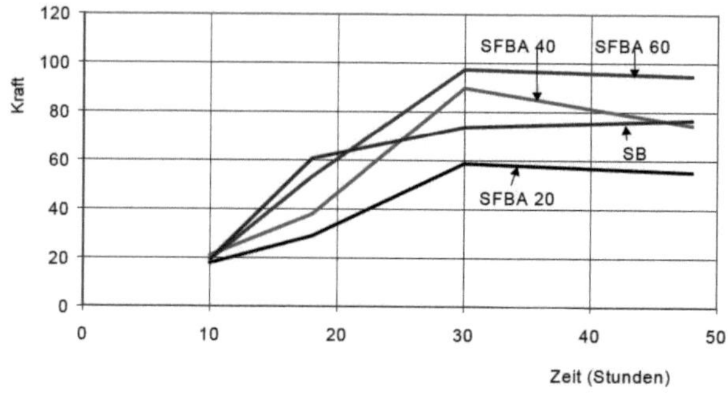

Abb. 13-28: Gegenüberstellung der Maximalkraft (F_{2p}) von SFBA und SB

Analog zu der Abb.13-27 steigt die Maximalkraft F_{2p} auch mit zunehmendem Fasergehalt an, und zwar auch bei 30 und 48 Stunden (Abb. 12-34), aber bei 10 Stunden ist der Wert von SFBA 40 noch größer als der von SFBA 60.

Die Abb. 13-29 zeigt die Gegenüberstellung der Entwicklung des Arbeitsvermögens von 10 bis 48 Stunden bei der Durchbiegung von 25 mm.

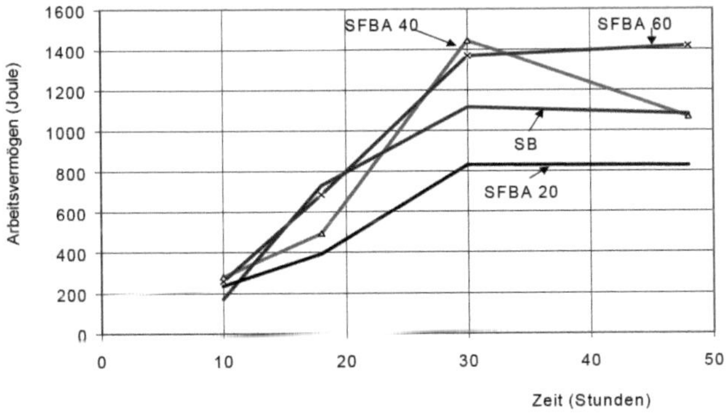

Abb. 13-29: Gegenüberstellung des Arbeitsvermögens von SFBA und SB bei der Durchbiegung von 25 mm

Das „Arbeitsvermögen“ von SFBA 20 ist dem „Arbeitsvermögen“ der durch Durchstanzen versagenden zentrisch bewehrten Stahlbetonproben nach 10 Stunden überlegen. Die Werte schwanken von SFBA 40 bei 48 Stunden stark. Aber generell könnte auch gesagt werden, dass der Unterschied zwischen SFBA 40 und 60 nicht so deutlich ist.

Wenn man die Versuchswerte von Tabelle 13-2 mit den Werten in Tabelle 13-1 vergleicht, ist festzustellen, dass der SFBA mit 20 kg/m³ schon im Alter vom 30 Stunden auf Klasse b eingestuft werden kann. Aber SFB 20 kann Klasse c nicht erreichen, obwohl 700 Joule eine niedrige Anforderung ist.

SFB 40 und SFB 60 haben im Alter von 30 und 48 Stunden die Klasse a bei einer Durchbiegung von 10 mm schon überschritten und erreichen über Werte der Grenze Klasse c bei der Durchbiegung von 25 mm.

Die Stahlbetonproben mit dem Mindestbewehrungsgrad haben durch Durchstanzen versagt. Das Arbeitsvermögen hat im Alter von 18 Stunden die Klasse b und nach 30 Stunden die Klasse c erreicht.

13.5 Diskussion

Die Versagensform zwischen SFB- und SB-Proben im Platten-Biege Versuch ist ganz unterschiedlich. Die SFB-Proben haben durch Biegezug versagt. Die SB-Proben haben infolge Durchstanzen versagt.

Im Vergleich zum Biegezugversuch für Balken sind die instabilen Bereiche für die Platten nach dem ersten Riss deutlich kleiner geworden (Abb. 13-2), besonders wenn der Fasergehalt höher als 20 kg/m³ ist.

Der durch Biegezug versagende SFBA 20 hat mehr Energie im Alter von 10 Stunden als der durch Durchstanzen versagende Stahlbeton aufgenommen, obwohl der Stahlgehalt für die zwei unterschiedlichen Prüfkörper gleich ist. Dies könnte darauf zurückzuführen sein, dass die gleichmäßig in den Platten verteilten Fasern zu einer besseren Spannungsumlagerung und einer kompletten Durchbiegungsverformung in zwei beanspruchte Richtungen der Platten führt. Daher wurden die instabilen Bereiche nach dem 1. Riss in einer Richtung verringert und das Arbeitsvermögen des Stahlfaserbetons ist größer als das des entsprechenden Stahlbetons mit zentrischer Bewehrungslage.

Die gleichmäßig in der Platte orientierten und über die Querschnitthöhe verteilten Fasern haben zum Teil wie eine Durchstanzbewehrung funktioniert und die Schubspannungen teilweise aufgenommen. Dies erlaubt auch Überlegungen über eine mögliche Anwendung der Fasern nicht nur im Tunnelbau sondern auch im Durchstanzbereich.

Bei den Versuchen der Stahlbetonproben im Alter von 10 Stunden gab es außer dem Durchstanzen kaum eine Durchbiegung. Nach 18 Stunden treten leichte Biegezugrisse auf. Mit der Erhärtung des Betons wurden immer mehr Schubspannungen von dem erhärteten Beton aufgenommen.

Bei den Versuchen mit den Stahlbetonproben nach 10 bis 30 Stunden wurde beobachtet, dass die Stahlstanze mit einer Höhe von 2.5 cm ganz oder fast ganz in den Beton eingedrückt wurde. Nach der Entlastung wurde diese Stahlstanze wieder hochgehoben. Für die Versuche nach 48 Stunden hat die Versagensform außer den Durchstanzerscheinungen auch mehr Durchbiegung gezeigt.

Die Kraft F_{1p}, die dem ersten Wendepunkt im Kraft-Weg Diagramm entspricht, verursacht im jungen Alter in vielen Fällen auch den 1. Riss in einer Richtung (Abb. 13-2, 4 und 6). Durch die Spannungsumlagerung nach dem 1. Riss konnte sich die Platte weiter elastisch verhalten, bis die Last ihren maximalen Wert F_{2p} erreicht.

Ähnlich wie bei dem Balkenversuch steigen F_{1p} im jungen Alter (bei 10 und 18 Stunden) und F_{2p} (bei 30 und 48 Stunden) mit zunehmendem Fasergehalt an (Abb. 13-27). Das Arbeitsvermögen steigt generell mit zunehmendem Fasergehalt (von 20 bis 40 kg/m³) an. Aber der Einfluss des Fasergehalts zwischen 40 und 60 kg/m³ auf das Arbeitsvermögen ist nicht genau zu unterscheiden und zu beurteilen. In Zusammenhang mit dem Balkenversuch kann man mit Wahrscheinlichkeit sagen:

1. Es besteht kein deutlicher Unterschied zwischen SFBA 40 und SFBA 60.
2. Ähnlich wie im Balkenversuch nach 10 Stunden dürfte der Stahlbeton mit Mindestbewehrung in der nicht genauen Lage durch SFBA 20, 40 und 60 im Fall des Platten-Biege Zustandes ersetzt werden.
3. Im Alter von 18 Stunden könnte SB mit Mindestbewehrung in der nicht genauen Lage nur durch SFBA 60 ersetzt werden.
4. Im Alter von 30 und 48 Stunden dürfte SB mit Mindestbewehrung auch durch SFBA 40 und 60 ersetzt werden.

Das bedeutet, dass auf der sicheren Seite der SFBA 60 im jungen Alter (von 10 bis 48 Stunden) den Stahlbeton mit Mindestbewehrung in der nicht genauen Lage im Fall des statisch unbestimmten Platten-Biege Zustandes ersetzen kann. Aber der Stahlgehalt von SFBA 60 ist in dieser Situation fast 3 Fach so hoch wie jener von SB mit Mindestbewehrung.

Mit dem Plattenversuch kann man nicht nur das Arbeitsvermögen klassifizieren und vergleichen. Man könnte auch mit den Ergebnissen im Plattenversuch mit den in Abschn.13.3.1 hingewiesenen Methoden, aber auch mit FE-Methode, den Spannungs- und Verformungszustand der Platte ermitteln.

Es wäre auch erstrebenswert, die Faserwirkung nicht nur bezüglich des Biegezugs sondern auch gegen Durchstanzen und gegen Drillmoment usw. mit zu untersuchen.

14 Untersuchungen von Stahlfaserspritzbeton von 10 Stunden bis 28 Tage im Tunnel

Nach zahlreichen und erfolgreichen Laborversuchen über den Fasereinfluss auf die Betoneigenschaft im jungen Alter war es notwendig, den Einfluss von unterschiedlichem Fasergehalt auf den SFSpB im Tunnelvortrieb zu erforschen. In dieser Arbeit wird über den Stahlfasereinfluss auf die Spritzbetoneigenschaften im jungen Alter (ab 10 Stunden) bis zu 28 Tage, hergestellt auf der Baustelle Landeck Nord, berichtet.

14.1 Sieblinie und Mischungsverhältnis

Bindemittel: SBM - FT.
Mischungsverhältnis: 5,3 : 1
Zementgehalt: 360 kg/m³.
Wasser/Zement: 0,525.
Sieblinie ist in Abb. 14-1 ersichtlich.

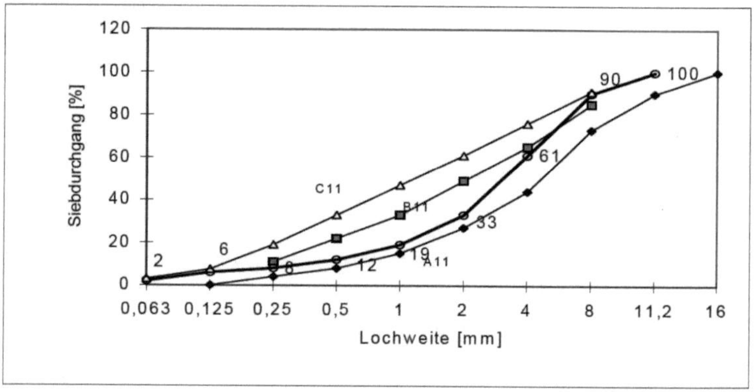

Abb. 14-1: Sieblinie für Spritzbeton im Tunnel

Die Stahlfasern wurden wie folgend in die Mischung für die Druckfestigkeits-, E-Modulprüfung, die Prüfung des Verformungsverhaltens sowie für die äquivalenten Biegezugversuche und Platten- Versuche dosiert und gespritzt:

1. Nullspritzbeton,
2. SFSpB mit 60 kg/m³ A-Faser,
3. SFSpB mit 90 kg/m³ A-Faser.

Zum Einsatz kam alkalifrei hergestellter Trockenspritzbeton mit Feucht-Mischgut mit sofortiger Anwendung (FM-S). Die Verarbeitung des Spritzbetons erfolgte durch Mischen der erdfeuchten Zuschläge vor Ort mit dem Spritzbindemittel SBM-FT in einer PHS Misch- und Dosieranlage. Die Fasern wurden ebenfalls dem Materialstrom kurz vor dem Mischer zugegeben. Als Dosiergerät diente ein SF75 Vibrationsdosierer. Die Leistung des Dosierers war schon im Labor in mehreren Durchläufen abgeeicht worden. Als Spritzmaschine kamen Aliva 262 zum Einsatz. Der Schlauch mit einem Durchmesser von 65 mm war 40 m lang. Die gewählte Auftragstechnik hat den Vorteil, dass die Faserzugabe zu- und weggeschalten werden kann, SFSpB also bei Bedarf abzurufen ist.

14.2 Faserorientierung und Fasergehalt der Proben

Zum betonierten Laborbeton unterscheidet sich der SFSpB vor allem durch die Faserorientierung und durch den durch Rückprall reduzierten Fasergehalt. Die Faserorientierung für SFSpB ist in Abschn.5.4 erwähnt. Probequerschnitte an SFSpB haben gezeigt, dass die Fasern in dem Fall nicht zweidimensional orientiert und verteilt sind (Abb. 14-2), da der Unterschied der Korngröße in dem Fall eine wichtige Rolle spielt.

Nach der Biegezugprüfung wurden insgesamt je 12 Proben der Abmessung von 10 cm x 10 cm x 10 cm aus den Balkenproben, die mit 60 und 90 kg/m³ A-Faser gespritzt waren, herausgeschnitten und zermahlt, um den tatsächlichen Stahlfasergehalt nach [9], der nach dem Trockenspritzen in den Proben geblieben ist, zu ermitteln. Die Ermittlungen haben gezeigt:

- Bei der Dosierung von 60 kg/m³ A-Faser enthalten die Proben ca. 34 kg /m³ Stahlfasern, das bedeutet, dass ungefähr 43% (26 kg/m³) Stahlfasern im Rückprall geblieben sind.
- Bei der Dosierung von 90 kg/m³ A-Faser enthalten die Proben ca. 65 kg/m³ Stahlfasern, das heißt, dass ungefähr 28% (25 kg/m³) Stahlfasern im Rückprall geblieben sind.

In dieser Arbeit wird der Fasergehalt nach [7] aufgrund des Dosierungsgehaltes angegeben.

Abb. 14-2: Stahlfaserverteilung in der Spritzbetonprobe (SFSpB 60)

Außerdem wurden die Faseranzahl und deren Verteilungen auf dem Probequerschnitt von je drei Proben mit unterschiedlichem Fasergehalt untersucht. Die Querschnitte wurden in drei Zonen, nämlich Druck-, Mittel- und Zugzone, eingeteilt. Die Höhe jeder Zone beträgt 15/3 = 5 cm. Die Untersuchungen haben gezeigt:

- Bei der Dosierung mit 60 kg/m³ A-Faser sind durchschnittlich 178 Stücke Fasern im Querschnitt feststellbar. Davon sind 58 Stücke auf der Zugzone, 59 Stücke auf der Mittelzone und 60 Stücke auf der Druckzone aufgeteilt. Die Fasern sind also ungefähr gleichmäßig über dem Querschnitt verteilt (Abb.14-2).
- Bei der Dosierung mit 90 kg/m³ A-Faser sind durchschnittlich 270 Stücke Fasern im Querschnitt feststellbar. Davon sind 80 Stücke auf der Zugzone, 115 Stücke auf der Mittelzone und 75 Stücke auf der Druckzone aufgeteilt. In diesem Fall ist es schwieriger, die Faserverteilung als gleichmäßig anzunehmen.

14.3 Versuchsprogramm

Null- und Stahlfaserspritzbeton mit verschiedenem Fasergehalt wurde zu unterschiedlichen Zeitpunkten untersucht:

- Einfluss des Stahlfasergehaltes auf die Druckfestigkeitsentwicklung und die E-Modulentwicklung zwischen 10 Stunden und 28 Tagen
- Einfluss des Stahlfasergehaltes auf das Spannungs- und Verformungsverhalten und das Schwindverhalten von 10 Stunden bis 14 Tagen

- Einfluss des Stahlfasergehaltes auf die äquivalente Biegezugfestigkeit zwischen 12 Stunden und 28 Tagen
- Einfluss des Stahlfasergehaltes auf das Verhalten im Platten-Versuch zwischen 12 Stunden und 28 Tagen

Insgesamt wurden eine Serie von Nullbeton und 2 Serien von Stahlfaserbeton untersucht. Der Spritzbeton wurde in speziellen Spritzkisten gespritzt, die jeweils den Anforderungen an die Betonabmessungen angepasst waren. Wegen der Baustellenbedingungen beim Trockenspritzverfahren und wegen den labortechnischen Bedingungen sind die Proben für jede Betonsorte bis zum Alter von 18 Stunden und ab 48 Stunden von verschiedenen Düsenführern getrennt gespritzt worden. Die Proben bis zum Alter von 48 Stunden wurden nach der Entschalung in der Luft gelagert. Die Proben für die 28 Tagesprüfungen wurden bis zu 24 Stunden vor der Prüfung unter Wasser gelagert.

14.4 Druckfestigkeitsentwicklung von Null- und SFSpB

Die Prüfung der Würfel (10 cm x10 cm x10 cm aus Prismen geschnitten) erfolgte in einer kraftgesteuerten Presse. Die Belastungsgeschwindigkeit betrug 1 mm/min. Die Prüfungsergebnisse sind in Tab. 14-1 aufgelistet.

Tabelle 14-1: Druckfestigkeitsentwicklung von Null- und SFSpB

	Druckfestigkeit (N/mm²)			
Betonalter (Stunden)	10	18	48	672
NSpB	11,2	22,1	22,2	30,7
SFSpB mit 60 kg/m³ A-Faser	15,95	21,9	25,5	36,11
SFSpB mit 90 kg/m³ A-Faser	9,7	13	21,1	30,49

Es darf nicht übersehen werden, dass die Druckfestigkeit zwischen 18 und 48 Stunden wegen der beschriebenen Bedingungen nicht normal mit der Zeit angestiegen ist (Tabelle 14-1). Der Anstieg der Druckfestigkeit von der jeweiligen Prüfzeit bis zum 28 Tageswerten ist in Tabelle 14-2 zu ersehen.

Tabelle 14-2: Verhältnis der Frühdruckfestigkeit zum 28 Tageswert

	$\sigma_{10h}/\sigma_{28d}$	$\sigma_{18h}/\sigma_{28d}$	$\sigma_{48h}/\sigma_{28d}$
NSpB	36,48%	72%	72,3%
SFSpB mit 60 kg/m³ A-Faser	44,16%	60,64%	70,62%
SFSpB mit 90 kg/m³ A-Faser	31,8%	42,64%	69,2%

Es gibt auf der Baustelle zugleich mehreren Faktoren, die die Druckfestigkeit beeinflussen. Neben dem Stahlfasereinfluss spielen die Schwankung des W/Z-Werts und die Geschicklichkeit des Düsenführers auch eine wichtige Rolle. Die Versuchsergebnisse zeigen, dass durch 60 kg/m³ Faserzugabe die Druckfestigkeit von 10 Stunden bis 28 Tagen erhöht wird, Aber auch die Einflüsse der anderen Faktoren müssen berücksichtigt werden.

Die Festigkeit vom Spritzbeton mit 90 kg/m³ Fasern sind generell kleiner als die vom Nullbeton, weil beim Spritzen in situ vom SFSpB mit 90 kg/m³ Fasern die Baustellenbedingungen stärkere Einflüsse auf die Betonqualität hatten. Außerdem gab es in der Schalung deutlich mehr Rückprall, der die Druckfestigkeit natürlich beeinträchtigte. Der höhere Luftporengehalt stellt ebenfalls einen Einflussfaktor für die niedrigere Druckfestigkeit vom 90 kg/m³ SFSpB dar.

Zusammenfassend kann man sagen, dass sich die Druckfestigkeit sowohl für NSpB als auch für SFSpB am Anfang rasch erhöht, bis 10 Stunden nach dem Spritzen haben die Festigkeitswerte über 30% der 28 Tage Druckfestigkeit erreicht (Tabelle 14-2).

14.5 E-Modulentwicklung

Die E-Modulprüfung ist in der ÖNORM B 3303 geregelt, Die Versuchsergebnisse und der Verlauf der Kurven sind in Tabelle 14-3 zusammengetragen.

Tabelle 14-3: E-Modulentwicklung von NSpB und SFSpB

	E - Modul (N/mm²)			
Betonalter (Stunden)	10	19	48	672
NSpB	19391	21615	28000	41247
SFSpB mit 60 kg/m³ A-Faser	13730	21328	24497	31436
SFSpB mit 90 kg/m³ A-Faser	14000	16779	25666	39386

Im Gegensatz zu den Ergebnissen des Laborversuchs haben die Versuche im Tunnel gezeigt, dass durch die Stahlfaserzugabe der E-Modul sich im Vergleich zum NSpB verringert, Das bedeutet, dass die praktischen Baustellenbedingungen den E-Modul viel stärker beeinflusst haben als die Stahlfaserzugabe.

Im Zusammenhang mit den Druckfestigkeitsergebnissen kann man annehmen, dass die Druckfestigkeit und der E-Modul von anderen Faktoren als dem Fasergehalt bestimmt wurden und in vorliegenden Spritzversuchen der Fasereinfluss nicht genau beurteilbar ist.

Natürlich sollte man auch nicht übersehen, dass schon im Kurzzeitversuch vom Beton sich nach der Entlastung eine plastische Verformung zeigt. Dies kann die E-Modulbestimmung, besonders wenn der Beton noch im jungen Alter ist und mit der Zeit immer härter wird, beeinträchtigen. Die Ursache darin liegt zum einen in der inneren Dämpfung und zum anderen im Kriechen, das schon bei sehr niedrigem Lastniveau (0,5-1 N/mm²) auftritt.

Tabelle 14-4: Verhältnis des E Moduls im jungen Alter zum 28 Tageswert

	E_{10h}/E_{28d}	E_{19h}/E_{28d}	E_{48h}/E_{28d}
NSpB	47%	72%	67,9%
SFSpB mit 60 kg/m³ A-Faser	43,68%	67,85%	77,92%
SFSpB mit 90 kg/m³ A-Faser	35,54%	42,6%	65,16%

Ähnlich wie bei der Druckfestigkeitsprüfung hat sich der E-Modul sowohl für NSpB als auch für SFSpB am Anfang rasch erhöht, bis 10 Stunden nach dem Spritzen haben die Werte mindestens 35% des 28 Tage E-Moduls erreicht (Tabelle 14-4).

14.6 Spannung/Verformungsverhalten

Die Verformungseigenschaften von jungem Spritzbeton haben einerseits Vorteile, wie den Abbau von Spannungsspitzen und andererseits auch Nachteile, bis zu einer möglichen Entfestigung. Für den Tunnelbau bedeutet das, dass der Spritzbeton eine günstige Eigenschaft im jungen Alter besitzt, nämlich große Stauchungen bruchfrei durch Kriechen zu ertragen.

Die Verformungseigenschaft des jungen Spritzbetons ist auch abhängig von mehreren Faktoren bei der Herstellung. Ob die Fasern auch einen Einfluss auf die Spritzbetonverformung haben und wie diese Verformung durch die Faserzugabe beeinflusst werden kann, sollte dabei untersucht werden.

14.6.1 Verformungskomponenten

Wie in Abschn,8,2 beschrieben, enthält die Verformung einer SpB-Probe unter Druckspannungen im wesentlichen vier Komponenten: a), b), c) und d), Abb., 14-3 und 14-4 zeigen die Stauchung von unterschiedlichen Spritzbetonen.

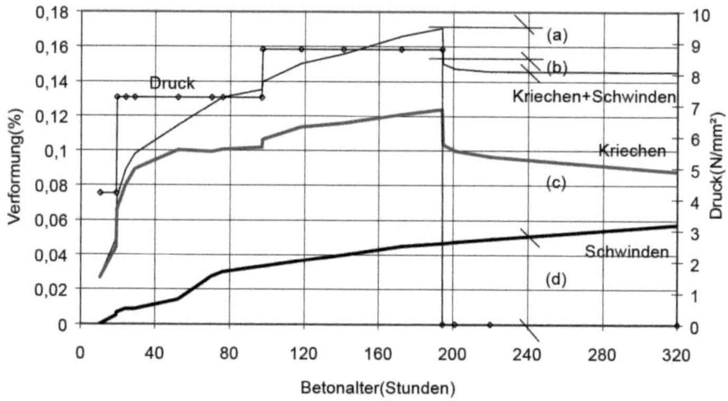

Abb.14-3: Druckkriechen und Schwinden für NSpB SpB-SBM-FT

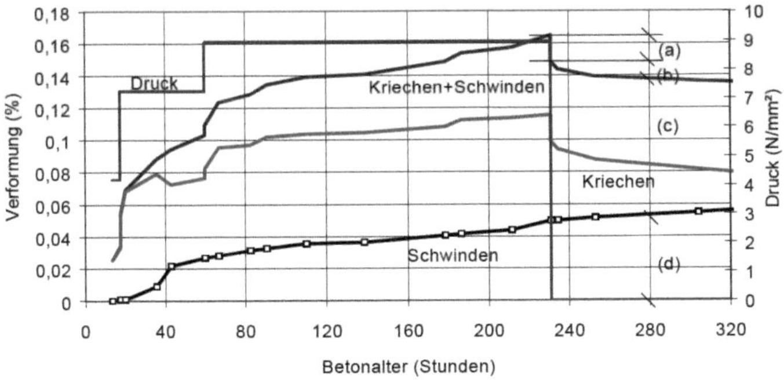

Abb. 14-4: Druckkriechen und Schwinden für SFSpB mit 60 kg/m³ A-Faser

Die elastische Sofortverformung wird bei plötzlicher Be- und Entlastung mit einem sehr niedrigen Lastniveau auftreten, Die Kriechverformungen nehmen bei Belastungsbeginn stark zu, mit der Fortdauer der Belastung werden sie aber immer geringer und erreichen erst nach sehr langer Zeit ein bestimmtes Endkriechmaß. Hier wurden nur kurzzeitigen Versuche durchgeführt (Be- und Entlastung zwischen ca., 2 Wochen). Die Versuchsbedingungen im Klimaraum des Institutes für Stahlbetonbau wurden für alle Versuchskörper gleich gewählt, Luftfeuchtigkeit: 64 %; Raumtemperatur: 25 °C. Die Proben wurden mit den Abmessungen von 15 cm x 15 cm x 30 cm gespritzt und hergestellt.

14.6.2 Auslastungsgrad

Im Vergleich zu dem Faserbeton in Tabelle 8-1 liegt der Auslastungsgrad von Spritzbeton zwischen 32% und 39% (Tabelle 14-5). Bei den Versuchen standen folgende Fragestellungen im Vordergrund:

- Ermittlung des Spannungs-Verformungsverhaltens vom NSpB bei Druckspannung von 10 Stunden bis zu 14 Tagen (Abb,14-5),
- Ermittlung des Einflusses von Stahlfasern auf das Kriechverhalten des Spritzbetons ab 10 Stunden,
- Ermittlung des Einflusses von Stahlfasern auf das Schwindverhalten des Spritzbetons ab 10 Stunden.

Um Vergleichswerte zwischen NSpB und SFSpB erlangen zu können, wurden die Spannungen der NSpB- und SFSpB-Proben im Kriechstand zu einem bestimmten gleichen Betonalter und entsprechend dem Auslastungsgrad von Nullbeton aufgebracht (Tabelle 14-5).

Tabelle 14-5: Aufgebrachte Spannungen und Auslastungsgrad für Spritzbetonproben der Baustelle Landeck Nord

Betonalter (Stunden)	10	18	48	98	194
Aufgebrachte Spannungen (N/mm²)	4,19	7,263	7,263	8,8	8,8
Druckfestigkeit (N/mm²)	11,2	22,1	22,2	22,8	24,2
Auslastungsgrad	37,4%	32,9%	32,7%	38,6%	36,4%

Die Proben wurden nach verschiedenen Belastungsstufen zwischen ca., 190 bis 230 Stunden entlastet. Der Relaxationanteil wurde nach der Entlastung sofort gemessen.

14.6.3 Diskussion der Versuchsergebnisse

Die Abb.14-5 und 14-6 zeigen die Gegenüberstellung des Kriechverhaltens und des Schwindverhaltens von Null- und Stahlfaserspritzbeton. Die Verformungskomponenten von Null-, Stahlfaserspritzbeton und ihre Verhältnisse zu der Gesamtverformung sind in Tabelle 14-6 aufgelistet.

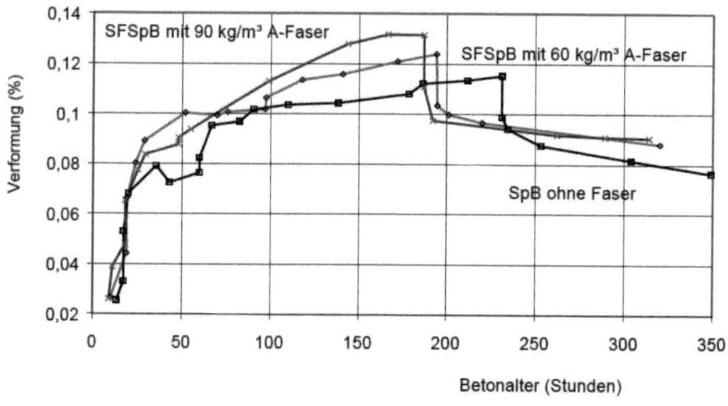

Abb.14-5: Gegenüberstellung des Kriechverhaltens von NSpB und SFSpB

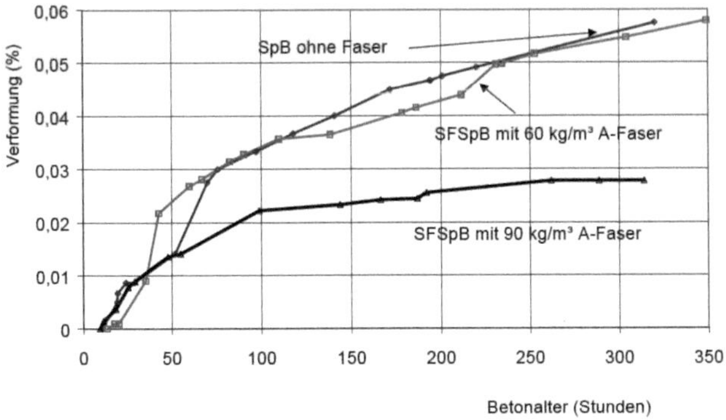

Abb. 14-6: Gegenüberstellung des Schwindenverhaltens von NSpB und SFSpB

Tabelle 14-6 : Einfluss des Stahlfasergehaltes auf die Verformungskomponenten bis 240 Stunden

Einheit (%)	NSpB	SFSpB mit 60 kg/m³	SFSpB mit 90 kg/m³
a)	0,02	0,0167	0,0226
a)/ΣV	11,76	10,16	14,37
b)	0,0044	0,0057	0,0147
b)/ ΣV	2,59	3,47	9,35
c)	0,096	0,092	0,0933
c)/ ΣV	56,37	55,96	59,31
d)	0,05	0,05	0,0267
d)/ ΣV	29,5	30,41	16,97
ΣV	0,1703	0,1644	0,1573

14.6.3.1 Kriechverformung

Die Ergebnisse des Kriechens sind in der Abb. 14-5 dargestellt. Man erkennt, dass die Kriechverformung von 90 kg/m³ Stahlfaserproben noch größer als die Verformung vom NSpB und die Kriechverformung von 60 kg/m³ Stahlfaserproben generell kleiner als die von NSpB ist.

Das größere Kriechen vom 90 kg/m³ SFSPB kann entweder auf den niedrigeren Zementgehalt oder auf den größeren w/z-Wert für die Dauer des kurzen Spritzvorganges und auf den größeren Luftporengehalt, der durch die Verklebung der Stahlfasern miteingeführt wurde, zurückgeführt werden. Außerdem wurde beobachtet, dass in der Schalung auch mehr Rückprall vorhanden war.

In Tabelle 14-6 ist es ersichtlich, dass der Anteil der Kriechverformung (c)/ ΣV) über 55% der Gesamtverformung beträgt.

14.6.3.2 Schwindverformung

Die Schwindverformung besitzt einen Anteil (d)/ ΣV) von ca., 17 bis 30% von der Gesamtverformung (Tabelle 14-6), während dieser Anteil für Faserbeton zwischen 0,8 und 0,15% liegt.

Im Vergleich mit Laborversuchen mit Faserbeton ist dieses Verhältnis anscheinend zu hoch (Tabelle 8-2, Abschn.8.4). Aber wenn man auch die Schwindverformungen von Spritzbeton (mit und ohne Stahlfaser), die zwischen 0,27 bis 0,5 mm/m (Tabelle 14-6) schwanken und die Schwindverformungen von Normalbeton (mit und ohne Faser), die zwischen 0,3 bis 0,46 (Tabelle 8-2) mm/m schwanken, betrachtet, ist das Ergebnisse besser erklärbar.

Der Versuch von Gerfried hat auch einen Anteil (d)/ ΣV) von 23% gezeigt. Die in der Literatur oft geäußerte Behauptung, dass die Schwindverformung nur eine untergeordnete Rolle spielt, stimmt nicht immer. Das Schwindmaß vom SFSpB mit 90 kg/m³ A-Faser ist deutlich kleiner als jenes der anderen Spritzbetone (Tabelle 14-6).

14.7 Vergleich von NSpB und SFSpB bezüglich der äquivalenten Biegezugfestigkeit nach dem DBV-Merkblatt

14.7.1 Auswertung des Versuches

Die Prüfung wurde nach dem im [7] beschriebenen Verfahren durchgeführt (Abschn. 3-3). Die Abb. 14-7 zeigt die SFSpB-Probe mit 60 kg/m³ A-Faser beim Prüfen in der Universalpresse.

Abb.14-7: Spritzbetonprobe beim äquivalenten Biegezugversuch

Die NSpB 13 Stunden nach dem Spritzen haben sehr spröde Eigenschaften gezeigt. Nach dem ersten Auftreten eines Risses haben die Proben versagt und sind nicht mehr weiter beanspruchbar. Der erste Riss ist ca. bei einer Durchbiegung von 0,061 mm gekommen. Die größte Last innerhalb von 0,1 mm liegt ca. bei 15,6 kN (Tabelle 14-7).

Die SFSpB-Proben mit 60 kg/m³ A-Faser nach 12 Stunden haben eine deutlich höhere Zähigkeit und ein stark zugenommenes Arbeitsvermögen gegenüber dem NSpB nach dem Auftreten des ersten Risses gezeigt, obwohl die Verbundwirkung zwischen Stahlfaser und der Betonmatrix im jungen Alter noch nicht so stark war. Wegen dem Spritzverfahren sind die Streuungen des Arbeitsvermögens sehr deutlich (Abb. 14-8).

Der erste Riss ist bei ca. 0,0938 mm aufgetreten. Die größte Last innerhalb von 0,1 mm Durchbiegung liegt ca. bei 17,1 kN (Tabelle 14-7). Das bedeutet, dass sich die elastische Eigenschaft der Betonmatrix durch die Faserzugabe vor dem Riss auch erhöht. Natürlich kann man hier die Einflüsse der anderen Faktoren auf der Baustelle nicht ausschließen.

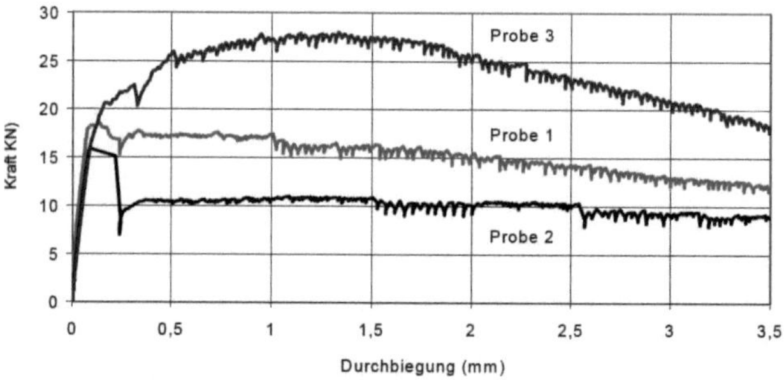

Abb.14-8: Arbeitslinie für SFSpB mit 60 kg/m³ A-Faser nach 12 Stunden

Die SFSpB-Proben mit 90 kg/m³ A-Faser nach 13 Stunden haben ein noch besseres Post-Crack-Verhalten gezeigt (Abb. 14-9). Die instabilen Bereiche nach dem Auftreten des ersten Risses sind gegenüber den Proben mit 60 kg/m³ A-Faser viel kleiner.

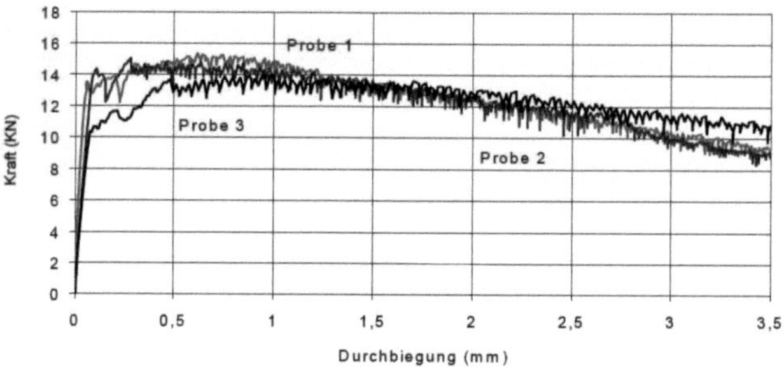

Abb.14-9: Arbeitslinie für SFSpB mit 90 kg/m³ A-Faser nach 13 Stunden

Die Versuche mit NSpB-Proben nach 18 Stunden, 48 Stunden und 28 Tagen zeigen ähnliche Eigenschaften wie nach 13 Stunden. Nachdem der Riss gekommen ist, folgte eine starke instabile Zone. Mit der Erhärtung des Spritzbetons haben die Maximallast (F), der zu F gehörige Durchbiegungswert δ_1

(Tabelle 14-7), die Biegezugfestigkeit (β_{BZ}) vor dem ersten Riss und das Arbeitsvermögen des Betons (D^b_{BZ}) einigermaßen zugenommen.

Die Versuche mit SFSpB-Proben mit 60 kg/m³ A-Faser nach 18, 48 Stunden und 28 Tagen zeigen auch eine ähnliche Tendenz wie nach 13 Stunden (Abb. 13-10). Nach dem ersten Riss ist eine relative stabile Zone gegenüber dem NSpB-Versuch zu erkennen. Wegen der in Abschnitt 14.3 und Abschnitt 14.7 erwähnten Baustellenbedingungen sind die Werte der äquivalenten Biegezugfestigkeit und des Arbeitsvermögens sowohl bei δ_2 als auch bei δ_3 nicht mit der Zeit regelmäßig angestiegen. Außerdem beträgt der tatsächliche Fasergehalt nur ca. 36 kg/m³.

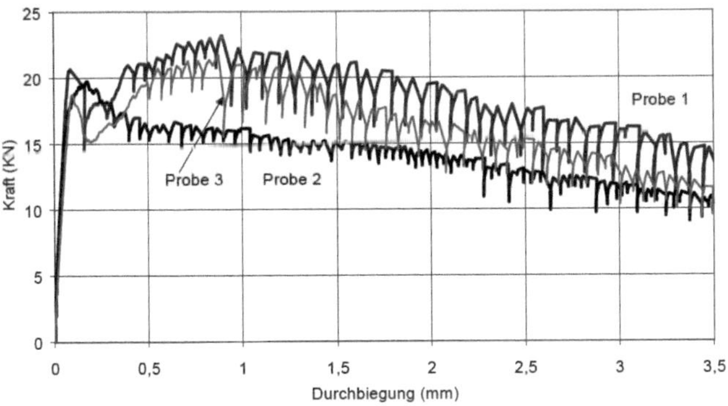

Abb.14-10: Arbeitslinie für SFSpB mit 60 kg/m³ A-Faser nach 18 Stunden

Die SFSpB-Proben mit 90 kg/m³ nach 18, 48 Stunden und 28 Tagen weisen eine ausgezeichnete Zähigkeit und einen regelmäßigen stabilen Bereich nach dem Auftreten des 1. Risses auf .

In Tabelle 14-7 sind alle Versuchsergebnisse zusammengefasst. Es ist ersichtlich, dass im Gegensatz zu den Versuchen zur Bestimmung der Druckfestigkeit, des E-Moduls und dem Kriechen alle Werte von D^f_{BZ2}, äqu.β_{BZ2}, D^f_{BZ3}, äqu.β_{BZ3}, D_{BZ} von SFSpB mit 90 kg/m³ A-Faser mit der Ausnahme der 12 Stunden Werte regelmäßig größer sind als die entsprechenden Werten von SFSpB mit 60 kg/m³ A-Faser. Das bedeutet, dass der Stahlfasereinfluss (in den Proben ca. 65 kg/m³) im Biegezugversuch die Einflüsse der anderen

Faktoren durch die Baustellenbedingungen überwiegt, sobald der Fasergehalt hoch genug ist und eine genügend große und wirksame Verbundwirkung zwischen Stahlfasern und der Betonmatrix besteht.

Tabelle 14-7: Gegenüberstellung des Arbeitsvermögens und der Äqu.-BZ. von NSpB und von SFSpB mit unterschiedlichem Fasergehalt

	F kN	δ_1 mm	β_{BZ} N/mm²	D^b_{BZ} kNmm	D^f_{BZ2} kNmm	äqu.β_{BZ2} N/mm²	D^f_{BZ3} kNmm	äqu.β_{BZ3} N/mm²
NSpB.13 h	15,57	0,061	2,77	2,94				
NSpB.18 h	18,2	0,088	3,24	3,69				
NSpB.48h	15,37	0,071	2,82	3,0				
NSpB.28 d	26,7	0,08	4,75	5,34				
SFSpB 60 12 h	17,09	0,094	3,04	3,57	8,66	3,08	50,13	2,97
SFSpB 60 18 h	19,2	0,093	3,42	4,03	9,06	3,22	49,9	2,96
SFSpB 60 48 h	19,71	0,087	3,50	3,96	8,8	3,13	52,04	2,91
SFSpB 60 28 d	23,45	0,084	4,17	4,79	9,96	3,54	54,36	3,22
SFSpB 90 13 h	12,81	0,083	2,28	2,58	6,87	2,44	38,09	2,26
SFSpB 90 18 h	16,22	0,098	2,88	3,56	10,35	3,69	59,17	3,51
SFSpB 90 48 h	22,08	0,096	3,93	4,61	17,18	6,11	94,08	5,57
SFSpB 90 28 d	24,85	0,086	4,42	4,95	17,96	6,39	92,2	5,47

NSpB: Nullspritzbeton, nicht mit Stahlfaser bewehrter Spritzbeton.
SFSpB: Stahlfaserspritzbeton.
SFSpB 60: Stahlfaserspritzbeton mit 60 kg/m³ A-Faser (≅ 34 kg/m³ Faser aufgebracht)
SFSpB 90: Stahlfaserspritzbeton mit 90 kg/m³ A-Faser (≅ 65 kg/m³ Faser aufgebracht)
Die Bedeutungen der Kennwerte in der 1. Zeile in der Tabelle sehen Abschnitt 10.4.2.

Die Proben mit 90 kg/m³ Zugabe an A-Faser (entspricht 65 kg/m³ in Proben) weisen dabei ein elasto-plastisches Materialverhalten auf, wenn gleich die Schwankungen zwischen den einzelnen Prüflingen der Baustellenproben ungewöhnlich hoch sind.

14.7.2 Statistische Analyse der Versuchsergebnisse nach DBV-Merkblatt

14.7.2.1 Mittelwert und Standardabweichung der Versuchsergebnisse der Biegezugversuche

Die Mittelwerte wurden nach Gl. (11-8) berechnet und sind in Tabelle 14-7 angeführt. Die Standardabweichungen der Biegezugfestigkeit der SpB-Proben ($S_{\beta BZ}$) und der äquivalenten Biegezugfestigkeit ($S_{äq.\ \beta BZ2}$ und $S_{äq.\ \beta BZ3}$) der SFSpB-Proben mit unterschiedlichem Fasergehalt sind in Tabelle 14-8 zusammengefasst.

Tabelle 14-8: Standardabweichungen von $S_{\beta BZ}$, $S_{äq.\ \beta BZ2}$ und $S_{äq.\ \beta BZ3}$

	$S_{\beta BZ}$	$S_{äq.\ \beta BZ2}$	$S_{äq.\ \beta BZ3}$
NSpB.13 h	0,30		
NSpB.18 h	0,35		
NSpB.48h	0,22		
NSpB.28 d	1,08		
SFSpB 60 12 h	0,21	1,32	1,32
SFSpB 60 18 h	0,23	0,21	0,43
SFSpB 60 48 h	0,40	1,44	1,54
SFSpB 60 28 d	1,27	0,14	0,27
SFSpB 90 13 h	0,33	0,13	0,02
SFSpB 90 18 h	0,35	0,73	0,02
SFSpB 90 48 h	0,22	1,97	1,90
SFSpB 90 28 d	0,19	3,96	3,77

In Tabelle 14-8 ist zu sehen, dass es im Vergleich zu Tabelle 10-12 wegen der Baustellenbedingungen auch größere Schwankungen bei der Standardabweichung gibt. Man kann weder über die Zeit noch über den steigenden Fasergehalt eine klare Aussage oder Feststellung geben. Aber $S_{äq.\ \beta BZ2}$ und $S_{äq.\ \beta BZ3}$ von SFSB 9028 d ist offensichtlich viel zu hoch.

14.7.2.2 Analyse der Prüfergebnisse nach der Student-Verteilung

Ähnlich wie in Abschn.11.4.1 sind die mittlere äquivalente Biegezugfestigkeit und die aufnehmbare Zugspannung für die Gebrauchstauglichkeit der Wasserundurchlässigkeit laut [7] gemäß Gl. (11-10) und (11-11) zu bestimmen.

Der statistische Vertrauensbereich für die Mittelwerte in Tabelle 14-7 sollte so festgelegt werden: 1 - α = 90%. Es kann festgestellt werden, dass die Werte (σ_{BZ} und äqu. $\beta_{m,\ g}$) von Tabelle 14-9 höchstens mit 10% Sicherheit unterschritten und 90% Sicherheit überschritten werden.

Tabelle 14-9: Aufnehmbare Zugspannungen und mittlere äquivalente Biegezugfestigkeit vom Faserspritzbeon mit 90% Sicherheit bei der t-Verteilung

	σ_{BZ}	äqu. $\beta_{m,\ g2}$	äqu. $\beta_{m,\ g3}$
NSpB.13 h	1,21		
NSpB.18 h	1,42		
NSpB.48h	1,28		
NSpB.28 d	1,77		
SFSpB 60 12 h	1,50	1,64	1,53
SFSpB 60 18 h	1,57	2,49	2,59
SFSpB 60 48 h	1,52	1,56	1,23
SFSpB 60 28 d	1,38	3,39	2,92
SFSpB 90 13 h	0,95	2,30	2,24
SFSpB 90 18 h	1,24	2,90	3,49
SFSpB 90 48 h	1,82	3,95	3,50
SFSpB 90 28 d	2,08	2,07	1,35

Aus Tabelle 14-7 ist zu erkennen, dass für SFSB von 12 Stunden bis 28 Tagen insgesamt 8 Mal Versuche durchgeführt wurden, wobei:

- P(β_{BZ} > äqu. β_{BZ2}) = 37,5%; Mit P(β_{BZ} > äqu. β_{BZ2}) = die Wahrscheinlichkeit dafür, dass β_{BZ} > äqu. β_{BZ2} vorkommt.
- P(äqu. β_{BZ2} > β_{BZ}) = 62,5%; Mit P(äqu. β_{BZ2} > β_{BZ}) = die Wahrscheinlichkeit dafür, dass äqu. β_{BZ2} > β_{BZ} vorkommt.

- P(äqu. β_{BZ2} > äqu. β_{BZ3}) = 100%; Mit P(äqu. β_{BZ2} > äqu. β_{BZ3}) = die Wahrscheinlichkeit dafür, dass äqu. β_{BZ2} > äqu. β_{BZ3} vorkommt.

Durch die statistische Umrechnung (Tabelle 14-9) nach der Student-Verteilung sehen die Wahrscheinlichkeiten für den 10%-Quantilwert folgendermaßen aus:

1. P(σ_{BZ} > äqu. $\beta_{m,\ g2}$) = 12,5%; Mit P(σ_{BZ} > äqu. $\beta_{m,\ g2}$) = die Wahrscheinlichkeit dafür, dass σ_{BZ} > äqu. $\beta_{m,\ g2}$ vorkommt.
2. P(äqu. $\beta_{m,\ g2}$ >σ_{BZ}) = 87,5%; Mit P(äqu. $\beta_{m,\ g2}$ >σ_{BZ}) = die Wahrscheinlichkeit dafür, dass äqu. $\beta_{m,\ g2}$ >σ_{BZ} vorkommt.
3. P(äqu. $\beta_{m,\ g2}$> äqu. $\beta_{m,\ g3}$) = 75%; Mit P(äqu. $\beta_{m,\ g2}$> äqu. $\beta_{m,\ g3}$) = die Wahrscheinlichkeit dafür, dass äqu. $\beta_{m,\ g2}$> äqu. $\beta_{m,\ g3}$ vorkommt.
4. P(äqu. $\beta_{m,\ g3}$> äqu. $\beta_{m,\ g2}$) = 25%; Mit P(äqu. $\beta_{m,\ g3}$> äqu. $\beta_{m,\ g2}$) = die Wahrscheinlichkeit dafür, dass äqu. $\beta_{m,\ g3}$> äqu. $\beta_{m,\ g2}$ vorkommt.

Der große Unterschied zu den Laborversuchen (Abschn. 11.4.1) liegt daran, dass die Wahrscheinlichkeit für die hier untersuchten Stahlfaserspritzbetone P (äqu. $\beta_{m,\ g2}$ > äqu. $\beta_{m,\ g3}$) = 75% ist, während die entsprechende Wahrscheinlichkeit für Stahlfaserbeton gleich 52.94 % ist. Es könnte darauf zurückzuführen sein:

- Die Stichproben von SFSpB sind im Vergleich zu den Laborversuchen noch nicht groß genug, sonst wäre eine andere Wahrscheinlichkeit vorgefunden worden.
- Die Stahlfasern von SFSpB sind hauptsächlich zweidimensional aber nicht so gleichmäßig wie erwünscht verteilt (Abschn.14.2).
- Die Baustellenbedingungen haben gegenüber dem Laborversuch größere Schwankungen verursacht.

14.8 Vergleich von NSpB und SFSpB nach dem Platten-Biege-Versuch laut „European Specification for Sprayed Concrete“

14.8.1 Durchführung des Versuches

Die Abb. 14-11 zeigt die SFSpB-Probe mit 60 kg/m³ A-Faser nach 28 Tagen im Prüfstand

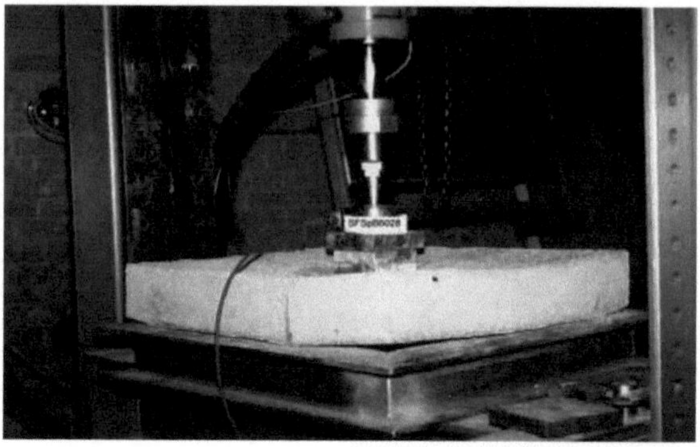

Abb.14-11: Spritzbetonprobe beim Platten-Biege-Versuch (SFSpB 60)

Die Abb. 14-12 zeigt die Biegezugseite einer Plattenprobe nach dem Versuch. Der Verlauf der Versagenslinie ist deutlich zu ersehen. Die Fasern sind gleichmäßig verteilt und überbrücken die Risse. Die ausgezogenen Fasern beim Reißen sind auch ersichtlich.

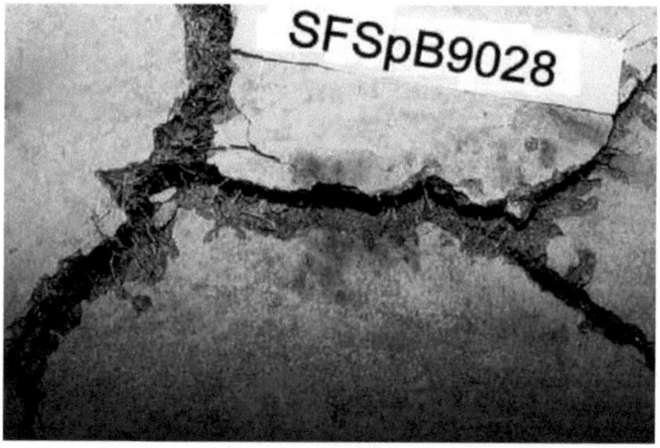

Abb. 14-12: Die Plattenprobe nach dem Versuch (SFSpB 90, 28 Tage)

14.8.2 Auswertung des Versuches

Für den NSpB gab es kaum eine Energieabsorptionskapazität nach dem Auftreten der Risse (Abb. 14-13). Dennoch ermittelte Werte nach dem Aufmachen der Risse sind auf geometrische Verspannungen und Reibungskräfte zurückzuführen.

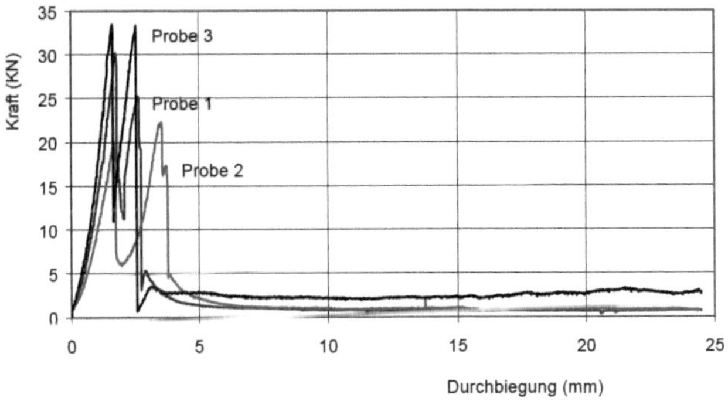

Abb. 14-13: Kraft-Weg Diagramm des Platten-Biege Versuchs von NSpB nach 11 Stunden

Aber es ist auch auffällig, dass beim Plattenversuch die Kraft nach dem ersten Riss zwar rasant abfällt, danach aber ein zweites Kraftmaximum erreicht wird (Abb. 14-12). Eine ähnliche Erscheinung ist auch bei der Versuchsdurchführung von [61] vorgekommen.

Es kann angenommen werden, dass kleine Imperfektion in der Plattengeometrie und Festigkeit einen Riss zuerst nur in einer Richtung (x) verursachen, dem eine Spannungsumlagerung in die andere Richtung (y) folgt. Wenn die Risse in beiden Richtungen erscheinen, kollabiert die Platte endgültig.

Die SFSpB-Proben haben eine deutlich bessere Energieaufnahmekapazität sowohl im jungen Alter als auch nach 28 Tagen gezeigt (Abb.14 - Abb.17).

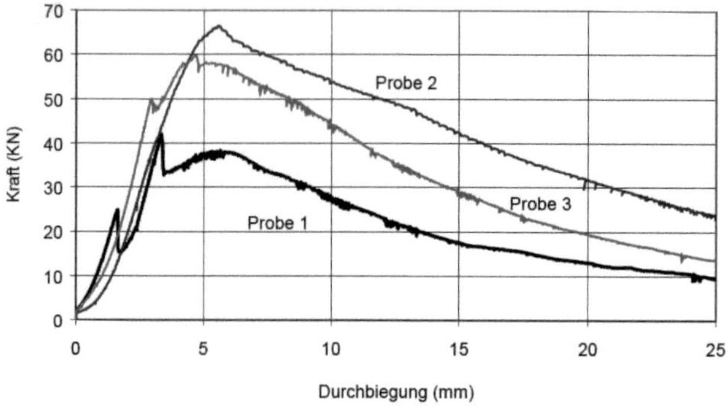

Abb. 14-14: Kraft-Weg Diagramm des Platten-Versuchs von SFSpB mit 60 kg/m³ A-Faser nach 11 Stunden

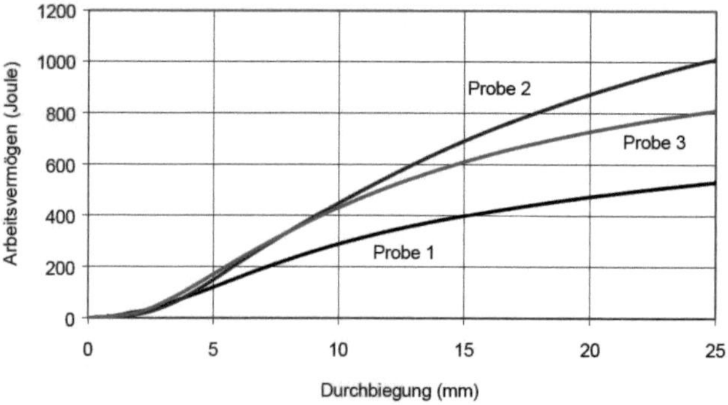

Abb. 14-15: Arbeitsvermögen-Weg Diagramm von SFSpB mit 60 kg/m³ A-Faser nach 11 Stunden

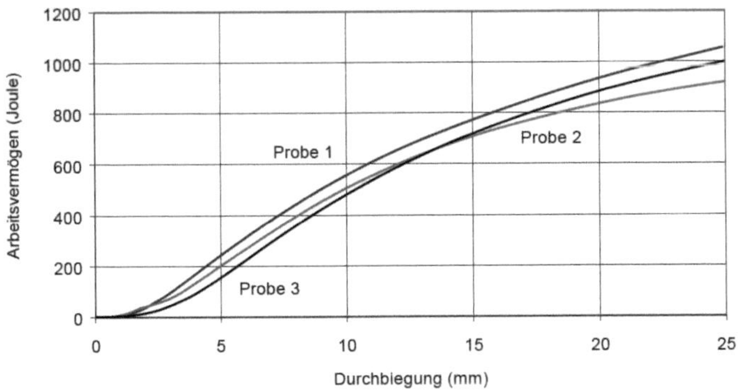

Abb. 14-16: Arbeitsvermögen-Weg Diagramm von SFSpB mit 60 kg/m³ A-Faser nach 28 Tagen

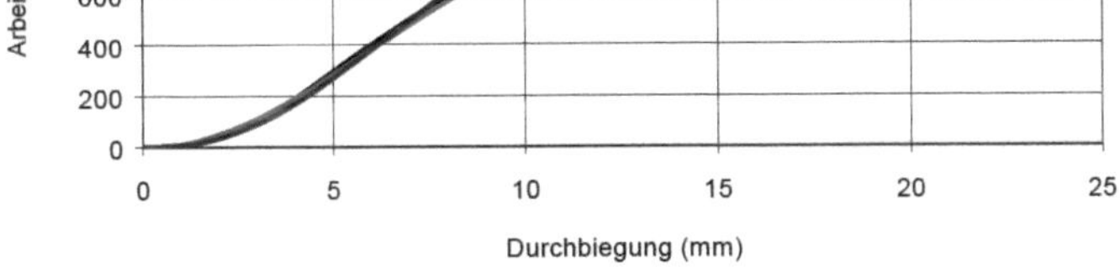

Abb. 14-17: Arbeitsvermögen-Weg Diagramm von SFSpB mit 90 kg/m³ A-Faser nach 28 Tagen

In Tabelle 14-10 sind alle Versuchsergebnisse zusammengefasst. Es ergibt sich ein ähnliches Bild wie im äquivalenten Biegezugversuch. Die Werte der Energieaufnahme von SFSpB mit 90 kg/m³ A-Faser, mit der Ausnahme der

12 Stunden Werte, sind regelmäßig größer als die entsprechenden Werte von SFSpB mit 60 kg/m³ A-Faser (Tabelle 14-10). Das bedeutet, dass der Stahlfasereinfluss im Platten-Versuch nach 12 Stunden die Einflüsse der anderen Faktoren auf der Baustelle übertroffen hat.

Tabelle 14-10: Gegenüberstellung der Entwicklung des Energieaufnahmeäquivalentes von NSpB und SFSpB [Einheit: J]

Zeit (Stunden)	11	18	48	672
NSpB	75	95	107,5	234
SFSpB 60	784	840	888	990
SFSpB 90	484	855	1353	1384

Wenn man die Werte von Tabelle 14-10 mit den Werten in Tabelle 13-1 vergleicht, kann man sehen, dass der SFSpB mit 60 kg/m³ A-Faser schon im jungen Alter bei 11 Stunden auf Klasse b eingestuft werden kann.

Durch Beobachtung auf der Baustelle war es bekannt, dass die Proben von SFSB 90 schlechter als die anderen Proben gespritzt wurden (Siehe Abschn.14.4). Die Probe nach 11 Stunden beinhaltet relativ wenige Faser. Man könnte annehmen, dass der Wert von 11 Stunden für SFSpB 90 deshalb unter dem Grenzwert der Klasse a liegt, und normalerweise etwas größer sein sollte. Ab 18 Stunden sind alle Werte von SFSpB 60 und von SFSpB 90 über den Grenzwerten der Klasse b. Ab 48 Stunden liegen die Werte von SFSB 90 über den Grenzwerten der Klasse c.

14.9 Diskussion

Die vorliegenden Untersuchungen beziehen sich auf Trockenspritzbeton mit Spritzbindemittel im Tunnel Landeck Nord. Die Stahlfaserzugabe in die Betonmischung und die in dem aufgetragenen Beton vorgefundenen Fasern sind in Tabelle 14-11 ersichtlich.

Tabelle 14-11: Gegenüberstellung Stahlfasergehalt im Feucht-Mischgut und im aufgetragenen Spritzbeton

Faserzugabe in der Mischung (kg/m³)	Fasergehalt in den Proben (kg/m³)
0	0
60	34
90	65

Zur Frage des Stahlfasereinflusses auf die Druckfestigkeit, auf den E-Modul und auf das Kriech- und das Schwindverhalten des auf Baustellen gespritzten jungen Trockenspritzbetons lagen bisher noch kaum Versuche vor. Im Gegensatz zu Laborversuchen an Faserbeton ergeben die Baustellenversuche teilweise für diese Parameter widersprüchliche Ergebnisse und erlauben keine eindeutigen Schlussfolgerungen, da sich sowohl das Mischungsverhältnis als auch der w/z-Wert beim kurzen Einspritzen der Probekörper verändern kann. Damit tritt sofort eine Verfälschung des Ergebnisses ein, da der Einfluss des W/Z-Wertes den geringen Fasereinfluss bei diesen Prüfungen überwiegen kann. Und dann ist eine Trennung der Einflüsse der Stahlfasern von den anderen Faktoren unmöglich.

Unter Einbeziehung der Ergebnisse an Faserbeton lassen sich jedoch folgende Trends für den Baustellenspritzbeton feststellen:

- Druckfestigkeit: 1) Frühfestigkeitsbereich: J2. 2) 10 bis 48 Stunden: kein signifikanter Unterschied zwischen NSpB und SFSpB. 3) 28 Tage: 30 bis 36 N/mm². In den Laborversuchen ist eine leichte Festigkeitssteigerung mit zunehmendem Fasergehalt feststellbar. Durch eingeführte Luft werden die Ergebnisse etwas verfälscht.
- E-Modul: 1) 10 bis 48 Stunden: wie Druckfestigkeit kein signifikanter Unterschied. 2) 28 Tage: 31 bis 41 N/mm². Wie bei der Druckfestigkeit kann auch der E-Modul im Laborversuch leicht angehoben werden.
- Kriechen/Schwinden (ab 10 Stunden; Auslastungsgrad: 33% bis 39%): 1) Kriechverformungen bei 240 Stunden: 0,092% bis 0,096%, kein signifikanter Fasereinfluss. 2) Schwindverformungen bei 240 Stunden: 0,027% bis 0,05%. Im Laborversuch zeigt sich eine Reduzierung von Kriech-und Schwindmaß durch Faserzugabe.

Im Gegensatz zu den oben genannten Versuchen liegen für SFSpB sowohl die äquivalente Biegezugfestigkeit als auch das Energieaufnahmeäquivalent bei den Platten -Versuchen deutlich höher als bei Spritzbetonen ohne Fasern. Dies ist auf die im Beton fein verteilten Fasern zurückzuführen. Diese überbrücken Schwachstellen und Mikrorisse des Betons. Gleichmäßige Spannungsverteilungen sind die Folge. Das Nachbruchverhalten wird durch die Fasern erheblich verbessert.

Besonders wenn der Fasergehalt hoch genug ist und eine starke und wirksame Verbundwirkung (z.B. ab 18 Stunden) zwischen Stahlfaser und der Betonmatrix besteht, zeigen die Stahlfaser nach dem Riss einen viel stärkeren

und positiveren Einfluss auf die Balken- und die Plattenbiegeeigenschaften als die Einflüsse der anderen baustellenbedingten Faktoren.
Folgende Ergebnisse konnten erzielt werden:

1. Die Biegezug- und die äquivalente Biegezugfestigkeit von NSpB und SFSpB ist in Tabelle 14-12 zusammengefasst.

Tabelle 14-12: Gegenüberstellung der Biegezugfestigkeit und der äquivalenten Biegezugfestigkeit zwischen NSpB und SFSpB

Zeit	13 h	18 h	48 h	28 d
NSpB: β_{BZ}	2,77	3,24	2,82	4,75
SFSpB 60 äqu.β_{BZ2}.	3,08	3,22	3,13	3,54
SFSpB 60 äqu.β_{BZ3}	2,97	2,96	2,91	3,22
SFSpB 90 äqu.β_{BZ2}	2,44	3,69	6,11	6,39
SFSpB 90 äqu.β_{BZ3}	2,26	3,51	5,57	5,47

2. Das Energieaufnahmeäquivalent im Platten- Versuch (Siehe Tabelle 14-10) ist ebenfalls abhängig vom Fasergehalt.

- Für NSpB beträgt der 28 Tageswert noch unter 240 Joule.
- Für SFSpB beträgt das Energieaufnahmeäquivalent 1) nach 11 Stunden zwischen 480 bis 780 Joule; 2) nach 18 Stunden 840 Joule; 3) nach 48 Stunden von 880 bis 1300 Joule; 4) nach 28 Tagen von 990 bis 1400 Joule.

Es wird vorgeschlagen, dass die weiteren Versuche von SFSpB mit dem Nass- oder Trockenspritzverfahren bei einer langen Dauer des Spritzvorganges durchgeführt werden, um die Streuungen zu reduzieren.

15 Zusammenfassung

Die vorliegende Arbeit untersucht den Einfluss von Fasern auf Beton, Spritzbeton und SCC-HPC. Berücksichtigt werden unterschiedliche Dosierungen und Typen von Fasern. Beobachtet werden die Auswirkungen auf die Verarbeitbarkeit, die Festigkeit, die Zähigkeit sowie die Rissbildung der Betonen/SCC-HPC und unter speziellen Belastungsbedingungen im Alter von 10 Stunden bis 28 Tage - besonders das junge Alter vor 72 Stunden für Spritzbeton.

Die Untersuchungen zeigen, dass die Fasern sowohl auf die Frischbetoneigenschaften als auch auf die Betoneigenschaften Auswirkungen haben. Der Erhärtungsgrad des Betons spielt dabei eine wichtige Rolle bei der Beurteilung des Fasereinflusses.

Die Untersuchungen gliedern sich in Versuche an nachgestellten Spritzbetonmischungen und an SCC-HPC im Labor, in Versuche an Nass- und Trockenspritzbetonen aus dem Baustellenbetrieb mit allen deren Streuungen. Die Labormischungen weisen eine dreidimensionale Faserverteilung auf; bei den baustellengefertigten Spritzbetonen könnte sich eine zweidimensionale Faserverteilung einstellen. Ob sich die Fasern im Spritzbeton zwei- oder dreidimensionale verteilt sind, ist jedoch stark abhängig vom Unterschied der Korngröße.

Im Nassspritzbeton ergab 30, 40 und 50 kg/m³ Stahlfaserdosierung. Der durchschnittlicher Faserverlust infolge des Rückpralles von Nassspritzverfahren beträgt ca. 13%. Im Trockenspritzbeton ergab 60 und 90 kg/m³ Stahlfaserzugabe. Der durchschnittlicher Faserverlust wegen des Rückpralles von Trockenspritzverfahren ist ca. 35%.

15.1 Einfluss der Fasern auf Verarbeitbarkeit

Der Einsatz von Fasern könnte einerseits die Zähigkeit des Betons erhöhen, andererseits auch die Verarbeitbarkeit erschweren. Eine wichtige Voraussetzung für die Verwendung des SCC HPC (Faserverstärkte Self-Compacting High Performance Concrete) ist die Verarbeitbarkeit des Betons. Diese sind vor allem durch das Fließverhalten und der Widerstand gegen Entmischung gekennzeichnet.

Die Fließvermögen und die Fähigkeit zum Niveauausgleich vom faserverstärkten SCC-HPC können durch die L-Box und den J-Ring-Versuche mit hohem Bewehrungsgrad besser als mit Ausbreitmaß-Versuch beurteilt werden. Die Gründe für schlechte Verarbeitbarkeit der PP-Faser C und E sind:

- die Oberflächenbeschaffenheit der Fasern, besonders der große Reibungsbeiwert der Faseroberfläche;
- die Faserlänge größer als der Bewehrungsabstand.

Die gute Verarbeitbarkeit von PP-Faser D, unterschiedliche Stahlfasern und Cocktail könnte auf folgende Ursache zurückzuführen sein:

- die Oberflächenbeschaffenheit der Fasern, besonders der kleine Reibungsbeiwert der Faseroberfläche;
- die Faserlänge kleiner als der Bewehrungsabstand.

Der kleine Reibungsbeiwert von Kunststofffasern verursacht wiederum die schwäche Verbundspannung zwischen Faser und Betonmatrix, die die Zähigkeit des Faserbetons reduzieren kann. Die Auswahl der PP-Fasern ist daher immer ein Kompromiss zwischen der Verarbeitbarkeit und der Tragfähigkeit. Um diesen Nachteil zu beseitigen, hat die Untersuchung an der Zusammenwirkung von Stahl- und PP-Fasern (Fasercocktail) eine neue Kombination für den praktischen Einsatz gezeigt.

15.2 Einfluss der Fasern auf Druckfestigkeit und E-Modul

Durch die Faserzugabe erhöhen sich die Druckfestigkeit und der E-Modul des Betons im jungen Alter etwas gegenüber dem Nullbeton. Allerdings kann kein eindeutig steigender Trend mit zunehmendem Fasergehalt festgestellt werden.

Ein Stahlfasergehalt von 60 kg/m³ bewirkt keine weitere Erhöhung der Druckfestigkeit; die Frischbetonprüfung dieser Proben zeigte einen erhöhten Luftporengehalt. Für den erhärteten Beton nach 30 Stunden haben die Fasern keine wesentliche Auswirkung auf die Druckfestigkeit.

Trotz der niedrigeren Druckfestigkeit zeigt der Stahlfaserbeton mit 60 kg/m³ A-Faser die beste Druckzähigkeit im jungen Alter:

- Die Last kann nach dem sichtbaren Anreißen der Probeoberfläche weiter ansteigen.
- Beim Erreichen der max. Druckfestigkeit bleibt diese Last minutenlang erhalten.

- Stahlfasern erhöhen die Zähigkeit des Betons unter dem Druck nicht nur in der plastischen Phase, sondern auch in der elastischen Phase im jungen Alter.
- Stahlfasern erhöhen die Druckzähigkeit des Betons unter der Druckbelastung nur in der plastischen Phase im erhärteten Zustand.

Die Versuchsergebnisse der E-Modulprüfungen im jungen Alter zeigen eine ähnliche Tendenz wie jene der Druckfestigkeitsprüfung.

Bei der Beurteilung der Druckfestigkeit und E-Modul von SCC-HPC mit Faserverstärkung ist es sinnvoll, die Verarbeitbarkeit vorher zu untersuchen. Der von uns entwickelt faserverstärkte SCC-HPC hat nicht nur gute Verarbeitbarkeit sondern auch hohe Druckfestigkeit sowie Biegezähigkeit gezeigt. Die Druckfestigkeit hat nach 28 Tagen den Wert von 70 kg/m³ überschritten. Daher zeigt es sich eine gute Einsatzmöglichkeit für den faserverstärkten SCC-HPC in der Praxis.

15.3 Fasereinfluss auf die Kriech- und Schwindverformung

Die Schwindverformung des Nullbetons, des Stahlbetons und des Faserbetons besitzt einen Anteil von ca. 8% bis zu 15% an der Gesamtverformung. Dabei ist in den ersten 24 Stunden kein Unterschied im Schwindverhalten zwischen Nullbeton, Stahlbeton und Faserbeton erkennbar. Mit zunehmender Erhärtung wird die Schwindverformung durch zunehmenden Fasergehalt deutlich reduziert. Im Vergleich zum Nullbeton ist das Schwinden des Stahlfaserbetons mit 60 kg/m³ Fasern um ca. 30% geringer.

Die Kriechverformungen von SFB-Proben fallen im Vergleich zu den Nullbetonproben deutlich geringer aus. Stahlfaserbeton mit 40 kg/m³ weist die kleinste Kriechverformung und im Vergleich zum Nullbeton nach 240 Stunden eine Reduzierung der Kriechverformung von ca. 45% auf.

Im Gegensatz zum Schwindverhalten zeigen die Ergebnisse, dass die Kriechverformung von Stahlfaserbeton mit 60 kg/m³ entsprechend seinem niedrigeren E-Modul größer ist als die Verformung von Stahlfaserbeton mit 40 und 20 kg/m³. Trotzdem zeigt die Kriechverformung von 60 kg/m³ nach 240 Stunden einen sichtbaren Rückgang von ca. 12% gegenüber dem Nullbeton.

15.4 Einfluss auf die Wasserundurchlässigkeit

Der günstige Fasereinfluss auf die Wasserundurchlässigkeit kann durch die homogen über den Querschnitt verteilten Fasern, die die Bildung durchgängiger Mikrorisse im Beton bremsen, erreicht werden.

Im Vergleich zu Nullbeton sind Wassereindringtiefen in SFB-Proben mit 40 kg/m³ sowohl im Alter von 12 Stunden als auch nach 72 Stunden deutlich reduziert. Aus noch ungeklärter Ursache konnte bei höheren Fasergehalten die positive Wirkung der Fasern auf die Rissbehinderung nicht nachgewiesen werden.

15.5 Einfluss der Fasern auf die äquivalente Biegezugfestigkeit

Die aufnehmbare Last eines statisch bestimmten Systems im gerissenen Zustand ist abhängig von der Belastungsart und der Spannungsverteilung im Querschnitt. Bei zentrischem Zug und üblichen Fasergehalten von weniger als 60 kg/m³ nimmt die Lastaufnahmekapazität grundsätzlich mit der Rissbildung ab; bei Biegezug kann bei dieser Faserdosierung eine Steigerung der aufnehmbaren Last möglich sein.

Im jungen Alter (bis 30 Stunden) erhöhen sich die aufgetretene Durchbiegung und auch die Last bis zum ersten Riss mit steigendem Fasergehalt für das gleiche Betonalter. Das bedeutet, dass der elastische Bereich des Betons mit zunehmendem Fasergehalt größer wird.

Die Maximalkraft F im Intervall von 0,1 mm verursacht in vielen Fällen auch den ersten Riss gemäß ASTM. Dieser Fall trifft besonders beim Nullbeton bzw. NSpB sowie beim SFB bzw. SFSpB, der durch niedrigen Fasergehalt bewehrt ist, zu. Diese größte Kraft F ist nicht nur vom Betonalter abhängig, sondern sie nimmt auch mit zunehmendem Fasergehalt zu. Diese Erscheinung kommt nur im jungen Alter vor. Mit zunehmender Erhärtung des Betons wird die größte Last vor dem ersten Riss nicht mehr durch den Fasergehalt beeinflusst.

Die Werte des Arbeitsvermögens (D^b_{BZ}) und der Biegezugfestigkeit (β_{BZ}) vor dem ersten Riss nehmen daher auch im Alter von 10 Stunden mit steigendem Fasergehalt zu. Nach dem Auftreten des Risses wurde der deutliche Unterschied des Arbeitsvermögens und der Biegezugfestigkeit zwischen verschiedenen Fasergehalten und Stahlbeton gezeigt.

Erst nach dem Auftreten des ersten Risses weisen die mittig bewehrten Stahlbetonproben eine bessere Zähigkeit und kleinere instabile Zone gegenüber SFB mit 20 kg/m³ A-Faser nach dem Erreichen der Maximalkraft F auf. Stahlbeton zeigt ab 30 Stunden eine andere Form der Arbeitslinie, die auf die steigende Verbundspannung zurückzuführen ist.

Es besteht kein deutlicher Unterschied des Arbeitsvermögens zwischen Stahlfaserbeton mit 40 und 60 kg/m³ Fasern. SFB mit 60 kg/m³ Fasern zeigt jedoch im jungen Alter nach dem Erreichen der höchsten Last eine kleinere instabile Zone als SFB mit 40 kg/m³.

Fasergeometrie hat deutliche Auswirkung auf das Nachbruchverhalten. Nach dem ersten Riss zeigt SFB mit 20 kg/m³ Fasern weniger Effekt auf die Biegezähigkeit als Stahlfaserbeton mit 20 kg/m³ D-Fasern (Makrofaser) gezeigt. SFBA 20 erreicht bei einer Durchbiegung von ca. 3,25 mm seinen höchsten Wert der äquivalenten Biegezugfestigkeit. SFBD 20 übertrifft bei einer Durchbiegung von nur 3 mm denselben Wert der äquivalenten Biegezugfestigkeit (3,99 N/mm²).

Aus den Versuchsergebnissen ist ersichtlich, dass SFB mit 60 kg/m³ Fasern im jungen Alter den Stahlbeton (μ = 0,25%) ersetzen kann. Obwohl sich dieser Stahlbeton nach 30 und 72 Stunden besser als SFB mit 60 kg/m³ verhält, kann man sich vorstellen, dass es durchaus möglich ist, dass der Stahlbeton mit Mindestbewehrung in nicht genauer Lage durch SFB auch zu diesen Zeitpunkten ersetzt werden darf.

Wenn man die Versuche über das rheologische Verhalten und die Wasserundurchlässigkeit berücksichtigt, so könnte Stahlfaserbeton mit 40 kg/m³ Fasern einen wirtschaftlichen Baustoff darstellen.

15.6 Beziehung zwischen der Faserdosierung und der Faserverteilung im Versagensquerschnitt

Die Analyse der Faserverteilung und der Faseranzahl im Versagensquerschnitt ist eine wichtige Voraussetzung für die unterschiedliche Bemessungsmethode des Stahlfaserbetons. Bei gleicher Faserqualität ist der Fasergehalt ein wichtiger Faktor für die Verbesserung des Nachbruchverhaltens von Beton. Um das Arbeitsvermögen des Betons zu erhöhen, wird in der Regel die Faserdosierung erhöht. Das bedingt gegeben falls ein erschwertes Verdichten sowie höhere Kosten. Aus der bruchmechanischen Ansicht ist die Effektivität der Fasern ausschließlich vom Abstand der Fasern zueinander abhängig. Für die Biegezähigkeit ist aber die Faseranzahl im Querschnittfläche (Stücke/cm²) ausschlaggebend.

Die Faserverteilung im Versagensquerschnitt wurde auf Faseranzahl/cm² umgerechnet. Durch die statistische Analyse konnte die mathematische Regressionsgleichung mit dem Vertrauensintervall über Beziehung zwischen der Faserdosierung und der Faserverteilung im Querschnitt vorgeschlagen werden. Diese Gleichung stellt einen Fortschritt zur realistischen Auswertung der Faserverteilung im Versagensquerschnitt dar.

15.7 Beziehung der Durchbiegung – Rissöffnung des Biegebalkens

Es ist wichtig zu beurteilen, wie weit die Risse unter bestimmten Deformation öffnen werden können. Das ist ein bedeutender Faktor für das Auswählen und den Einsatz der Stahlfasern. Durch die synchrone Messung der Rissöffnung mit der Durchbiegung nach RILEM war es möglich.

Die Untersuchungen zeigen, dass es ein lineares Verhältnis zwischen der Durchbiegung und der Rissöffnung des Balkens besteht. Die meisten Gradienten der Durchbiegung-Rissöffnungsgrade liegen zwischen 0.65 und 1.14. Das ist ein nützliches und interessantes Ergebnis für die Forschung über Verformung- und Rissverhalten des Stahlfaserbetons. Aufbauend auf der statistischen Umrechnung konnte die Regressionsgleichung mit dem Vertrauensgrad über die Beziehung zwischen Durchbiegung und Rissöffnung vorgestellt werden.

15.8 Bemessungsansätze

SFB und seine Eigenschaften hängen stark von der eingesetzten Faser (Typ, Form, usw.) ab. Das ist grundsätzlich ein Hindernis für die theoretische und experimentelle Untersuchung und hat auch zur Folge, dass viele Untersuchungen sehr stark produktbezogen ausgeführt wurden. Aufgrund der vorliegenden Versuchsdaten von SFB und deren statistischen und statischen Analysen werden Bemessungsansätze diskutiert. Der Ansatz von äqu. $\beta_{m,g}$ ist abhängig von der Rissbreite und dem Fasertyp.

Der Vorteil der Ansätze besteht darin, dass man unter Umständen durch die Anwendung der Randbedingungen und durch die Benutzung der Gleichgewichtsbedingungen den Querschnitt bemessen könnte.

15.9 Einfluss der Fasern in den Platten-Biege-Versuchen

Im Vergleich zum Biegebalken kann eine Platte die Belastung im Tunnel besser simulieren, da in der Praxis keine statisch bestimmten Systeme auftreten.

Die statisch unbestimmten Systeme erhalten durch die Wirkung der Stahlfasern zusätzliche Möglichkeiten der Spannungsumlagerung. Die Bildung des zweiten Risses bedeutet für den faserlosen Beton den Kollaps, während der Stahlfaserbeton aufgrund der Rissüberbrückenden Kräfte noch lange Zeit eine Resttragfähigkeit besitzt.

Die Versagensform zwischen Stahlfaserbeton- und Stahlbetonproben im Platten-Biege-Versuch ist ganz unterschiedlich. Die SFB-Proben haben durch Biegezug versagt, die zentrisch bewehrten Stahlbetonproben haben infolge Durchstanzen versagt.

Der durch Biegezug versagende Stahlfaserbeton mit 20 kg/m³ nimmt mehr Energie im Alter von 10 Stunden als der durch Durchstanzen versagende Stahlbeton auf, obwohl der Stahlgehalt für die zwei unterschiedlichen Prüfkörper gleich ist.

Die Versuche mit Stahlfaserbeton und SFSpB zeigen, dass die gleichmäßig in der Platte orientierten und über die Querschnittshöhe verteilten Fasern zum Teil wie eine Durchstanzbewehrung wirken und die Schubspannungen teilweise aufnehmen können.

Ähnlich wie beim Balkenversuch wird kein deutlicher Unterschied im Arbeitsvermögen zwischen Stahlfaserbeton mit 40 und 60 kg/m³ Fasern in den Platten-Biege-Versuchen beobachtet.

Im Versuch des statisch unbestimmten Platten-Zustandes wird festgestellt, dass der Stahlfaserbeton mit 60 kg/m³ im jungen den Stahlbeton mit Mindestbewehrung ersetzen kann. Der Stahlgehalt dieser Proben ist jedoch nahezu 3-fach so hoch wie jener von Stahlbeton mit Mindestbewehrung.

Die Zähigkeitsklassen nach EFNARC erweisen sich demzufolge als relativ niedrig angesetzt. Die meisten Faserbetonproben erreichen schon nach 30 Stunden die Klasse c.

15.10 Schlussfolgerung

Die Ergebnisse der durchgeführten Untersuchungen stellen einen neuen Schritt zur realistischen Einschätzung der Eigenschaften des Faserbetons, Stahlfaserspritzbetons bzw. Faserverstärkten SCC-HPC dar.

Der Einsatz von Fasern könnte die Zähigkeit des Betons erhöhen. Weiters könnte die Bewehrung durch die Fasern unter Umständen teilweise ersetzt bzw. reduziert werden, was zu Erleichterungen im Bauablauf führen würde. Ebenso ist durch den Einsatz von Fasern eine Reduktion der Schubbewehrung zu erwarten. Eine wichtige Voraussetzung für die Verwendung des FRSCHPC (Fibre Reinforced Self-Compacting High Performance Concrete) ist die Verarbeitbarkeit des Betons.

Für Spritzbeton im jungen Alter wird der elastische Bereich des Betons bis zum ersten Riss mit steigendem Fasergehalt für das gleiche Betonalter angehoben. Faserspritzbeton kann Spritzbeton mit konventioneller Mattenbewehrung nur bei bestimmten Einsatzzwecken ersetzen und in bestimmten Fällen eine Alternative zu mattenbewehrtem Beton sein. Nur dann, wenn aus statischen Gründen ein Mindestbewehrungsgehalt oder nur eine konstruktive Bewehrung erforderlich und die Bewehrungsposition nicht genau sinnvoll fixierbar ist, wird der Einsatz von Stahlfaserbeton mit dem Fasergehalt von 60 kg/m³ effektiver.

Die Versuche zeigen auch eine mögliche effektive und wirtschaftliche Dosierung des Fasergehaltes zwischen 20 und 60 kg/m³ Fasern für Stahlfaserbeton - nämlich 40 kg/m³. Weiterführende Untersuchungen sollten sich mit Versuchen

1. zur rheologischen Eigenschaft von SCC-HPC (Fließgrenze und die Viskosität) des Frischmörtels/betons,
2. zu den Auswirkungen unterschiedlicher Fasern mit verschiedenem Fasergehalt auf die Verarbeitbarkeit von SCC-HPC für die Dauer von 1 Stunde nach der Mischung;
3. zu Kriechverformungen des Faserbetons (ab dem jungen Alter über einen langen Zeitraum) und deren Auswertung,
4. zu Platten-Biege-Versuchen mit höherem Fasergehalt,
5. zur unterschiedlichen Faserverteilung im Querschnitt,
6. zum Bemessungssystem,
7. zur Kombination zwischen Stahlbewehrung und Stahlfasern, sowie Stahlfasern und PP-Fasern,
8. zur äquivalenten Schubfestigkeit mit Stahlfasern sowie Stahlfasern und PP-Fasern,

Vergleich zum Stahlbeton mit Mindestbewehrung beschäftigen.

16 Literaturverzeichnis

[1] Maidl, B.: Stahlfaserbeton. Ernst & Sohn Verlag für Architektur und technische Wissenschaften, Berlin, 1991.

[2] Romualdi: The Behaviour of Reinforced Concrete Beams with Closely Spaced Reinforcements.

[3] Hildebrandt und Brüttelborn: Unterwasserbeton mit Stahlfaser. *Beton* 11, 1996.

[4] Dietrich, J.: Zur Qualitätsprüfung von Stahlfaserbeton für Tunnelschalen mit Biegezugbeanspruchung. *Dissertation*, Institut für Konstruktiven Ingenieurbau der Ruhr-Universität Bochum, 1992.

[5] ASTM C 1018 - 94b: Standard Test Method for Flexural Toughness and First-Crack Strength. Jurisdiction of ASTM Committee, September 1994.

[6] Österreichische Vereinigung für Beton- und Bautechnik: Richtlinie Faserbeton, Ausgabe März 2002.

[7] Deutscher Beton-Verein E.V.: DBV-Merkblatt, Bemessungsgrundlagen für Stahlfaserbeton im Tunnelbau, 65011 Wiesbaden, Eigenverlag, 1996.

[8] RILEM TC-TDF : Test and design methods for steel fibre reinforced concrete, Recommendations, *Materials and Structures/Materiaux et Constructions*, Vol.33, January-February 2000, pp 3-5.

[9] Europäische Verband der Hersteller und Anwender von Spezialprodukten im Bauwesen. European Specification for Sprayed concrete. *EFNARC,* 1996.

[10] Japanese Society of Civil Engineers Standard JSCE – SF4: Method of test for flexural strength and flexural toughness of steel fibre reinforced concrete, No. 3. June 1984, pp. 58-66.

[11] Norwegian Concrete Association: Sprayed Concrete for Rock Support. Norwegian Concrete Association Publication, Nr. 7. 1993.

[12] Sigrist, V., Luzern, Prolong, J. und Sion: Stahlfaserbeton - Richtlinie SIA 162/6 1998. *Schweizer Ingenieur und Architekt*, Mai 1998.

[13] ÖNORM B 3303: Betonprüfung, 1981.

[14] ÖNOM B 3304: Betonzuschläge aus natürlichem Gestein, 1981.

[15] DIN 4227: Spannbeton. Juli 1988.

[16] Performance Classes, Bekaert. Technical Manager Meeting, May 05. 2003.

[17] Travnicek, R.: Faserbeton und Faserspritzbeton. *Zement und Beton,* Heft 1, 1986.

[18] Österreichischer Betonverein: Zement und Beton (Merkblatt 20), 1981.

[19] Ruffert, G: Einsatz von Stahlfaserbeton. *Straßen- und Tiefbau* 2 1977.

[20] Ruffert, G: Kleine Ursache, große Wirkung. *Consulting* Nr. 7,1977.

[21] Mangat. P.S. and Gurusamy, K.: Permissible Crack Widths in Steel Fibre Reinforced Marine Concrete. *Materials and Structures*, 20,1987.

[22] Bonzel,J.: Schlagfestigkeit von faserbewehrtem Beton, *Beton*, Nr. 4.

[23] Hähne, H.: Polyacrylnitril- Faserbeton. *Schweizer Ingenieur und Architekt*, Nr. 26, 1979.

[24] Skaetun, Ø.: Entwicklung des stahlfaserbewehrten Nassspritzbetons in Norwegen. *Spritzbeton-Technologie, 2. Internat. Fachtagung,* Innsbruck-Igls 1987.

[25] ÖNORM B 4200: Stahlbetontragwerke, 1979. *Zement und Beton,* Heft 1, 1986.

[26] Schönlin, K.: Ermittlung der Orientierung, Menge und Verteilung der Fasern in faserbewehrtem Beton. *Beton- und Stahlbetonbau*, H.6, 1988.

[27] Schnütgen, Das Festigkeitsverhalten von mit Stahlfasern bewehrtem Beton unter Zugbeanspruchung.

[28] Krüger, M.: Prüfmethoden zur Untersuchung der Verarbeitbarkeit von selbstverdichtenden Betonen. Werkstoffe und Werkstoffprüfung im Bauwesen. Hamburg: Libri, 1999, pp. 182-191.

[29] Mitsui, K., et al.: Application of new superplasticizer to ultra high strength concrete, ACI SP-148 Superplasticizers in Concrete, American Concrete Institute, Detroit, USA, pp. 27-45, 1996.

[30] Pfeuffer, M., Ding, Y., Kusterle, W. (8/2000): Neuer Rückprallminderer im Trockenspritzbetonverfahren, Beton, pp. 448-450.

[31] Grünewald, S., Walraven, J. (2001): Parameter-study on the influence of steel fibres and aggregate content on the fresh properties of SCC, Cement and Concrete Research, pp. 1793-1798.

[32] Ding, Y. und Kusterle, W. (1999): Die Eigenschaften jungen Faserspritzbetons, Proceedings of 6. Internationale Fachtagung, Spritzbeton Technologie in Innsbruck-Igls/Austria, Februar 1999, 151-160.

[33] Ding, Y. und Kusterle, W. (1999): Mechanical Properties of early age steel fibre reinforced shotcrete. Proceedings of the VIII International

Conference on Shotcrete for Underground Support, UEF - ASCE, pp 125-140, Sao Paulo/Brasil, April 1999.

[34] Ding, Y. und Kusterle, W., Vol. 30, No. 10 (10/2000): Compressive stress-strain-relationship of steel fibre reinforced concrete at early age, Cement and Concrete Research, 1573-1579.

[35] Ruffert, G.: Stahlfaserbeton - ein Sachstandbericht (Teil I + II); *Anwendung und Forschung*, B+B4, 1995.

[36] Wagner, O.: Das Kriechen unbewehrten Betons. Verlag von Wilhelm Ernst & Sohn, Berlin 1958.

[37] Ding Y., Kusterle, W. (9/1999): Eigenschaften von jungem Beton, Beton- und Stahlbetonbau, 362-368.

[38] Kompen, R.: Stahlfaserspritzbeton für Gebirgssicherung und Brandschutz. *Spritzbeton-Technologie, 3. Internat. Fachtagung*, Innsbruck-Igls 1990.

[39] Grondziel, M.: Auskleidung von Stollen in Stahlfaserspritzbeton für die Bundeswehr. *Spritzbeton-Technologie, 3. Internat. Fachtagung,* Innsbruck-Igls 1990.

[40] Karrer, J.: Spritzbeton im Tunnelbau. *Diplomarbeit*, Institut für Konstruktiven Tiefbau der Montanuniversität Leoben, 1986.

[41] Österreichischer Betonverein: Richtlinie „Spritzbeton" Teil 1 und Teil 2, 1981.

[42] Pöttler, R.: Junger Spritzbeton im Tunnelbau: Beanspruchung - Auslastung - Verformung. *Spritzbeton-Technologie, 3. Internat. Fachtagung,* Innsbruck-Igls 1990.

[43] Grahlke und Ebbert: Stahlfaserbeton als Baustoff für dichte Bauteile. Sonderdruck aus *Beton*, Heft 10, 1994.

[44] Brameshuber W.; Bruchmechanische Eigenschaften von jungem Beton, Schriftreihe des Instituts für Massivbau und Baustofftechnologie, Herausgeber: Prof. Dr. Eibl J., Prof. Dr. H.K.Hilsdorf, 1988.

[45] Ding, Y., Barros, J. (2002): Untersuchung an der Stahlfaserverteilung mit unterschiedlichem Fasergehalt auf dem Versagensquerschnitt, Proceedings of 7. Internationale Fachtagung, Spritzbeton Technologie in Alpbach/ Austria, Februar 2002, 175-184.

[46] Ding, Y. und Kusterle, W. (1998): Ergebnisse der äquivalenten Biegezugfestigkeitsprüfung und Stahlfasergehalt von Nassgespritzten Stahlfaserbetonproben, Research Report, for the Institute for Building Materials and Building Science, University Innsbruck.

[47] Ding, Y.; Zhang, Y. and Thomas, A.: Investigations into the Relationship between Deflection and Crack Mouth Opening Displacement, submitted.

[48] Ding, Y.; Zhang, Y. and Thomas, A.: The relationship between fibre distribution and fibre content of SFRC, submitted.

[49] Feyerabend, B.: Zum Einfluss verschiedener Stahlfasern auf das Verformungs- und Rissverhalten von Stahlfaserbeton unter den Belastungsbedingungen einer Tunnelschale. Ruhr-Universität Bochum, Mitteilung Nr. 8, 1995.

[50] Amberg, F.: Einsatz von Stahlfaserbeton bei Eisenbahntunneln in der Schweiz. *Bauingenieur* 71, 1996.

[51] AAC 13.1: Determination of the specific fracture energy and strain softening of AAC 1992, TC51-ALC, 78-MCA, 1992.

[52] Alvaredo, A.M.; Torrent, R.J.: The effect of the shape of the strain-softening diagram on the bearing capacity of concrete beams. *Materials and Structures*, 20, 1987.

[53] Casanova, P.A.; Rossi, P.C.: Characterization and Design of Steel Fibre Reinforced Shotcrete in Tunnelling, *Shotcrete for Underground Support* VI.

[54] Ding Y.; Kusterle, W. (April 2000): Bemessungsmodell für Stahlfaserbeton Untersuchungen nach dem Merkblatt des Deutschen Beton Vereins, Beton- und Stahlbetonbau, 225- 231.

[55] Curiger, P.: Bemessung von Bauteilen aus Glasfaserbeton und CEN-Normung, Weiterbildungszentrum Esslingen, 1996.

[56] Schnütgen, B. und Dams,S: Stahlfaserbeton im Tunnelbau. Sonderdruck aus Beton-Information, Hochtief, 5, 1994.

[57] Ding Y.; Kusterle, W., 29 (1999): Comparative study between Steel Fibre Reinforced Concrete and Steel Mesh Reinforced Concrete at early ages in the panel tests, CCR, 1827-1834.

[58] Xu, Z. L.: Elastizitätstheorie, 1979 (in Chinesisch geschrieben).

[59] Ahmad, S.H.: Punching Shear Tests of Slabs Reinforced with 3 - D Carbon Fibre Fabric, *Concrete International*, June 1994.

[60] Furche, J.: Elementdecken im Durchstanzbereich von Flachdecken, *Betonwerk+Fertigteil - Technik* 6, 1996.

[61] Peintner, C.: Gegenüberstellung von mattenbewehrtem und mit Fasern versehenem Spritzbeton, *Diplomarbeit*, Institut für Baustofflehre und Materialprüfung der Universität Innsbruck, 1995.

ibidem.eu